SOA
AND
BIG DATA
PLANNING AND CONSTRUCTION
OF ENTERPRISE PRIVATE CLOUD PLATFORM

SOA与大数据实战
企业私有云平台规划和建设

何明璐　邹海锋　著

清华大学出版社
北京

内 容 简 介

本书主要结合作者多年对企业信息化规划、SOA、大数据以及云计算等方面的技术研究以及平台建设实践，以"平台＋应用"和 SOA 服务化核心理念为指导思想，围绕如何实现传统企业降低 IT 建设成本、提升 IT 资源利用率、打破"烟囱"式系统建设模式、敏捷响应业务变化等核心诉求，提出了企业私有云平台核心架构框架，并详细阐述了平台规划、架构设计、治理管控等核心内容。同时基于国内大型集团型企业一线项目实践，总结提炼了企业私有云平台建设的核心方法论、标准规范体系和建设流程，为企业推进私有云平台建设提供可借鉴、可落地的一整套指导方法与实践步骤。

本书既可作为企业信息化建设部门实现 IT 架构转型的重要参考，也可为 IT 咨询和软件开发等相关从业人员提升企业 IT 规划和架构设计能力提供思路。

图书在版编目（CIP）数据

SOA 与大数据实战：企业私有云平台规划和建设/何明璐，邹海锋著. —北京：清华大学出版社，2020.6(2023.3重印)

ISBN 978-7-302-53069-5

Ⅰ. ①S… Ⅱ. ①何… ②邹… Ⅲ. ①云计算—应用—企业内联网 Ⅳ. ①TP393.18

中国版本图书馆 CIP 数据核字(2019)第 099617 号

责任编辑：王　芳
封面设计：王昭红
责任校对：梁　毅
责任印制：宋　林

出版发行：清华大学出版社
　　　　　网　　　址：http://www.tup.com.cn, http://www.wqbook.com
　　　　　地　　　址：北京清华大学学研大厦 A 座　　　　　　　邮　　编：100084
　　　　　社 总 机：010-83470000　　　　　　　　　　　　　邮　　购：010-62786544
　　　　　投稿与读者服务：010-62776969, c-service@tup.tsinghua.edu.cn
　　　　　质量反馈：010-62772015, zhiliang@tup.tsinghua.edu.cn
　　　　　课件下载：http://www.tup.com.cn, 010-83470236
印 装 者：大厂回族自治县彩虹印刷有限公司
经　　销：全国新华书店
开　　本：185mm×260mm　　　**印　张：**14.25　　　　　　**字　　数：**358 千字
版　　次：2020 年 8 月第 1 版　　　　　　　　　　　　　　**印　　次：**2023 年 3 月第 4 次印刷
印　　数：3001～3500
定　　价：79.00 元

产品编号：083922-01

前 言
FOREWORD

最近几年,云计算、SOA、大数据、物联网、微服务和DevOps等各种信息技术发展迅速。但对于如何把云计算和SOA架构思想应用到企业信息化规划和建设中,协助传统企业更好地进行IT转型,很多企业仍没有找到真正的实践方法。或者说在理解上存在误区,如企业内对云计算的理解简单局限在虚拟化和云数据中心层面,对SOA的理解仅仅局限在业务系统间的接口平台层面等。同时,企业也没有真正地认识到结合企业架构和SOA思想的私有云规划和建设可以更好地解决企业IT系统业务价值的实现问题。

采用"平台+应用"和SOA服务化思想的企业私有云平台规划和建设,不仅仅能降低企业IT成本,提升资源利用率,更为重要的是这种模式能彻底打破传统企业信息孤岛以及"烟囱"式的业务系统建设模式,解决企业信息化建设人员无法按照统一过程规范、技术标准来整体管控信息化架构的问题。

结合企业架构和SOA思想的企业私有云平台建设已不再是简单的IaaS或PaaS技术平台,而是一个在企业内部提供可复用技术、业务和数据综合基础资源和服务能力的平台。在这个平台上业务系统将变为多个独立松耦合的业务能力组件,这些业务组件的组合和集成既为企业提供端到端业务的完整支撑能力,又能通过业务组件重新组装和编排来灵活适应业务流程和需求的变化。这种企业内部的私有云平台才是企业真正需要的、能够降低IT建设成本并能实现业务价值的弹性可扩展平台。

因此,企业信息化建设所面临的问题不再是是否采用新技术的问题,而是如何把新技术真正融入到企业信息化规划和建设中,如何得以真正落地实施并最终体现新技术的业务价值和收益,如何提升企业内部信息化管控和治理水平等一系列问题。企业信息化部门作为企业信息化规划和建设者,应该以开放的心态接受新思想和新技术,业务驱动才是真正的第一目标,根据业务需求和问题分析选择适合企业当前现状和发展需要的技术才是明智之选。

本书所阐述的内容正是围绕以上核心思路而开展的,现对本书主要章节说明如下。

第1章主要对云计算、SOA、大数据等基础概念,公有云和私有云的概念与区别,企业私有云平台的参考架构和特点进行综述,使读者能够对本书的核心内容有一个总体的认识和了解。第2章和第3章对应规划阶段,首先通过引入传统的IT规划和企业架构,阐述面向企业私有云的企业架构规划方法,分析企业架构和SOA思想对企业私有云规划的指导意义。结合私有云建设的问题和目标给出企业私有云建设的规划,包括私有云总体架构规划以及平台、服务、应用三层的规划。第4章为架构设计阶段,根据私有云总体架构中涉及的平台、服务、应用三层进行了详细的架构设计。同时对部署架构、架构实现机制以及平台的应用集成流程进行了分析和设计。第5章重点描述了业务系统内部基于SOA组件化和服务化的组件开发全生命周期流程、服务开发和实施的详细步骤。第6章重点描述了企业私有云的管控和治理体系,包括私有云平台治理架构、标准规范体系及私有云平台生态环境。

在本书的写作过程中,我们一直坚持规划咨询和建设实施相结合,理论和实践相结合的总原则。因此本书不是一本单纯的 SOA 和云计算技术原理书籍,而是基于国内大型集团型企业一线私有云平台建设经验,总结和提炼的实践方法论和参考案例。因此该书既可以作为传统企业信息化部门面对 IT 架构转型的重要参考,也可以为 IT 咨询和软件开发从业人员提升企业整体 IT 规划和架构设计能力提供思路。

本书合著者邹海锋也多年从事企业信息化咨询、云平台建设实施等工作,具备丰富的实践经验,为本书贡献了非常重要的企业架构、规划咨询和大数据等方面内容。本书能最终顺利出版,首先要感谢中国移动集团 SOA 集成平台项目和中国联通集团 PaaS 云平台项目给予的规划指导。也感谢深圳市科创委技术攻关项目(项目编号:JSGG20160229123657040)对本书出版的支持。感谢深圳先进技术研究院姜青山教授对项目工作的悉心指导。其次,感谢深圳市远行科技股份有限公司蔡雪原总经理对项目工作的指导和建议。感谢公司 SOA 和云计算团队的雷晔、高正、吴丽娟等几位同事对本书内容的相关审校工作。最后,由于长期出差实践在项目一线而无法很好地照顾家庭,我要感谢妻子对家庭的辛勤付出,对孩子的照顾,该书的顺利出版和家庭的默默支持是分不开的。

在撰写过程中本书参考和引用了国内外有关书籍和网站的相关内容,部分相关资源无法一一列举出处,在此一并予以感谢。若对所引用内容有异议,也请主动联系我们。最后特别感谢清华大学出版社梁颖主任在本书出版过程中所给予的大力帮助。

欢迎各位读者就本书内容提出批评指正,也欢迎大家提出任何意见和建议,以便在后续版本中不断改进和完善。

何明璐

深圳市远行科技股份有限公司

2020 年 1 月于深圳

目 录
CONTENTS

第1章

企业私有云概述

1.1 云计算概述

1.1.1 云计算基础

云计算是最近几年一直受到业界广泛关注并逐步实施应用的新兴技术。在具体阐述云计算之前,首先看看业界对云计算的一些定义。

- 维基百科对云计算的定义为:云计算是一种通过 Internet 以服务的方式提供动态可伸缩的虚拟化资源的计算模式。
- Gartner 的定义为:云计算是计算模式和风格,通过互联网技术,IT 相关的计算或存储能力都能以弹性可扩展的服务化方式进行提供。
- 美国国家标准与技术研究院(National Institute of Standards and Technology, NIST)定义为:云计算是一种按使用量付费的模式,这种模式提供可用的、便捷的、按需的网络访问,进入可配置的计算资源共享池(资源包括网络、服务器、存储、应用软件、服务),只需投入很少的管理工作,或与服务供应商进行很少的交互,这些资源能够被快速提供。
- 咨询机构埃森哲(Accenture)对云计算定义为:第三方提供商通过网络动态提供及配置 IT 功能(硬件、软件或服务)。

以上定义基本是围绕云计算的一些基本特征展开,但是类似维基百科的云计算定义也较难解释当前企业私有云平台建设的内涵。而且不论是哪家的定义基本都阐述了云计算资源动态伸缩扩展、按需使用等基本特征,但并没有阐述云计算和传统计算模式的差异点。

综上所述,在此给出云计算的简单定义:云计算是指计算能力和存储能力通过网络由本地朝云端迁移和抽象,其中迁移是指计算和存储都不在本机甚至本地服务器而迁移到网络云端的服务器集群和资源池上,抽象是指最终用户无须关心存储和计算发生在何处,只关心能力的使用和消费。

继个人计算机变革、互联网变革之后,云计算被看作第三次 IT 浪潮,是中国战略性新兴产业的重要组成部分。云计算将带来生活形态、生产方式和商业模式的根本性改变,它将成为当前全社会关注的热点。云计算是分布式计算、并行计算、效用计算、网络存储、虚拟化、负载均衡等传统计算机和网络技术发展融合的产物。

美国国家标准与技术研究院对云计算的定义描述了云计算的 5 个基本特征。

- 快速伸缩：伸缩性是指根据需要向上或向下调配资源的能力。对用户来说，云计算的资源数量没有界限，他们可按照需求购买任何数量的资源。这是 NIST 定义中有关云计算的一个主要特征。
- 服务可度量：在可度量服务下，由云计算供应商控制和监测云计算服务的各方面使用情况。这对于计费、访问控制、资源优化、容量规划和其他任务具有重要的意义。
- 按需服务：云计算的按需服务和自助服务意味着用户可以在需要时直接使用云计算服务，而不必与服务供应商进行人工交互。
- 无所不在的网络访问：这意味着供应商的资源可以通过互联网获取，并可以通过瘦客户端或富客户端以标准机制访问。
- 资源池：资源池允许云计算供应商通过多用户共享模式服务于用户。物理和虚拟资源可根据用户需求进行分配。资源池具有地点独立性，客户一般无法控制或了解所提供资源的确切位置，但可以在高端提取层面（如地区、国家或数据中心）指定位置。

1.1.2　云计算的一个比喻

为了更好地理解云计算的基本概念、发展演进和具备的能力特征，我们经常将云计算比喻为水厂和电厂可以按需使用水和电的基础设施能力。但是该比喻难以覆盖云计算的核心特征，因此本书引入更为全面的比喻来说明。

首先设想这样一个场景，在社会经济不发达的时候，一个农户想吃鸡蛋，所以他自己养了一只鸡，并给鸡建了一个简单的鸡窝。平时农户需要饲养这只鸡以及开展相应的管理工作。基于这个场景，我们可以类比 IT 领域里的相关概念：

- 农户想要的是鸡蛋而不是鸡，鸡蛋可类比为一种服务能力提供。
- 鸡可以类比为各种 IT 硬件，包括计算机、存储和网络都属于这个范畴。
- 鸡窝可类比为数据中心物理环境，包括机房以及所配套的各种物理基础设施。
- 鸡的管理和饲养，可以类比为日常的 IT 运维投入和成本。

在这个过程中，农户发现了些问题。首先，他们并不是每天都需要吃鸡蛋，但是鸡每天都会产蛋，则他们需要把多余的鸡蛋拿到市场去卖或交换其他产品。其次，他们需要的是鸡蛋，但是却需要为鸡蛋付出购买鸡、建立鸡窝、饲养鸡等一系列成本和人力的投入。从某种意义上来看，这个过程其实并不经济。

那么，我们先来讨论一下，在这个欠发达的经济环境下，为何没有出现专业的养鸡场生产鸡蛋呢？我们初步认为可能有如下原因：

（1）没有形成规模效益，即使建立养鸡场也无法体现规模效应下带来的成本节余。而要达到这个目标往往需要现代化养鸡场的出现。

（2）其他外围条件不具备，如市场交换体系、交通设施、物流配送体系等。如果养鸡过程集中化后，农户并没有方便快速的手段确保能吃到他们需要的鸡蛋。

而随着社会经济的发展，出现了专门的养鸡场，快捷的物流体系可以保证向市场大量提供鸡蛋，而农户也不再养鸡，而转变为到市场上按需采购鸡蛋。类比看，专门的养鸡场即类似于云计算中的数据中心，它是一个能力提供中心。而快捷的物流体系即对应高速发展的互联网带宽（这也是云计算出现的一个必要条件）。在这个演变过程中我们看到几个变化。

（1）用户不再关心鸡或鸡窝以及鸡的饲养问题。他们只关心鸡蛋,不再关心具体哪只鸡生的蛋(即前面云计算定义提到的抽象)。

（2）用户可以按需购买鸡蛋和按需要付费,对用户而言不存在资源浪费的情况。

（3）农户自己的鸡、鸡窝可能都不再需要了,剩下的只是大型养鸡场,所有原来农户自己建立的鸡窝都集中到大型的养鸡场。这对应于 IT 基础设施的云化改造(即前面云计算定义提到的迁移)。

为何专门养鸡场的出现成为可能呢? 首先是养鸡场规模化和自动化,大大降低了单位鸡蛋的成本。其次,发达的配送网络和营销体系方便了鸡蛋的消费。对应于云计算范畴,作为计算能力和存储能力提供的中心,必须具有大规模和集约性的特点。配送网络和营销体系则对应于高速的互联网。

大型养鸡场,它是一个能力提供中心,所饲养的鸡并不是顾客要的产品,鸡下的蛋才是顾客所需。一个大型的养鸡场可能对应多个客户,我们先假设不对应终端消费者,而是对应多个大型超市即终端零售中心。为了方便对所有产能进行有效管理,可以将养鸡场划分为多个标准的饲养单元,分配给不同的饲养人员进行管理。这样就能够比较准确地指导每个饲养单元每天能够生产的鸡蛋数量。这里需要明确一下:

（1）饲养单元类似于云计算中的能力提供单元,这个能力提供单元在云计算中可以通过虚拟化技术实现。

（2）饲养单元自身划分的大小很重要,太大不利于管理,太小管理工作量又太大。

对于大型的超市,由于他们所处的区域和人群的不同,对鸡蛋的需求量往往也存在差异,有的超市可能是月初的供货量大,而有的可能是月末的供货量大。那么现在的集中化优势在哪里? 如果有 10 家超市,每家的最大供货能力都是 1000 只鸡蛋,那么是否需要提供能有 10000 只鸡蛋产能的养鸡场呢? 答案显然是否定的。因为大家对鸡蛋需求的时间段是不同的,只要通过合理的资源调配,即便是只有 5000 只鸡蛋提供能力的养鸡场也可满足需求,养鸡场可以根据时间段灵活调配每天产生的鸡蛋。可以进一步予以说明:

（1）饲养单元和超市间是一种松耦合的关系,一个超市可能需要 1 个或多个饲养单元。

（2）饲养场可以根据需求灵活调配饲养单元给不同的超市使用。

（3）超市完全按需求量和使用量收费,不会在需求量降低的时候为富余的饲养单元成本买单。

（4）如果引入新的超市客户,养鸡场能比较容易地增加新的饲养单元来满足市场需求发展。通过最优化能力设计,满足资源利用率最大化,降低成本。

上面谈到的便是云计算里面另一个关键特征,其本质是能够灵活按需进行资源的调度和分配,能力可以灵活地进行伸缩扩展。它有多种叫法:弹性计算、无限伸缩扩展、动态资源调度等。

以上比喻已基本覆盖了云计算能力迁移和抽象、虚拟化和能力单元划分、资源动态调配和按需使用、弹性可扩展等重要特征。

1.1.3　云计算参考架构

国际上云计算标准的贡献物主要分为三大类:

（1）关于架构、术语、用例和需求等方面的标准研究,例如:美国国家标准与技术研究

3

院的云计算定义和参考架构,云计算标准化客户委员会发布的云计算用例白皮书等。另外,ISO 与 IEC、ITU-T 成立了联合工作组,共同制定云计算术语和参考架构的国际标准。

（2）关于云计算配置、管理等方面的标准研究,例如:分布式管理任务组（Distributed Management Task Force,DMTF）提出的云基础设施管理接口标准,全球网络存储工业协会（Storage Networking Industry Association,SNIA）制定的云数据管理接口标准,由 Oracle、Redhat、华为等公司向结构化信息标准发展组织（OASIS）提交的平台云应用管理标准等。

（3）关于跨云和组织间合作、管理方面的标准研究,例如,开放群组（The Open Group,TOG）在其编写的分布式计算参考架构中包含了对云计算互操作与移植的指南。在此给出 NIST 的云计算参考架构,如图 1.1 所示。

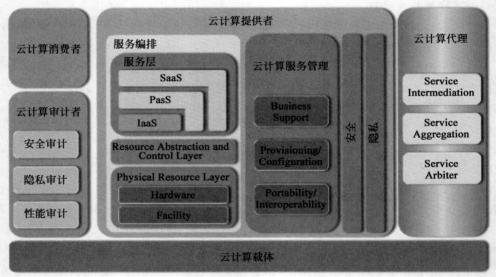

图 1.1　NIST 云计算参考架构

NIST 云计算参考架构是一个一般性的高层概念模型,它是讨论云计算的需求、结构和操作的强大工具。它定义了一个可用于云计算架构开发的参与者、动作和功能的集合。它包含一组可以对云计算特性、使用和标准进行讨论的观点及描述。

NIST 的云计算参考架构定义了云计算中的 5 个主要参与者:云计算消费者（Cloud Consumer）,云计算提供者（Cloud Provider）,云计算审计者（Cloud Auditor）,云计算代理（Cloud Broker）,云计算载体（Cloud Carrier）。每个参与者（个人或组织）都是云计算事务或流程的一个实体,具体定义如表 1.1 所示。

表 1.1　NIST 云计算参考架构参与者定义

参　与　者	定　义
云计算消费者	和云提供者间维持了业务关系的个人或组织,他们消费云提供者提供的服务和能力。对于 IaaS 层主要是提供资源能力,PaaS 层主要面向开发者提供平台层和技术能力,而 SaaS 层则面向最终用户提供应用能力
云计算提供者	负责向云消费者提供资源和服务能力的个体、组织或实体
云计算审计者	能够对云计算服务及云计算实例的信息系统操作、性能和安全性提供中立评估的机构或实体

续表

参　与　者	定　义
云计算代理	对提供的云服务的使用、性能、交付等进行统一管理的实体。重点是协调云提供者和云消费者之间的关系,通过云代理可以进一步实现云提供者的透明
云计算载体	为提供者向消费者的云服务提供连接和传输的媒介

在云参考架构中可以看到,对于云服务能力主要分为了基础设施即服务(Infrastructure-as-a-Service,IaaS)、平台即服务(Platform-as-a-Service,PaaS)和应用即服务(Software-as-a-Service,SaaS)三层。

(1) IaaS 提供给消费者的服务是对所有基础设施的利用,包括处理、存储、网络和其他基本的计算资源,用户能够部署和运行任意软件,包括操作系统和应用程序。消费者不管理或控制任何云计算基础设施,但能控制操作系统的选择、储存空间及部署的应用,也有可能获得有限制的网络组件(例如,防火墙、负载均衡器等)的控制。

(2) PaaS 提供给消费者的服务是把客户采用云提供者所提供的开发语言和工具(例如Java,python,.Net 等)开发的或收购的应用程序部署到云提供者的云计算基础设施上去。客户不需要管理或控制底层的云基础设施,包括网络、服务器、操作系统、存储等,但客户能控制部署的应用程序,也可能控制运行应用程序的托管环境配置。

(3) SaaS 提供给客户的服务是云提供者运行在云计算基础设施上的应用程序,用户可以在各种设备上通过客户端界面访问,如浏览器。消费者不需要管理或控制任何云计算基础设施,包括网络、服务器、操作系统、存储等。

经过前面对云计算基本概念以及 IaaS、PaaS 和 SaaS 层的概述,需要再进一步分析下云计算三层之间的关系和约束。

IaaS 基础设施层最重要的是形成虚拟化资源池能力,实现对虚拟化资源的全生命周期管理。在 IaaS 层构建中不是简单的虚拟化实施,而是一个涉及网络、存储规划、综合网管、IT 运维服务管理、业务运营管理(公有云)的综合工程。

PaaS 层核心是形成中间件资源池能力,根据中间件资源池能力实现应用托管自动部署,并能够根据应用运行负荷不同实现资源的动态分配和调度。PaaS 层调度的资源来自于IaaS 层的虚拟化资源池。包括开发平台、测试平台和执行环境的广义 PaaS 都能够从本地开发端迁移到云端。

SaaS 最重要的是多租户能力,结合 PaaS 层和 IaaS 层能力,提供 SaaS 应用的弹性伸缩扩展能力。很多传统 SaaS 应用虽然已具备多租户能力,但是没有实现弹性伸缩扩展能力,还不能算完整意义上的 SaaS 平台。

经过上面的分析,三者之间的关系基本就清楚了,具体描述如下:

(1) PaaS 层在整个云计算三层架构中起到了承上启下的作用,即通过服务的方式彻底实现了应用层和资源层的解耦,使得整个架构更为灵活和可扩展。

(2) PaaS 层由于需要在 IaaS 层物理设施资源池基础上进一步构建中间件资源池并实现资源调度,因此 PaaS 层必须要基于 IaaS 能力构建,并实现和 IaaS 集成。

(3) 开发者可以基于 PaaS 平台来开发应用,最终发布为一个 SaaS 应用,在这种情况下通过 PaaS 托管和发布的应用更加容易实现底层资源扩展和调度。

（4）开发完成的 SaaS 应用可以直接部署在 IaaS 层虚拟资源上，但是由于缺少了 PaaS 层，因此它不具备根据业务访问请求并发量的不同而灵活地进行资源分配和调度的能力。

1.1.4　企业私有云建设特点

公有云是指企业通过自己的基础设施直接向外部用户提供服务。外部用户通过互联网访问服务，并不拥有云计算资源。私有云（Private Clouds）是为一个大型企业或客户单独使用而构建的，因而提供对数据、安全性和服务质量的最有效控制。该大型企业或客户拥有基础设施，可以控制在此基础设施上部署应用程序的方式。私有云可部署在企业数据中心的防火墙内，也可以将它们部署在一个安全的主机托管场所。

针对 IaaS 层面而言，私有云 IaaS 平台的显著优势主要体现在以下方面。

（1）数据安全。对大型企业而言，业务数据的安全性是生命线，不能受到任何形式的威胁。由于私有云是构建在防火墙后的企业内部局域网上，因此在安全性和隔离方面优势明显。

（2）SLA（服务质量）。私有云平台提供的服务质量比公有云更好，受类似公有云的数据中心区域位置引起的延迟、公有互联网不稳定等因素的影响小。

（3）访问性能。由于私有云平台构建在企业内部的私有云数据中心，企业内部往往有比互联网更高的带宽提供，构建在私有云平台上的应用将获得更好的访问性能。

（4）不影响现有 IT 管理的流程。在私有云环境下，企业仍然可以保留自己的 IT 运维服务管理流程，业务系统建设管理流程，实现和企业业务匹配的 IT 治理和管控体系。而当前对于公有云环境，流程管理和流程定制等能力都相对较弱。

而针对 PaaS 层面而言，私有云 PaaS 平台的显著优势主要体现在以下方面。

（1）对企业复杂业务匹配能力。在企业信息化建设中，云平台的建设是为其上的业务系统服务的。而各个业务系统之间的关联性相当紧密，对业务处理的事务一致性和数据关联完整性的要求都相当高，传统的公有云平台很难完全满足这些要求，而企业内部私有云可以更多地扩充这方面的能力。

（2）和企业本身的 IT 管控和治理的融合。企业内部的信息化规划和建设需要有一套完善的 IT 管控和治理标准规范体系，以构建企业内部基于私有云的完整生态环境，实现对业务系统规划和建设的全生命周期支持，对后续的 IT 基础设施和业务系统的集成管控和运维，私有云在这方面要比公有云具备更大的灵活性和融合能力。

（3）数据和业务平台的建设。类似主数据和 SID 共享库，这些都是企业内部在数据层的可复用资产，而这部分的规划建设和业务能力开放在公有云平台很难真正落地实施。但在企业私有云 PaaS 平台的规划和建设中，则可以实现技术平台和业务平台两大能力的进一步融合和开放。

1.2　SOA 概述

1.2.1　SOA 的定义

面向服务架构（Service-Oriented Architecture，SOA）是一种架构模型，它可以根据需求通过网络对松散耦合的粗粒度应用组件进行分布式部署、组合和使用。服务层是 SOA

的基础,可以直接被应用调用,从而有效控制系统中与软件代理交互的人为依赖性。

SOA的关键是"服务"的概念,W3C将服务定义为:"服务提供者完成一组工作,向服务使用者交付所需的最终结果。最终结果通常会使使用者的状态发生变化,但也可能使提供者的状态改变,或者双方都产生变化"。

Service-architecture.com将SOA定义为:"本质上是服务的集合。服务间彼此通信,这种通信可能是简单的数据传送,也可能是两个或更多的服务协调进行某些活动。服务间需要某些方法进行连接。所谓服务就是精确定义、封装完善、独立于其他服务所处环境和状态的函数。"

Looselycoupled.com将SOA定义为:"按需连接资源的系统。在SOA中,资源被作为可通过标准方式访问的独立服务,提供给网络中的其他成员。与传统的系统结构相比,SOA规定了资源间更为灵活的松散耦合关系。"

Gartner则将SOA描述为:"客户端/服务器的软件设计方法,一项应用由软件服务和软件服务使用者组成,SOA与大多数通用的客户端/服务器模型的不同之处在于它着重强调软件组件的松散耦合,并使用独立的标准接口。"

Gartner相信BPM和SOA的结合对所有类型的应用集成都大有助益:"SOA极大的得益于BPM技术和方法论,但是SOA面临的真正问题是确立正确的企业意识,即强化战略化的SOA计划(针对供应和使用)并鼓励重用。"

虽然不同厂商或个人对SOA有不同的理解,但是我们仍然可以从上述的定义中看到SOA的几个关键特性:一种粗粒度、松耦合服务架构,服务之间通过简单、精确定义接口进行通信,不涉及底层编程接口和通信模型。

综上所述,结合SOA咨询和实践的经验,可以对SOA给出更加容易理解的定义:即SOA是一种架构方法论,该方法论的重点是找寻到企业业务系统内可以复用的服务,这些服务同时具备粗粒度、离散、松耦合、无状态等基本服务特征。同时这些服务可以灵活地进行服务组合、服务组装和编排,从而灵活快速的满足业务的变化。

再举个简单的例子来说明SOA,传统的活字印刷术,用于印刷的3000~4000个字即是最基础的原子服务,有了这些原子服务我们很容易通过这些活字去排版整篇文章。当文章内容有调整,我们也只需要调整这些原子服务的顺序。但如果全是单个汉字处理,其排版工作量仍很大,所以需要出现词组或常用短句,这些即是组合服务,可以大大提升排版的速度。但也要看到,词组或短语的可重用程度会降低。所以越到组合服务或流程服务,复用越困难,但是却能大大提升效率。

1.2.2 SOA 参考架构

Open Group SOA参考架构提出了一种基于SOA解决方案的参考架构。它提供了SOA分区和分解到层的高度抽象,每一层都提供一组SOA解决方案所需的功能。如图1.2所示。

上述SOA参考架构,可以分为9大层次。

1. 操作系统层

操作系统层可捕获组织的基础架构,包括新的和已有的,这是在设计、部署和运行时支持SOA解决方案所必需的。该层代表实际运行时的基础架构和运行在该基础架构上的其

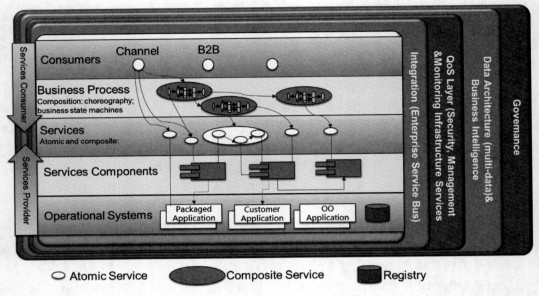

图 1.2　Open Group SOA 参考架构

他 SOA 架构的交叉点。另外,它也是底层基础架构即服务 IaaS 结构和广泛的云计算背景中其他 SOA 架构的交叉点。

2. 服务组件层

服务组件层包含多个软件组件,每个软件组件提供服务或者服务上操作的实施或"实现"。该层也包含功能和技术组件,方便服务组件实现一个或多个服务。服务组件在其功能以及其管理和服务交互质量中反映它们所代表的服务定义。它们将服务合同"绑定"到操作系统层的服务实现中。服务组件驻留在支持服务规范的容器中。服务组件层通过包装和支持松耦合实现 IT 灵活性。消费者假设其服务实现忠实于其出版描述(服务合规性),并且供应商保证已实现此种合规性。实现的细节对于消费者来说无关要紧。因此,供应商组织可能会使用一个有相同描述的组件替换另一个,且不会影响服务消费者。

3. 服务层

服务层由所有在 SOA 中定义的逻辑服务构成。该层包含在设计过程中使用/创建的服务、业务功能和 IT 表现形式的描述,以及在运行时使用的合同和描述。服务层是一个平行层,提供 SOA 中支持的业务功能,并介绍 SOA 中支持的服务的功能。

4. 业务流程层

业务流程层包含流程表示、构成方法和构建块,聚合松耦合服务使其成为一个与业务目标保持一致的有序流程。数据流和控制流用来支持服务和业务流程之间的交互。交互可能存在于一个企业中,也可能跨多个企业。SOA 参考架构中的业务流程层在连接业务水平要求和 IT 级解决方案组件中充当一个中央协调角色,通过与集成层、服务质量层、信息架构层以及服务层协作完成。

5. 消费者层

消费者层是消费者的入口,不管是人、程序、浏览器或者自动操作,以及与 SOA 相互作用都可从此切入。这使得一个 SOA 解决方案可以支持一个客户端独立的、通道不可知的功能集,通过一个或多个通道(客户端平台或设备)独立消费以及开出账单。所以说它是所有内外部交互式消费者(人类或者其他应用程序/系统)和服务(例如,B2B 场景)之间的切入点。该层提供快速创建前端业务流程和综合应用程序的功能,以响应市场变化。它使得通道能够独立访问那些应用程序和平台所支持的各种业务流程。消费者和其余底层 SOA 的解耦为组织提供支持敏捷性、增强重用以及提高质量和一致性的能力。

6．集成层

集成层是一个横切关注点,支持和提供调节能力,包括变换、路由和协议转换,从服务发起者向正确服务提供者传输服务请求。它支持实现一个 SOA 所需的功能,比如路由、协议支持和转换、消息传递/交互风格、异构环境支持、适配器、服务交互、服务实现、服务虚拟化、服务消息传递、信息处理和转换。集成层也负责维护松耦合系统中存在的解决方案一致性。这里出现的集成主要是服务组件、服务和流程层的集成。

7．服务质量层

服务质量层也是一个横切关注点,支持 SOA 相关关注点的非功能性需求,为在任何给定解决方案中处理它们提供一个焦点。它还提供确保 SOA 满足以下需求的方法:监测、可靠性、可用性、可管理性、事务性、可维护性、可扩展性、安全性、安全、生命周期等。它与传统 FCAPS(过失、配置、会计、性能、安全)范围相同,从 ITIL 到 RAS(从可靠性、可用性、适用性),保持将同种管理和监控应用到今天的商业领域,对于管理服务和 SOA 解决方案来说是非常重要的,可能需要扩展来处理面向自然的服务和许多 SOA 解决方案的跨域边界。

8．信息架构层

信息架构层也是一个横切关注点,负责以统一的表示形式呈现一个组织的各方面信息,正如其 IT 服务、应用程序和系统所提供的那样,保证业务需求和流程与业务词汇(词汇表和术语)保持一致。该层包括信息架构、业务分析和业务智能、元数据因素,确保包括关于信息架构的关键因素,也可用作通过数据集市和数据仓库实现业务分析和业务智能创建的基础。它也支持信息服务功能,使一个虚拟化信息数据层功能得以实现。这一层也使得 SOA 能够支持数据一致性和数据质量一致性。

9．治理层

治理层也是一个横切关注点,确保一个组织中的服务和 SOA 解决方案遵守定义策略、指导方针和标准,这些均定义为一个应用于组织中的目标、策略和规章的功能,一个 SOA 解决方案将提供所需的业务价值。SOA 治理活动应该符合 Corporate、IT 和企业架构(Enterprise Architecture,EA)治理准则和标准。治理层将用于匹配和支持组织的目标 SOA 成熟度等级。

1.2.3　企业内 SOA 应用核心思想

面向服务架构很容易将 SOA 理解为一种技术架构,但 SOA 更多是一种架构风格,这种架构风格和传统软件开发最大的不同则是其更加体现了业务和流程驱动 IT 的思想,体现了 IT 系统组件化和服务化构建思想,体现了由于服务自身可重用,可通过服务的组合和编排来满足业务的实现。SOA 作为一种架构风格,使需求方和供给方有了共同的语言和价值约定；SOA 作为一种架构风格，使服务不再单纯的是一种技术能力，而更多的是一种业务能力和 IT 资产。

对于传统架构和 SOA 面向服务架构的区别，如表 1.2 所示。

表 1.2　传统架构和 SOA 面向服务架构的区别

传 统 架 构	SOA 面向服务架构
功能导向	流程导向
设计目标是持久的	设计目标是适应变化的
开发周期长	开发周期短（增量式开发）
应用孤岛	可编排的协同应用
紧耦合	松耦合
实现已知的需求	抽象实现，为未来变化做好准备
大而长期的 IT 建设投入	小而短期的 IT 投入

面向服务侧重点是一切以服务为中心，从服务识别、服务分析、服务设计、服务开发和服务上线使用等一切都是以服务为中心。但也要注意到，面向服务不是在传统面向结构或面向对象基础上的一个新方法，而是对传统面向对象和组件化思想的提升。从前面 SOA 定义可以看到两个重点，首先是要找到可重用的服务，同时这些服务满足离散、自治和无状态等基本条件；其次是服务可以组合和编排，以满足流程整合的需要。

第一步是找服务的过程，是系统分析和建模从顶向下的过程，要充分体现流程驱动 IT 的实现。通过流程分解、业务建模和数据建模，识别业务组件和业务能力；通过跨系统或组件的流程交互识别可重用的服务；最终形成可重用的服务资产库。第二步是服务的组装和编排，它更多是从底向上的过程，对于原子服务可以组合为组合服务，对于业务服务可以通过组合和编排形成流程子服务和流程服务，最终使可重用服务满足流程交互的需要。

在跨系统的流程集成和 SOA 应用集成过程中，高端建模重点则是 EA 或 TOGAF 方法论，从业务架构、数据架构和应用架构入手，逐层分解和展开分析得出总体的跨业务系统的流程交互和集成架构。而对于系统内的 SOA 应用，侧重点是业务组件识别，通过组件间交互得到的服务组件和服务识别，可重用的服务组件单元的提取。

对于企业内部的 SOA 实施，业务系统的建设也必须满足和符合 SOA 架构思想。如果说一个应用系统基于 SOA 架构，我们至少需要看到该应用系统有明确的业务组件和服务组件定义，而且组件之间满足高内聚低耦合的要求。组件间的交互都通过服务的方式进行，或者至少预留了服务接口。在内部这些服务可以灵活的重用或组合。至于是否有内部的 ESB 总线反而不是重点，但是看到如 Java 开发内部的 IOC 机制基本也基于内部的软总线思路，实现良好的互操作性和位置透明。

SOA 另一个核心是实现两个层面的解耦。一个是业务和技术的解耦，业务实现不再依赖于某种特定的技术或语言，只要满足业务标准都可以来实现 SOA 和服务，正是因为业务和技术松耦合，技术的变化对业务影响会越来越小。另一个层面是操作方法和业务数据实体的解耦，操作方法可以通过 WSDL 文件进行定义，而传输的数据实体则可以通过 XSD 进行定义，类似于传统 RUP 开发方法的控制类和实体类的分离。

笔者在长期的 SOA 规划建设和实施过程中，经常听到有人说 SOA 已经过时或者说

SOA 是国外厂商忽悠的产物。但是很多企业在信息化规划和建设中根本没有理解 SOA 组件化和能力复用的思想,以为是上了一套 SOA 中间件或 ESB 产品即是满足了 SOA 架构要求,而 SOA 真正的难点在于组件和服务的识别,共享能力的提供和开放,内部业务系统和组件基于 SOA 服务形成的松耦合架构关系。业务能力的组件化和组件能力的服务化是 SOA 最为核心的思想和指导原则。只有在这一步建设好了才谈得上进一步的基于 SOA 服务的流程组合和编排,端到端流程的建模设计和实现等。

1.3　大数据概述

1.3.1　大数据的概念

随着近年来企业信息化建设的不断深化,社会化网络的兴起,以及移动互联网等新一代信息技术的广泛应用,全球数据规模及其存储容量正在迅速增长,数据的类型也变得复杂多样。海量多样化的数据对信息的有效存储、快速读取及检索提出了挑战,且其中所蕴藏的巨大商业价值也引发了对数据处理、分析的巨大需求。因此,大数据的概念应运而生。

何为“大数据”,业界有较多解读。2011 年,麦肯锡全球研究院发布了研究报告:《大数据:下一个创新、竞争和生产力的前沿》,首次提出了“Big Data”的概念,之后经 Gartner 等机构的研究推广和 2012 年维克托·迈尔-舍恩伯格出版的《大数据时代:生活、工作与思维的大变革》的宣传推广,大数据概念开始风靡全球。

这里引用维基百科对大数据的定义:“大数据是指无法在一定时间内用常规软件工具对其内容进行抓取、管理和处理的数据集合”。维克托·迈尔-舍恩伯格明确指出,大数据时代最大的转变就是,放弃对因果关系的渴求,取而代之关注相关关系。这颠覆了千百年来人类的思维惯例,并对人类的认知和与世界交流的方式提出了全新的挑战。

对大数据特征的解读,较为主流的观点是 IDC 的大数据 4V 特征,即海量数据规模(Volume)、多种数据类型(Variety)、快速数据处理(Velocity)和低价值密度(Value)。大数据的数据规模大,数据量从 TB 级别跃升到 PB 甚至 EB 级别。大数据的数据类型繁多,不仅仅是企业业务系统中的结构化数据,还有很多如视频、图片、位置信息等多类型的数据。大数据的处理速度快,可以从各类数据中快速获得高价值信息,这是区别于传统数据挖掘最显著的特征。大数据价值密度低,通常价值密度高低与数据总量成反比,以视频为例,1 小时的视频,可能其中有价值的内容只有几秒钟。

正是因为以上的关键特征,使得大数据技术体系纷繁复杂。综合大数据的技术发展趋势,其关键点主要体现在以下几个方面。

(1) 数据采集方面:除了传统的 ETL 产品外,已渐渐形成了 Sqoop、Flume、Kafka、DataX 等一系列开源技术,可以满足离线和实时数据的采集、传输和整合。

(2) 数据存储方面:Hadoop 体系已是大数据存储的事实标准。对于非结构化数据存储,开源社区形成了 K-V(key-value)、列式、文档等 NoSQL 数据库体系,主流的产品包括 Redis、HBase、MongoDB 等数据库。

(3) 计算处理框架方面:主流的处理框架包括批处理和流式计算,具备大规模并发事务处理能力。Hadoop 是大数据批处理主要技术体系,其最核心的部分是 HDFS 和 MapReduce。

HDFS 为海量数据提供了存储方案。MapReduce 为海量数据提供了计算模式。而近期基于内存的快速集群计算技术 Spark 已经逐步取代 MapReduce 成为大数据领域统一的计算平台，它能使计算性能得到大幅提高。流式计算框架则主要提供连续注入、连续分析的计算模式，典型的产品包括 Yahoo 公司提出的 S4 系统、Twitter 公司的 Storm 系统等。

（4）数据查询和分析方面：形成了丰富的 SQL on Hadoop 解决方案，如 Hive、HAWQ、Impala、Spark SQL 等都是当前主流技术。深度学习算法的实现也逐步和大数据处理框架得到较好融合，可以大大提升运算效率。

（5）数据可视化方面：Web 端的可视化工具 HighCharts 和 D3 等开源软件工具可以做出动态精美的可视化效果，带来极佳的交互性能。Tableau、QlikView 等数据展现分析工具可通过简单的拖曳来实现数据的复杂展示。

1.3.2　大数据与云计算的关系

数据是企业的核心资源，企业的决策正在从"业务驱动"转变为"数据驱动"，大数据应用将成为提高企业核心竞争力的关键因素。在大数据时代，业务应用的需求对企业数据处理能力提出了更高的要求，而云计算的计算与存储能力，能为大数据提供良好的基础设施环境。

从云计算和大数据的概念与特征来看，云计算以商业模式为驱动，着眼于"计算"，为企业数据存储和处理，提供高效的 IT 基础设施。大数据以业务发展、应用需求为驱动，着眼于"数据"，关注实际业务，实现数据采集分析，沉淀信息资产，从数据中挖掘有价值的信息，为企业提供决策和服务。

云计算和大数据相辅相成，密不可分，在企业私有云架构中，更是如此。企业私有云平台可作为计算资源的底层，提供弹性可扩展的存储空间和计算资源，云平台中的分布式计算架构、分布式存储等都是支撑上层大数据处理的关键技术。大数据基于企业私有云平台实现业务价值，承担企业综合信息服务提供者的重要角色。大数据也可通过数据服务能力开放的模式创新为企业转型提供主体设施。可以说，大数据为企业云计算落地找到了实际应用。

第2章

面向企业私有云的企业架构规划

2.1 信息化规划概述

信息化规划(简称"IT 规划")是指在企业发展战略目标的指导下,在理解企业发展战略目标与业务规划的基础上,诊断、分析、评估企业管理和 IT 现状,优化企业业务流程,结合所属行业信息化的实践经验和最新信息技术趋势,提出企业信息化建设的远景、目标和战略,制定企业信息化的系统架构,确定信息系统各部分的逻辑关系以及具体信息系统的架构设计、选型和实施策略。

信息化规划的关键是业务驱动 IT,从规划到实施的落地演进。结合 SOA 架构的核心思想和传统信息化规划方法论,提出如下的信息化规划总体流程,如图 2.1 所示。

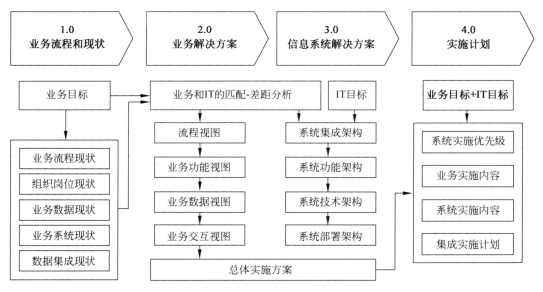

图 2.1　信息化规划总体流程

1. 业务流程和现状分析

通过访谈和资料收集的方式,了解企业战略和业务目标,根据业务目标展开企业端到端业务流程调研,对业务需求和流程进行梳理,包括流程中的交互活动、组织岗位、业务数据、业务系统等各方面内容。

2. 业务解决方案

以业务价值链为分析思路,通过流程分析,规划企业业务流程全视图,梳理业务组件化模型,基于业务流程中的核心业务数据对象形成数据架构模型,分析跨越业务组件的端到端业务交互流程。

3. 信息系统解决方案

根据业务和IT系统的调研结果,分析现有IT支撑系统对业务的覆盖程度,定位现有IT系统存在的差距,以业务驱动IT的思路,基于业务蓝图进行企业信息化系统总体架构设计,主要包括系统功能架构、集成架构、数据架构、技术架构和部署架构等内容。

4. 实施计划

根据需求确定项目,基于业务目标、资源匹配情况等确定项目优先级顺序,制定详细的业务实施计划和信息系统实施计划。

2.2 企业架构下的信息化规划

2.2.1 企业架构概述

企业架构是从企业全局的角度审视与信息化相关的业务、信息、技术和应用间的相互作用关系及这种关系对企业业务流程和功能的影响。从这个定义可以看到两个关键方面,其一是业务、信息、技术的融合;其二是EA包括业务和IT两个重要方面,要从全局考虑业务和IT的集成。企业架构是一个多视图的体系结构,它由企业的业务架构、数据架构、应用架构和技术架构共同构成。

(1)业务架构:描述了企业各业务之间相互作用的关系结构。它以企业业务战略为顶点,以企业各主营业务为主线,以企业各辅助业务为支撑,以人流、物流、资金流、信息流等联络各业务线,构成贯彻企业业务战略的业务运作模式。

(2)数据架构:描述了企业现在和未来是如何使用信息和数据,它将企业业务实体抽象成为信息对象,将企业的业务运作模式抽象成为信息对象的属性和方法,建立面向对象的企业信息模型。企业数据架构实现从业务模式向信息模型的转变,企业基础数据向企业信息的抽象。保证数据有效共享是企业架构的主要目的之一。

(3)应用架构:(应用架构是识别和定义企业关键业务目标和活动的最佳应用系统组合。)应用架构提供了应用系统的划分规则,指导应用系统之间集成、应用功能分布以及在企业范围内信息共享。

(4)技术架构:描述了企业开发、实施和管理应用系统和数据所需的IT技术体系和IT基础设施。

2.2.2 主流企业架构介绍

企业架构经过长期的应用实践得到了很大发展,已衍生出多种框架。目前在世界范围内,Zachman 框架、TOGAF、FEAF、E2AF 等是较为主流的企业架构框架。Zachman 框架、TOGAF 在企业中应用最多。

1. Zachman 框架

在企业架构领域,John Zachman 被公认为企业架构领域开拓者,现有很多架构都是基于 Zachman 框架衍生而来。Zachman 框架是一种结构式的框架体系,它以一个 6×6 矩阵来表示：横向从数据、功能、网络、人员、时间、动机 6 个方面,分别由实体-关系模型、流程—I/O 模型、节点-链接模型、人员-工作模型、时间-周期模型、目标—手段模型来表达。纵向从规划者、所有者、设计者、承建者、分包者和最终用户 6 个视角来划分,建立目标/范围、业务模型、系统模型、技术模型、详细表达、运行功能等模型。Zachman 框架将"组织结构＋数据＋流程"形成一个规划框架并勾勒出完整的架构核心内容。

2. TOGAF

TOGAF(The Open Group Architecture Framework)是当前主流的企业架构方法,它支持开放、标准的 SOA 参考架构,在全球已经得到如 SAP、IBM、HP、SUN 等公司的支持。TOGAF 是一种协助发展、运行、使用、验收和维护架构的工具。

TOGAF 最为关键的组成部分是架构开发方法(Architecture Development Method,ADM),它描述了企业架构中各个架构开发阶段的(如业务架构阶段、信息系统架构阶段、技术架构阶段等)目的、路径、输入、步骤和输出等各个方面的内容。ADM 开发过程主要包括预备阶段、需求管理、架构远景、架构规划(业务、信息系统、技术)、机会与解决方案、架构变更管理等多个环境,它贯穿了提出和建立通用原则到管理变更的企业流程循环以及每个阶段。

3. FEAF

FEAF(Federal Enterprise Architecture Framework)是 1999 年由美国政府组建的美国联邦 CIO 委员会发布的联邦企业架构框架,这是企业架构在政府领域的首次应用,带动了企业架构在西方发达国家政府的大范围推广。《FEAF 实践指南》明确定义了 FEAF 具有：绩效参考模型、业务参考模型、服务参考模型、技术参考模型、数据参考模型 5 个参考模型。FEAF 由当前架构、目标架构、转换流程(标准)组成,当前架构和目标架构分解为业务架构、数据架构、应用架构和技术架构,后来又增加了绩效架构。

其他较为主流的框架包括美国国防部 DoDAF、英国国防部 MoDAF、E2AF 等,此处不一一展开描述。

在对各种主流企业架构管理框架的分析中,可以发现各个框架在不同程度上都包括了这几个方面：结构参考、方法论、量化指标、交付成果、管控的标准和原则、企业架构案例等。其框架模型基本上可以分为两大类：一类是结构式企业架构框架,此种方式多表现为矩阵形式,主要对企业架构构建提供一种认知框架,阐述企业组成要素,明确各元素的关系。框架中也包含各种元素的定义、规范形式,以 Zachman 框架、FEAF 为代表；另一类是方法论式企业架构框架,此种方式多表现为流程或方法论式结构,为实施企业架构提供一步一步的指导。方法论式框架包括了企业架构管理的执行步骤、各步骤所需的相关方法、原则、模板、样例等内容,相对于框架式,它更具有实践指导意义,其代表的框架为 TOGAF。

传统的 Zachman 框架比较偏重业务流程和数据,没有特别清楚地体现业务和 IT 的关系。而 TOGAF 则是真正体现了业务驱动 IT,业务和 IT 的紧密集成,特别是提出了架构的 3 个层次：业务架构,信息系统架构和数据架构。

有的企业信息化基础比较薄弱,甚至是一张白纸,需要通过 IT 规划决定下一步要做什么。有的企业已经建成很多系统,更关心的是如何进行整合。因此,不能用一个方法论机械地照搬照抄。方法论也有两个层面,一个是作为公共参考的模板,另一个是针对具体项目进行裁剪和定制规则或指南。对 IT 规划方法论的完善,在面向政府时可以多借鉴 FEAF,在面向企业时可以多借鉴 TOGAF。但是,FEAF、TOGAF 等框架内容比较复杂,灵活和柔性方面略显不足。为了使政府和企业更容易接受,在概念引入时需要进行适度裁剪和调整,以提高其适用性和可操作性。

2.3.3　信息化规划核心逻辑

基于以上内容的理解,我们认为信息化规划的本质是一个通过分析现状,理清差距,明确目标,达成目标的驱动过程。而企业架构是一种多视图的体系结构,体现了业务、信息和技术的融合。企业架构能从体系化的角度有效串联信息化规划过程的逻辑关系。下面将重点分析信息化规划融入企业架构思想以及在其整体框架下的内在核心逻辑。

1. 业务与 IT 的融合

信息化规划涉及咨询方法论、流程管理与分析、数据架构设计、应用系统设计、技术架构设计、项目管理和实施等众多方面。从企业战略到业务目标,从业务目标到 IT 目标,从 IT 目标到应用蓝图,从应用蓝图到分阶段实施落地,任何一个步骤的脱节都将导致规划内容无法落地。再完美的规划和架构,如果脱离企业业务目标,都不能带来企业业务价值的提升。可以说,IT 规划之难,不在于 IT 本身,而在于流程;不在于技术本身,而在于业务。

信息化规划所应遵循的核心思路是：从业务到技术,从流程到 IT,围绕价值链分析和优化的核心模型向前驱动。核心过程包括现状分析、差距分析、目标提出、蓝图规划、实施规划等几个关键步骤。现状分析聚焦业务现状和 IT 现状,根据企业战略提出业务目标和发展规划,分析现状和目标之间的差距,提出和整理问题集,定义 IT 建设目标,根据差距和问题提出规划蓝图。通过目标和问题分解得到子目标、子问题以及蓝图规划内容,多维度评估和确定实施演进策略,定义 IT 系统建设实施的优先级和实施计划。

从以上描述可知,整个信息化规划始终围绕业务和 IT 两条主线。业务包括业务流程、业务数据、岗位组织角色以及业务管控体系等。而 IT 包括数据架构、应用架构、技术平台、技术体系和 IT 基础设施建设。以业务驱动 IT 为核心,端到端业务流程最终落地于应用系统功能上,业务数据最终映射至数据模型并沉淀到数据库中。

随着各种思想的不断融合,信息化规划核心指导思想应该转化到企业架构层面。企业架构的提出,主要是为了解决业务和 IT "两层皮"问题,企业架构方法应该融入到整个信息化规划过程中。此外,信息化规划过程也应参考业界核心业务模型、业绩标准,如供应链运作参考模型(Supply-Chain Operations Reference-model,SCOR),集成产品开发(Integrated Product Developmont,IPD)方法论,项目管理知识体系(Project Managment Body of Knowledge,PMBK),战略和人力资源的平衡记分卡,CRM 的 4P 和 4C 模型,财务域的核心模型,电信行业的 eTom 模型等。

与此同时,在前述基础上应融入云计算和 SOA 核心理念,更能有效解决我们多年前信息化规划中多个竖井式 IT 系统集中化和协同化问题。若现在的规划思路仍走以前的老路显然是不妥当的。那么,当前规划重点从初期就应该考虑集中化和协同化问题,将 SOA 思想融入到信息化规划当中,可以有效避免 IT 重复建设,信息孤岛林立,流程断点,业务无法协同等局面的出现。

2. 现状诊断分析阶段

现状分析首先要把战略目标、业务目标及其子目标调研清楚。其次是把企业现状流程、IT 支撑情况全盘理清。最后将潜在问题准确定位:一是在识别当前目标和当前现状后,客户意识到的问题;二是在提出参考目标和业界实践下,客户意识到潜在的问题。现状分析的顺序是从业务过渡到 IT,其主要内容如下。

(1) 业务现状分析重点在业务流程和业务数据上,建议采取自顶向下逐层分解的方法。针对关键的端到端流程为主线进行逐层分解,分解时抛开业务部门隔离以及 IT 系统约束,进行跨业务域的流程梳理和分析。在此过程中进一步分析子流程和活动、业务组件和数据、跨业务域的协同和交互等一系列问题。业务分解的方法可以参考价值链分析方法,业务模型分析可以参考针对各个业务域的一些标准业务参考架构和模型,如前述提到的 SCOR 模型、eTom 模型等。

(2) IT 现状包括现有的 IT 应用系统功能架构和应用现状、IT 基础设施架构现状、IT 系统对业务支撑情况等。重点是理清业务和 IT 的关系,IT 对业务的支撑程度。

现状分析的目的是为提出后续业务目标和 IT 系统建设目标打基础,明确了建设目标才能够真正为业务服务,体现业务价值。

3. 明确差距和目标

有了以上现状分析和调研,才谈得上差距分析。差距分析一般包括:当前目标和当前现状间的问题和差距分析;业界参考目标/最佳实践和当前现状的差距分析;IT 现状对当前目标支撑的差距分析。

明确差距后得到双方认可的最终业务战略目标和业务子目标,并由业务目标传递到对应的 IT 规划和建设目标。而后续的信息化规划将重点解决两个问题:IT 建设解决当前业务和 IT 间的差距;IT 建设解决后续战略目标和 IT 间的差距。

目标的提出可通过两个途径,一是直接提出业务目标和 IT 建设目标,二是通过差距进一步细化目标。IT 目标的提出,先必须进行差距分析,因为 IT 建设重点是支持业务目标,那么所有现存的 IT 建设中无法支撑的部分都是差距,IT 建设就是要解决这些差距。改进也是同样的道理,有些是不需要业务改进而直接进行 IT 建设和改进,有些则是业务优化和改进先行,IT 配合业务优化带来的应用落地。

通过差距分析得出的目标是由多个子目标所组成的,它是一个目标群,正如我们面临的问题是一个问题集一样,通过对多个子目标的分阶段分步骤实现最终才可能实现一个大的业务目标。目标分解、问题分解、目标和问题映射最终形成一个完整的解决方案。目标分解到子目标,子目标最终落实到具体的项目,通过项目规划和建设的方式推动目标的实现。

4. 蓝图规划阶段

蓝图规划是一个远期规划,至少覆盖 3～5 年,远期展望 5～10 年。虽然后续变化的可能性很大,但是仍然需要提出较为全面的蓝图规划,规划若不能展望远期,那么建设和实施必然会受到很多的局限和约束。

　　蓝图规划包括了业务架构、数据架构、应用架构、集成架构、技术架构和 IT 基础设施架构等方面的内容。蓝图中的业务和 IT 是密不可分的,所有的蓝图规划都应自顶向下,逐层分解,相互融合和协同。业务架构的重点是流程,数据架构的重点是数据,这两个架构都偏业务层面。而 IT 方面则包括了应用架构、集成架构、技术架构和 IT 基础设施架构。应用架构在最上层,而集成和技术架构在平台层,IT 基础设施架构在基础设施和物理资源层。从现有的云化和集中化趋势来看,更加需要考虑基础设施和平台层的集中化建设。上层的应用架构重点集中在应用和功能层面,体现业务组件化和能力化,体现业务组件的独立性和可集成性。

　　业务架构可以理解为全公司架构规划和 IT 建设中的高端业务建模,这个时候并不需要考虑太多 IT 层面的事情,重点是考虑业务流程如何进行优化,业务架构如何进行重新整合,以满足已经明确的业务目标。在这个过程中可以看到业务流程、业务活动、业务职能单元、组织岗位角色、业务核心单据和数据等核心内容。业务协同是这个阶段需要重点考虑的问题。这个阶段希望能融入 SOA 核心思想,即企业是一个完整的有输入有输出的产生核心业务价值的价值单元,该价值的实现是通过企业内部一个个相互协同的业务功能单元提供出来的,这些业务单元相互协同和组合实现核心价值的提供。这也是为何在端到端流程分析、流程分解以及 EPC 分析后,需要重新对业务功能单元进行组合,形成业务架构和业务组件,然后通过端到端业务流程对业务组件间的协同进行验证的原因。

　　在业务架构的流程分析中,通常围绕两个方面进行,一是业务的问题;二是数据的问题。业务功能和协同在前文已有描述。而数据的问题是另一个维度,数据识别往往可以通过业务流程分析得到,数据建模也可通过专门建模方法来支持。业务协同最终将体现到底层数据的关联关系和相互映射,底层数据模型出现问题则直接影响高层业务协同。流程中的业务单据是数据架构的信息来源。一般而言,采取自顶向下的概念模型→逻辑模型的建模思路,数据架构需要关注数据分域、主数据、跨业务模块的核心业务单据数据。数据层面需要解决的问题最终将对应到应用架构和数据架构。业务集成和协同主要由 SOA 解决,数据集成也有其他系统解决方案,包括主数据管理平台、大数据平台等。

　　业务架构和数据架构最终映射到应用架构中,业务架构体现为具体的业务组件和功能,而数据架构则落地到具体的数据模型和数据库设计。若再具体到系统分析和设计,可演进到应用系统中的高端架构设计,包括用例模型和逻辑模型,用例模型体现业务和流程,逻辑模型体现信息和数据。

　　经过以上分析后,将过渡到应用架构规划领域。很可惜的是,在大多数的规划项目中,业务架构和应用架构都有不同程度的脱节和断层,两者之间并没有通过科学的分析方法进行平滑映射。这里需要强调,应用架构规划需要根据业务架构展开,要与业务架构对应。业务架构不会考虑太多应用平台层面的内容,而应用架构需要重点考虑两大核心,即集中化和协同。对应的两大技术便是云计算和 SOA,这些内容需要引入到 IT 总体应用架构规划中。在引入 SOA 思想后,一个个核心的业务组件和能力提供单元会相对独立,但应用层中共性的内容则完全下沉到最底部,提供共享集成机制。

　　应用架构规划将逐层展开不断细化,先清楚总体应用架构后再将其细化到功能架构和集成架构。功能架构包括具体核心功能点,它需要明确当初提到的业务架构和业务需求在功能架构中如何落地。另外以关键应用为核心观察该应用和外部应用间的集成关系以及集成后如何协同。前者为功能性需求,后者为接口需求。集成架构包括了业务集成和数据集成,也包括集成接口关系和集成逻辑模型等方面的内容。通常企业 IT 系统间的数据集成和业务协同等问题都需要在集成架构规划中考虑。

总体来说,业务架构中的功能是为了满足对应的业务目标,而应用架构中规划的功能是为了映射和满足业务架构中对应的业务功能需求,若这两个方面都能有效解决,那么就基本解决了"规划的功能支撑不了业务,功能和目标之间关系不清晰"的老大难问题。

蓝图规划最后一个环节为技术架构。传统企业架构中说的技术架构偏基础设施和部署架构。在当前的规划中,技术架构应该描述企业开发、实施应用系统和数据所需的 IT 技术和 IT 基础设施。技术架构规划往往也会涉及云计算的内容,特别是 IaaS 层规划。技术架构规划需要规划人员有较深的 IT 技术背景,否则很难提炼公用性的技术,技术规划属于 IT 平台层规划的事情,目的是通过后续技术和技术平台的建设更好地支撑业务系统建设,加强技术能力复用和平台化。

5. 实施规划阶段

实施规划直接影响到信息化蓝图规划的可落地性,影响到信息化建设投资是否真正体现业务价值,为业务目标服务。实施规划的核心思想是组合管理和项目群管理,可以从成本投入,建设难易程度,对业务价值实现的贡献,推广实施难度等多个方面来评估 IT 建设内容的优先级。

实施规划按照组合管理的目标来说,就是要用最少的 IT 资源投入创造最大的业务价值。在实施规划阶段要考虑的关键点有:要建设哪些 IT 系统,如何分阶段建设,如何支撑业务流程,如何协同建设 IT 系统,如何加强项目管理,如何推进系统的建设,如何减少重复建设等。

2.3　基于私有云的企业架构规划方法论

从 2.2.3 节谈到的信息化规划核心逻辑来看,企业架构和信息化规划两者从本质上是极度融合的。本节将基于企业私有云的建设特点,结合 SOA 和云计算的核心思想,从总体架构模型到各个领域模型来总结和提炼基于企业私有云的企业架构规划方法论。

2.3.1　总体架构模型

企业架构规划所遵循的思想是业务驱动 IT,围绕价值链分析与优化的核心模型向前驱动。总体架构模型核心过程包括现状分析、差距分析、目标提出、蓝图规划、实施规划等几个关键阶段。此外,在蓝图规划当中,基于 SOA 思想引入了"服务架构"这一重要阶段,使企业架构规划更能体现企业私有云的规划建设思路。总体架构模型如图 2.2 所示。

企业架构规划分析的入口点,合理的方式是从整体的端到端流程分析切入,然后细化到各业务域的端到端,再逐层分解到 3～4 级流程,最终细化到最底层流程(如 EPC 流程,它既是流程也是业务功能)。另一个方式是直接从业务活动信息收集切入,如根据组织架构和岗位职责收集业务功能点。第一种方式既看到面又看到点,从上到下层层推进。而第二方

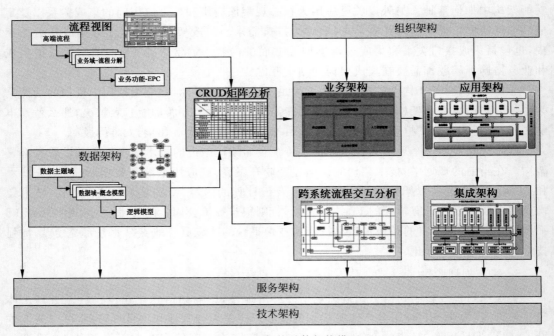

图 2.2　企业架构总体架构模型

式则容易只看到点,无法贯彻整个企业端到端流程。当然,流程分析并不一定能够涵盖所有的业务功能点,因为有些业务功能自身便是最底层的 EPC 流程,往往并不是从高端的端到端流程分解而来,如用章管理是一个业务功能和 EPC 流程,但并不一定能够挂接到高端流程上面。所以,需要注意高端流程分析和分解是建立全局思维,但仍然需要借助第二种方法收集完整的业务和活动。

从流程、子流程分解而来的业务活动,它承载着业务单据和业务实体。对业务实体进行抽离,分析在流程各个阶段和活动中产生的业务实体之间的关联和依赖关系。业务域对应到数据域和数据分类,进一步可以分析到具体的概念模型或逻辑模型。流程分析偏业务操作和事件,而数据正是业务操作的对象。SOA 中强调操作和数据解耦,这正好是分析的两个维度。

业务架构中的业务组件划分强调的是业务本身的高内聚和松耦合原则。对于任何一个业务域基本有两种类型,一种是数据驱动型;另一种是工单任务型。如资源、资产等核心数据对象,在业务操作层面重点是对数据对象实现全生命周期管理。因此业务组件划分基本遵循底层为基础数据支撑层,上层为生命周期管理层,覆盖该数据对象的核心生命周期阶段。这是业务组件划分的一个基本思路。

对于业务架构的构建,特别是对某个业务域并没有深入的理解前,较好的方式是流程驱动分析,抽离数据进行数据建模,通过 CRUD 来分析数据和业务功能的关系。对底层的业务功能组合需要满足高内聚松耦合的原则,从底向上对细粒度的业务功能进行组合,形成高内聚的业务组件。在整个过程中也可以参考业界标准的业务架构参考模型。

业务架构和数据架构完成后,将会过渡到应用架构。这里需要重点指出,业务架构只关注业务,业务分为功能性需求和非功能性需求。非功能性需求包括了平台层面的支撑需求,即应用的集成支撑、数据的集成支撑以及公共平台层功能等,也包括了纯技术层面的非功能性需求。非功能性需求的前者体现到应用架构中,往往被会分为技术支撑平台和应用支撑平台。技术支撑平台包括了安全、管控等;应用支撑平台包含了数据平台、集成平台和流程平台等。应用架构一般会分为资源层、服务层和应用层,其中应用层基本可以与业务架构一一映射。

服务架构需要考虑业务系统间的集成点。这个集成点的分析,可以将端到端流程结合应用架构中的业务系统以及CRUD矩阵分析形成跨业务系统的跨系统交互流程图。这种流程图已不是纯粹业务层面的流程图,而是体现系统交互分析的跨系统交互流程图。所有跨系统交互点则为流程驱动下的业务集成点。而CRUD矩阵分析有助于分析出数据驱动的数据集成点。前者以业务服务为主,后者以数据服务为主。最终在分析完整后两者都体现到集成架构中。

业务架构的非功能性需求转化到应用架构中的底层资源层,需要对其中的核心技术进行抽取,最终转化为一个完整的技术架构。技术架构和业务无关,它所提供的是底层技术支撑层能力。

技术架构逐步转化到公共平台层,提供核心的资源池能力。业务组件转化为能力单元,业务组件由平台资源承载,提供业务服务能力。业务服务最终又可以通过灵活的配置形成完整的业务应用。因此所说的解耦不仅仅是业务组件间的横向解耦,还包括了业务组件到底层平台,业务组件到上层应用间的纵向解耦。

2.3.2　现状诊断分析

1. 诊断描述

现状诊断分析的目标主要是了解运营现状,分析在现状基础上的需求与关键问题,作为后续蓝图和演进设计的重要输入,确保技术规划和战略规划、业务需求的一致性。

企业架构规划层面的现状分析,需要贯彻的核心理念是:"业务驱动IT,业务目标和IT目标共同支撑企业战略目标实现"。业务诊断的重点是动态的业务流程和静态的业务数据,两者都涉及岗位责权利。其起点应该是企业高端业务流程,从高端流程分级到各个业务域流程,业务域再分级到核心业务流程。IT诊断的重点是系统功能架构、技术架构和外部接口。最后在业务现状和IT现状调研基础上进行差距分析和匹配度分析。

2. 规划方法

业务是整个企业架构规划的总指导原则,本方法将对业务发展战略进行分析解读,分别从外部环境和内部环境进行分析,识别企业发展趋势和关键能力,最终实现业务驱动IT,业务目标和IT目标共同支撑企业战略目标实现。

根据业务发展和核心能力构建,基于价值链模型,从组织架构和业务流程两大关键元素进行业务现状分析与评估。梳理业务对IT的需求点,为企业信息化规划提供依据。梳理主要的业务流程,关注企业价值链条上的一系列活动及其业务流程之间的关系构成。核心方法对合理性、完整性和信息化支持成熟度方面进行评估,如图2.3所示。

业务流程调研从高端业务流程开始,到各个业务领域的二级业务流程的调研和分解,再进行跨业务领域和组织部分的业务交互流程调研、业务对象调研等。

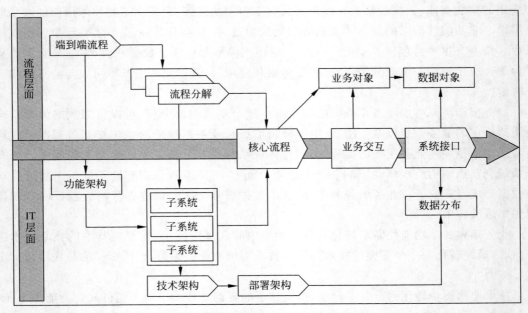

图 2.3　现状诊断分析方法

　　流程分析的重点是活动交互,针对每个活动需要详细描述活动的内容,涉及组织岗位角色,流程输入输出,流程绩效 KPI 等核心信息。流程中输入输出承载的是业务表单和业务数据,根据输入输出分析可以建立业务对象模型,或者说数据建模里的概念模型。业务域的端到端流程往往跨越多个 IT 系统,业务流程分析以职能带分析为主,流程在多个业务系统的交互可以进一步映射出粗粒度的接口分析点。

　　IT 现状调研的重点内容包括系统功能架构、技术架构、部署架构及数据分布等情况。IT 诊断分析需要从数据架构、应用架构、技术架构等几个方面对企业的信息化现状进行分析,以定位信息化建设的核心问题,为信息化蓝图规划提供依据。

　　(1)数据架构:从数据标准化、数据安全、数据质量、数据模型和数据管控 5 个方面进行评估。

　　(2)应用架构:梳理企业的业务架构和数据架构与具体的 IT 应用系统之间的联系,在合理性、完整性和信息化支持成熟度方面进行评估。

　　(3)技术架构:梳理支撑信息和应用架构运行的 IT 运行环境,在技术标准、技术平台和基础设施等的技术先进性、合理性方面进行评估。

　　除了以上信息外,还需要了解企业战略、IT 管控体系等重要信息,梳理企业信息化战略、发展目标,组织架构、指导方针和管控流程,评估合理性、完整性和信息化支持成熟度。

　　最后将业务与 IT 的现状与企业战略、业务需求、业界标准/最佳实践进行对比分析,找出差距,进而明确企业信息化建设所处的发展阶段,提出信息化改进建议与优化目标,为信息化愿景及目标建议提供依据。

3. 案例分享

　　调研诊断贯穿整个业务驱动 IT 的调研过程,在每个过程域将会输出关键的信息。以下为对某企业进行诊断分析时,所考虑的关键诊断维度,具体包括组织架构、业务流程、数据实体、数据分布、应用系统、基础设施、技术体系、系统集成关系等方面的内容,如图2.4所示。

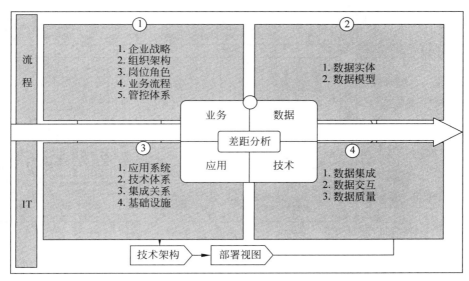

图2.4 现状诊断分析方法示例

2.3.3 业务架构规划

1. 架构描述

业务架构是企业架构的重要组成部分,它描述了企业各业务之间的相互作用关系。业务架构主要包括如下内容。

(1)业务流程:描述企业业务运作规则,由一系列能创造价值的业务活动按照一定的逻辑组成,回答怎样做的问题。

(2)业务组件:企业内部一个高内聚的、能完成核心业务价值的业务能力单元,这个业务组件将以业务服务的方式朝外部提供服务能力,回答做什么的问题。

(3)组织结构:业务功能的职能分布模式,根据业务功能分布确定组织结构和职责,回答谁来做的问题。

(4)业务信息:流程执行过程中各种业务单据。可进一步识别为业务实体,后续可作为数据架构建模的重要输入。

2. 规划方法

业务架构以现状调研信息、差距分析结果、业务/IT建设目标等作为输入进行构建。它从流程分析入手,按照价值链对端到端流程逐层往下分解,通过流程逐步开展组织架构、业务功能、业务信息和业务术语等方面的分析,如图2.5所示。

业务架构是一个完整的概念,它涉及企业内业务层面的方方面面,如人、事、物、环境等都可以在业务架构描述中找到详细内容。业务架构不等同于流程架构,流程架构仅为业务架构的一个部分。业务架构也不等同于业务建模,业务建模仅仅是形成业务架构的一种方法。业务架构规划包括以下几个方面。

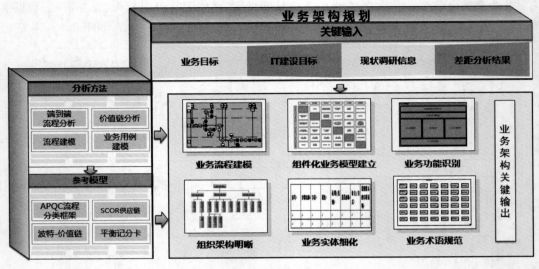

图 2.5　业务架构规划方法

1）业务流程建模

业务流程建模的核心是进行端到端业务流程建模，形成 To-Be 目标流程框架。总的来说，业务流程建模在开始之初是基于价值链分析的端到端高阶流程建模，在流程分解到一定程度后进入到业务用例分析与建模，业务对象分析与建模。

流程端到端分析的核心方法是参考业界价值链分析方法展开。通过自顶向下逐层分解，形成多层次的流程框架。业务流程框架的逐层分解，最后会落到某一业务领域单个流程的业务活动中。此阶段可以采用跨职能带的流程建模方法。

流程不断往下分解，特别是分解后的下级流程，推荐采用 EPC 事件流程链方法进行建模。EPC 流程包含了流程活动、事件、岗位角色、业务对象等多个内容，它以一个整体方式便于对企业内业务流程中的各个关联事物进行全面理解。所以，整个业务流程建模的思路可以是高端价值链→职能带流程图→EPC 流程图。

与此同时，端到端的流程分析会涉及对业务领域的细分（如财务领域、供应链领域等），将会形成跨越业务边界的业务流程交互，这是应用集成关系规划的业务基础，需要重点分析流程交互接口、组织岗位角色、业务活动单元、业务对象等。业务活动单元最终根据业务能力和业务责任层面两个维度划分矩阵，形成组件化模型。

在整个业务流程分析过程中，既包括了业务端到端流程分析，也包括了业务领域内核心业务流程和活动分析。通过分析，可以形成全局业务流程视图，有助于全面多角度评估企业业务流程。

2）组件化业务模型建立

组件化业务模型是基于 SOA 思想构建业务架构的一个关键性内容。业务组件是企业内部一个高内聚且能完成核心业务价值的业务能力单元，这个业务组件将以业务服务的方式朝外部提供服务能力。因此，各个业务组件之间具备高内聚、松耦合的特征。

一个业务组件可以代表一个业务域、一个业务单元、一个紧耦合的多个业务流程或业务功能的集合，也可以代表企业价值链或某个业务全生命周期的某一个阶段等。业务组件构成一个完整的业务架构模型,该模型可以逐层展开和细化。

业务架构分层,可以参考 IBM 的组件业务模型(CBM)模型的分层方式(决策、管理、执行层),也可以参考价值链的分层思路(支撑层、核心价值层、决策层)。

在进行企业架构业务建模的时候,需要分析业务组件的颗粒度,即哪些业务功能应该在一个业务组件里,并保证组件之间能够高效协同,这是业务架构建模必须关注的问题。在业务架构建模的过程中,特别是对于目标业务架构,可以参考企业所属行业涉及的标准模型进行重构和完善,如供应链的 SCOR 模型,电信行业的 eTom 模型等。

可以通过几个关键的交互矩阵来驱动业务架构的构建。

(1)业务组件交互矩阵:横向和竖向都是业务组件,内容单元格里是具体的业务交互接口点,通过此矩阵可以看出业务组件的划分是否会导致大量的业务接口存在,分析每个业务接口产生的原因,进行组件的合并及业务功能转移等。

(2)业务对象和业务交互矩阵:横向是业务组件和业务功能,纵向是具体的业务对象,内容单元格是具体的 CRUD 信息(即传统的 CRUD 矩阵分析)。对于同一个业务对象,CRUD 操作尽量减少分离,而读操作则可以共享,以减少业务对象的多头管理和维护,将业务表单和数据的维护尽量控制在同一个大的业务组件中完成,减少数据交互和传递。

(3)流程交互分析矩阵:横向是具体的流程信息,纵向是具体的流程活动信息,在这个矩阵图上可以看到同一个流程活动或流程片段往往存在于多个不同的流程。该分析的重要作用是对流程建模中可复用的流程片段或流程活动进行抽象。

(4)功能业务组件分析矩阵:横向是具体的业务组件,纵向是业务功能,该交互分析重点是明确具体可复用的业务功能,并对可复用的业务功能进一步进行抽取,形成可复用的服务。

3)业务功能识别

从业务流程往下分解到具体的业务活动时,会衍生出业务用例模型,即为业务上需要实现的业务功能。在分解过程可以发现,业务用例也有粗细粒度的区分,粗粒度的业务用例模型,既可以描述业务流程,也可以描述业务功能。需要根据具体的需要进行分析。业务功能是作为后续业务应用系统构建、功能划分的重要参考依据。

4)组织架构明晰

业务流程框架逐步向下分解时,会逐步明确业务职能的分布,确定组织结构和职责,"回答谁来做的问题",它是流程执行的主体,用于描述企业或部门等的构成。

5)业务实体细化

业务流程逐层分解到底层的业务活动时,所承载的是企业的业务信息单据,可进一步识别为业务实体。业务实体应按照业务属性进行描述。在后续的数据架构建模中,将对业务实体从业务架构中剥离,分析它们之间的依赖关系,形成主题域分类模型和数据模型。

6)业务术语规范

业务架构规划将进一步规范业务术语定义,业务术语表示企业的业务或技术的描述。

经过以上的规划过程,将形成大量架构文档,包括流程清单、每个流程的详细描述清单、业务功能清单、组织信息清单、岗位和角色清单、业务对象清单及业务术语等。若仅是端到端流程分析的结果,那么这个清单并不完整,因为有些业务功能或活动不在端到端流程上,比如一些业务部门的日常例行管理工作、监控工作和统计分析工作等。这也是业务架构不能仅从自顶向下分析的原因。为了解决这个问题,还需要对企业内的各个业务部门进行调研和访谈,了解各业务部门的业务目标,业务职责和工作内容,进一步识别出不在端到端流程和流程分解节点上的内容。"自顶向下+自底向上"才能形成一个完整业务架构所需的内容。

业务架构的最终输出包括了一系列的架构文档,主要有详细的业务流程和业务活动的描述,包含输入、输出、活动内容、岗位角色、业务单据等;组件化业务模型的详细描述,包含业务组件的详细业务功能,业务组件和业务流程的关系,业务组件和业务实体的关系等。最后要基于以上两点进一步抽象和整理全局组织架构图,细化业务对象实体,业务架构术语表等。

3. 案例分享

以下以电网行业中某企业的业务架构进行说明。

基于前面的分析方法和分析思路,以价值链和高端流程分析入手。价值活动分为两大类:主体活动和支持性活动。主体活动是涉及产品的物质创造及其销售、转移买方和售后服务的各种活动。支持性活动是辅助基本活动,通过提供技术、人力资源以及各种公司范围的职能支持基本活动。图2.6所示为电网行业某公司的一个高端价值链模型示例。

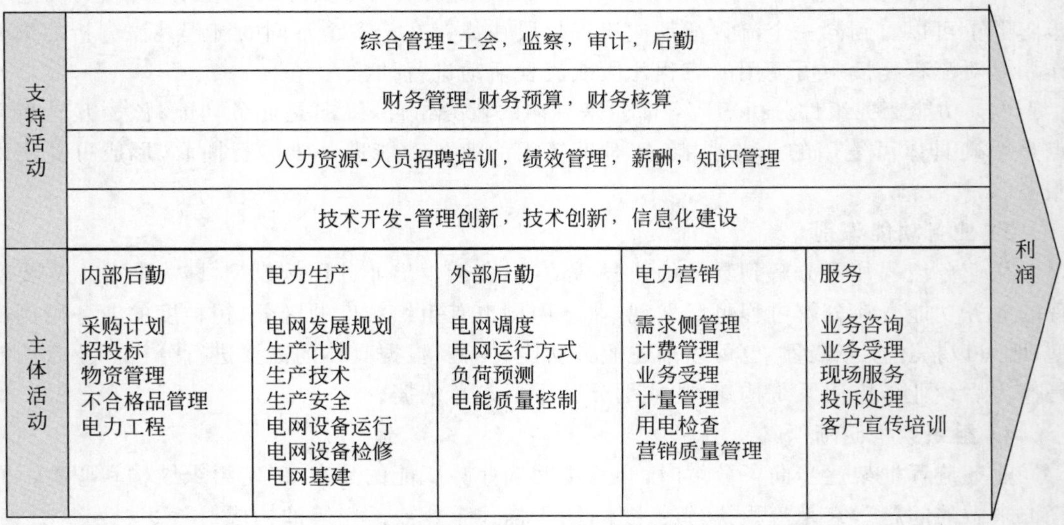

图 2.6　电网行业某公司的高端价值链模型示例

在高端价值链分析的基础上,需要进一步进行逐层分解,对业务流程和相关活动进行详细分析,以价值链中的电力营销为例,进一步分解如图2.7所示。

结合电网业务的执行、管理和决策三个层面,对电网业务进行模块化和组件化分析,形成业务架构视图,如图2.8所示。

在图2.8中可以看到电网行业现有的核心业务组件。其中既包括了价值链分析中的主要活动,也包括了辅助活动。由于电网的基建和工程是较为独立的核心主体业务,因此将其从内部后勤和电力生产流程中单独分离出来进行业务分析和描述。

在价值链分析中,没有体现业务组件或活动的层级,但是在该业务架构分析中,任何一个业务领域的业务都分为执行层、管理层和决策层。

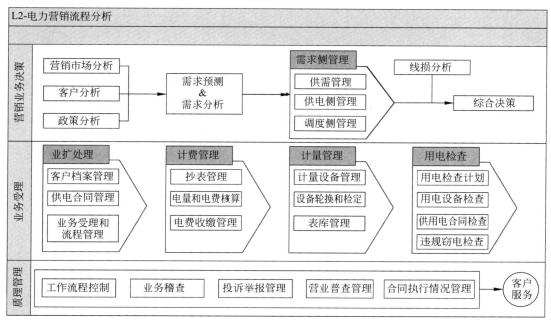

图 2.7　电力营销价值链模型

（1）决策层：重点是协助企业高层和中层领导进行综合分析和辅助决策。在信息化系统建设和规划中对应商务智能或大数据分析。

（2）管理层：重点是流程管理、流程控制、规范制定、监督执行等内容。

（3）执行层：具体执行所有定义的规范、流程、制度约束下的各种业务活动。

在完成流程分析和业务组件建模后，需要进一步分析各个业务模块的相互关系和数据传递，业务组件和模块之间的协同方式。基于组件业务模型，结合端到端流程协同分析，可以分析出业务组件间的集成关系视图，如图 2.9 所示。

针对核心业务模块，可以再进一步分析相互之间的数据流传递，以梳理各个业务领域和组件间的接口，如图 2.10 所示。

2.3.4　数据架构规划

1. 架构描述

数据架构可以让管理者从企业的全局视角了解企业、客户和市场，通过数据更好地支撑企业运营。企业数据架构规划的目标是打破信息孤岛，实现企业信息数据共享。通过应用与数据分离，实现数据从部门到企业的提升。建立数据转换为价值的体系，让数据发挥出企业核心资源的效用，实现数据的增值。

企业架构规划始终围绕流程和数据两个核心内容展开，业务架构规划的重点是流程和业务功能，而数据架构规划的重点则是数据。在业务朝 IT 实现的转换过程中，业务架构规划将分解和对应到应用系统功能，而数据架构对应到数据模型设计、数据库设计。

数据架构包括静态和动态两个方面的内容。静态部分的内容重点在于数据模型定义、主数据识别、共享数据和所有业务相关的业务对象数据的分析和建模。而动态部分的重点

业务域	决策层	管理层	执行层
物流供应链	需求计划 采购策略 供应商分析 材料分析	供应商认证 供应商管理 招投标管理 采购需求管理 采购合同管理 备品备件管理 救灾物资管理	招标 投标 采购执行 物资配送
电力基建	电网规划 投资分析	前期管理 合同管理 设计管理 施工管理 范围/变更管理 进度管理 图档管理	工程设计 工程施工 工程验收 工程投产
电力生产	安全生产综合分析	计划管理 设备管理 安全管理 技术管理 图档管理 安全生产知识库	生产执行 事故处理 设备定检巡检 设备故障处理
电力调度	调度信息综合分析	计划管理 运行方式管理 负荷管理 集控管理 停电管理 新设备投运 用电控制	调度数据采集 数据监控 事件管理 发电控制 电压控制 网络分析
市场营销	战略/市场分析 需求预测 需求侧管理 线损分析 营销辅助决策	供电合同管理 流程控制和管理 计费管理 计量管理 质量管理	业务受理 合同执行 用电检查 新品拓展 品牌活动
客户服务	客户信息综合分析 服务信息综合分析	客户关系管理	客户查询客户咨询 业务受理 电费缴纳 投诉处理
财务	财务报表综合分析 投资管理	资金管理 成本费用管理 税务管理 预算管理 会计核算	预算执行 核算 收款 付款
人力资源	人力资源规划 决策支持	招聘管理 培训管理 知识管理 人事管理 绩效考核 薪酬福利	员工关系 人事服务 人员招聘 人员调配
综合管理	公共关系管理	党团管理 工会管理 监察管理 审计管理 行政后勤管理 法律事务管理	员工关怀 知识管理 档案管理

图2.8 电网行业业务架构示例

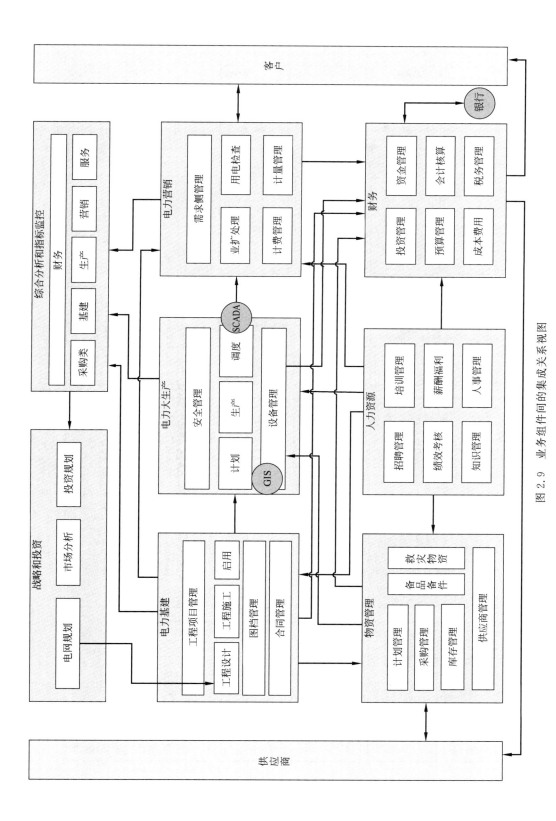

图 2.9　业务组件间的集成关系视图

	财务管理	人力资源	电力营销	电力生产	电力基建	物资管理
物资管理	物资验收入库信息	人员需求 技能需求	物资采购信息 库存信息	备品备件在库信息 项目物资采购信息	工程物资	（空白）
电力基建	资金申请	人员需求 技能需求	用户工程信息	工程验收信息 项目设备清单 项目物资变更信息	（空白）	工程物资采购需求计划
电力生产	设备台账 设备变动信息 设备报废信息 备件更换信息	人员需求 技能需求	生产计划生产信息 电网运行信息 实时电量信息	（空白）	设备运行信息	备品备件需求信息 大修技改物资计划
电力营销	应收电费 实收电费 购电结算信息	人员需求 技能需求	（空白）	用户工程信息 计量信息	电网规划信息 基建需求	计量设备需求 用户工程材料需求
人力资源	人力成本资金需求	（空白）	人员，培训 人员技能信息	人员，培训 人员技能信息	人员，培训 人员技能信息	人员，培训 人员技能信息
财务管理	（空白）	薪酬发放 福利发放	购电付款信息 实收电费信息	资金批复，发放	项目成本 项目付款	付款信息

图 2.10 业务领域和组件间的接口

则是数据全生命周期的管控和治理。因此,不能单纯地将数据架构理解为纯粹静态的数据模型。在业务架构中对数据架构的映射重点是主数据和核心业务对象,而应用架构中对信息模型的映射则进一步转换到逻辑模型和物理模型,直到最终的数据存储和分布。

数据架构与业务、应用的映射涉及几个矩阵的分析。业务映射的重点是业务对象和业务流程、业务组件、业务功能间的类 CRUD 矩阵分析;而应用映射的重点则是逻辑或物理模型对象、具体的应用模块及应用功能间的矩阵分析。两者关注层面不同,前者重点是主数据的识别和业务组件的分析,而后者的重点是应用功能模块的划分和模块间集成接口的初步分析。

对于数据集成分析,根据前面思路也分解为两个层面的内容,一个是业务层面的分析,另一个是应用和 IT 实现层面的分析。前者重点是理清业务流程或业务域之间的业务对象集成和交互,后者的重点是数据如何更好的共享或通过类似 ESB 平台来实现数据的集成和交互。

数据的全生命周期管理包括了单业务对象数据全生命周期,它往往和流程建模中的单个工作流或审批流相关。它也包括跨多个业务域数据对象的全生命周期,体现的是多个业务对象数据之间的转换和映射,往往是和端到端的业务流程相关。数据虽然是静态层面的内容,但数据的生命周期或端到端的数据映射往往间接地反映了动态的流程。

2．规划方法

数据架构规划的核心指导方法主要以企业组织架构、业务信息以及现有的数据管控体系等内容作为基础,参考行业最佳实践以及业界参考模型(如 TOGAF 集成信息模型、FEA 数据模型),形成企业数据架构。其核心内容包括划分主题域,进行数据分类,识别数据实体,构建数据模型,规范主数据与编码规则,建立完整的数据管控体系等,如图 2.11 所示。

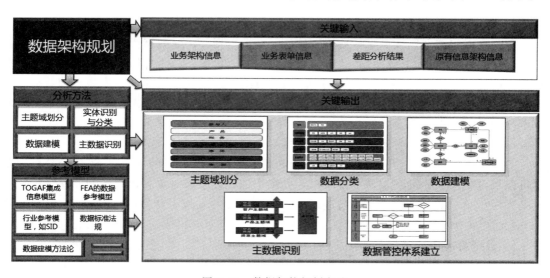

图 2.11　数据架构规划方法

1）主题域划分

主题域是针对业务的某一关注领域或关注点,同一个域内的实体具有高内聚性,不同域的实体之间具有低耦合性。域的引入有助于建立模型框架的整体视图。可以根据业务架构的相关结果(如组织架构、业务表单、业务流程等),以业务实体聚合程度高低,逐步细化为划分原则,确认数据主题域。

2）实体识别与分类

在主题域基础上,根据业务架构核心流程的输入输出信息进行分析,提炼其中的核心业务对象和数据实体,对缺失的数据实体做有效补充,形成数据实体清单。在所梳理的数据清单中,需要对各主题域内的数据实体进行分类与定义。企业数据分类是企业数据标准的一个组成部分,即全部企业数据执行同一个数据分类标准。企业数据分类需要满足各种数据需求对数据组织的要求,并独立于具体的数据模型和数据分布。企业数据分类要有利于数据的维护和扩充。

3）数据建模

在识别了各主题域的数据实体后,将采取自顶向下的思路,建立概念模型。依据数据实体间的关系,设计逻辑模型,梳理每个业务逻辑模型的属性,构建企业的信息模型视图。数据模型分为概念模型、逻辑模型和物理模型。在企业架构规划阶段,主要涉及概念模型和逻辑模型。

（1）概念模型是一个高层次的数据模型。它定义了重要的业务概念和彼此的关系,由核心的数据实体或实体集合,以及实体间的业务关系组成。

（2）逻辑模型是对概念数据模型的进一步分解和细化,描述实体、属性以及实体关系。

数据建模的方法包括面向结构的 ER 模型分析方法,也有面向对象的对象类模型分析方法,两个方法都是可行的数据建模方法。传统的 ER 方法更容易实现向底层物理数据库模型的转换。而面向对象的类建模方法更容易体现抽象和复用。在企业架构建模中,面向对象和面向结构往往并不是严格区分的,很多时候都会出现两种方法合用的情况,但是重点是要区分每种方法或工具的重点以及所解决的问题。

4）主数据识别

企业数据的类型包括了交易数据、主数据、参考数据等。主数据作为企业的核心基础业务数据,会被多个业务系统使用,通常具有较高的业务价值。从不同层面准确的识别企业主数据,以及科学的管理主数据能够为企业在业务运营及 IT 支撑等方面带来显著的收益。

主数据是核心业务实体数据(如产品、客户、供应商及物料等),是高价值跨多个业务系统重复使用的数据。而业务交易数据(如订单、合同、账单等)或者特定应用专属数据,不在主数据管理范畴之内。主数据一般来说数据生命周期较长,不易变化。

除主数据之外,全局共享的动态数据分析也是数据模型分析的一个重点,这个分析完成后可以找到整个企业端到端流程或某个业务域中的核心领域对象和领域模型。此分析的重点是方便后续在实现层面进一步构造通用共享的领域对象服务层,而不是纯粹的数据对象服务层,能够体现领域对象层延续前面阐述的业务→应用→集成的架构分析思路。

5）数据管控体系建立

数据管控体系主要是针对数据全生命周期制定的相关规章制度,分别定义了企业数据管控组织,数据运转过程中的数据质量、数据安全、数据标准的评价与考核,数据全生命周期的管控流程定义,以及支撑数据管控的工具。

基于以上的分析步骤,数据架构输出主要包括数据分类模型、企业数据模型、实体描述、主数据目录、数据管控体系等核心内容。

3. 案例分享

此案例以某电信运营商分公司的数据架构规划作为示例。数据架构规划中遵循自顶向下逐层分解的方法展开,首先是数据域划分和数据实体识别,如图 2.12 所示。

图 2.12 某电信运营商分公司的数据架构规划示例

以供应链主题域为例,主要包括采购、供应商、合同、库存、物料等方面的信息。具体的主题域实体描述如表 2.1 所示。

表 2.1 主题域实体分析

实体类别	实体描述	实体名称
采购	采购类别主要描述采购管理应用中涉及的有关需求预测、需求提报、采购计划、采购寻源、采购执行、采购评估和跟踪监控等方面信息	采购需求预测、物料使用量预测、物料需求提报信息、采购申请、采购计划、寻源方式、中标信息、投标信息和采购订单等
供应商	供应商类别描述供应商相关信息,主要包括供应商基本信息、供应商绩效和供应商分级等	供应商基本信息、供应商绩效、供应商认证信息和供应商评级等
库存	库存类别主要描述库存相关的资源变化信息。包括出入库信息、调拨信息和补货收货等信息	库存信息、库存分析、库存计划、入库信息、出库信息、退库信息和物资调拨信等
物料	物料类别主要描述以物料管理为核心的相关信息,包括物料基本信息、组合物料信息和相关的货物管理信息	备货信息、组合物料信息、物料信息、物料类别信息和货物管理信息等

基于主题域实体分析,可以进一步分析供应链下层的数据概念模型,如图 2.13 所示。

在此基础上,可以根据数据建模思路,进一步形成逻辑模型和物理模型,则自然过渡到IT 系统建设和实现层面。

跨主题域数据流模型在本案例中分析了供应链、财务、人力资源、计划项目这四个主题域,具体的数据流交互如图 2.14 所示。

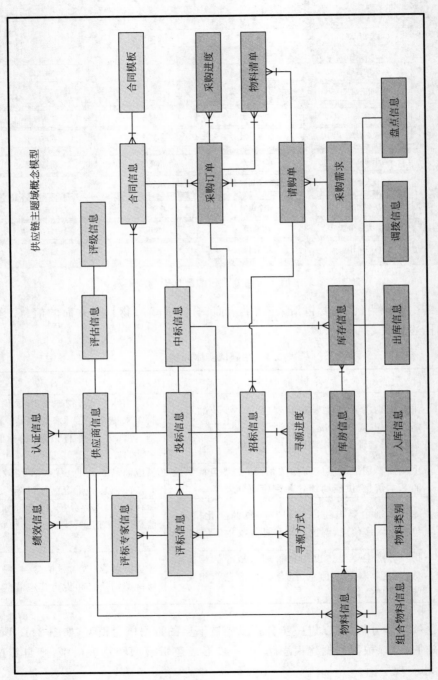

图 2.13 供应链主题域概念模型示例

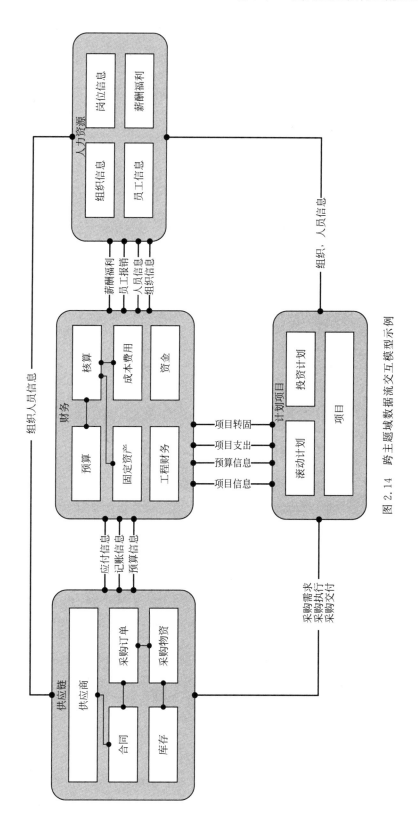

图 2.14　跨主题域数据流交互模型示例

运用主数据识别方法和识别标准,根据业务系统数据分布,对各个业务系统中的关键数据进行分析,以识别关键的主数据,其中的样例展示如表 2.2 所示。

表 2.2　主数据识别示例

数据实体	ERP系统	物流管理系统	合同管理系统	计划项目管理系统	预算管理系统	财务报账平台	资产管理系统	是否交易数据	使用周期
库存信息	√	○					√	是	长
库存组织	○	√		√		√	√	否	长
物料	○	√	√	√		√		否	长
物料类别	○	√	√	√		√		否	长
物料单位	○	√	√	√		√		否	长
供应商	○	√	√			√	√	否	长
出库信息	√	○						是	短
入库信息	√	○						是	短
库存事务	○	√					√	是	短
合同	√	√	○	√	√	√		是	短
采购订单	○	○				√		是	短
资产信息	○			√		√	√	否	长
资产类别	○			√		√	√	否	长
资产地点	○			√		√	√	否	长
资产调拨单	√						○	是	短
预算信息	√		√		○			是	长
会计期间	○	√			√	√		否	长
会计科目	○	√			√	√		否	长
客户	√				○	√		否	长
总账凭证	○							是	短
日记账	○	√					√	是	短
应付发票	○					○		是	短
应收发票	○					○		是	短
组织机构	√	√	√	√	√	√	√	否	长
员工	√	√	√	√	√	√	√	否	长
岗位	√	√	√	√	√	√	√	否	长

○—数据产生点　　√—数据使用点

从表 2.2 中可以看到,跨各个业务系统的非交易数据,使用时间也比较长的数据主要包括如下部分。

(1) 物料相关:包括物料基本信息、物料类别、物料单位和库存组织等。

(2) 供应商:包括供应商基本信息、供应商地址和供应商地点等。

(3) 项目:包括项目基本信息和项目类型等。

(4) 资产:包括资产基本信息、资产类别和资产地点等。

(5) 会计:包括会计期间和会计科目等。

(6) 组织:包括组织机构、岗位和人员基本信息等。

以上数据都横跨了该运营商 MSS 域的多个业务系统使用,部分为基础业务实体类主数据,如供应商和物料;部分为分类和数据字典类主数据,如资产类别和物料类别等。

2.3.5　应用架构规划

1. 架构描述

企业应用架构是建立业务架构、数据架构与具体的 IT 应用系统之间的联系,它以企业业务架构、数据架构为基础,建立支撑企业业务运作的各个业务系统,通过应用系统的集成运行,实现企业信息的流动,提高企业业务的运作效率,降低运营成本。

应用架构和业务架构存在着强烈的映射关系,业务架构关注核心的业务流程、业务域、业务组件的识别。应用架构则重点说明企业内部应该建设哪些系统以及应用系统间的集成关系。应用架构在业务架构基础上主要考虑两个方面的内容,一方面是如何划分业务系统以及划分的粒度,如何满足划分后的业务系统间的高内聚松耦合;另一方面是在业务架构转换到应用架构后驱动后续的建设实施,识别有哪些内容是可复用的,将可复用的内容和可资源共享的内容下沉到基础平台层,将业务系统间需要协同和整合分析的内容上升到应用门户层。以上工作完成后即完成业务架构朝应用架构的转化。在两者进行架构映射转换时候,需要分析两者之间的侧重点。

1）粒度划分的侧重

粒度划分在高层的应用架构中能较为明确地体现具体的业务系统。但业务架构中的业务域、业务组件和应用系统间往往不是一对一的关系,其中既存在合并也存在拆分,比如"采购"可能是独立的业务域或业务组件,但是在构建应用系统时可能将构建一个大的供应链系统。"财务"是一个大的业务域,也可能拆分为报账、预算、成本管理等多个业务系统。这需要结合企业实际情况,也需要考虑系统划分的粒度。

2）实现层面的侧重

应用架构考虑的重点偏向实现层面,需要实现业务架构朝 IT 层面的抽象和转化,较为明显的是应用架构底层可能会抽象相应的基础平台和技术平台;而上层抽象相应的门户等,这些内容在业务架构中不会考虑。

3）建模方式的侧重

业务架构中有流程建模的动态建模部分,所以会遵循从高端流程→流程分解→业务用例建模的过程。而应用架构也存在动态建模部分,即业务用例→系统用例→用例实现。这可以理解为应用架构是更加细化的动态建模,这个动态建模是实现层面的内容,和本身应用系统的技术架构和分层密切相关。这个过程相当重要,特别是核心业务用例的实现,在这个动态建模过程中会分析和识别出一些细粒度的服务交互。在单个业务系统的架构设计中往往使用序列图的方式来进行用例实现的交互,重心是在分层模型上面。而在应用架构中也用到序列图的交互,但重心不是在分层上,而是在不同技术组件的交互。

应用架构另外一个重点内容是集成架构,它包括了数据集成和业务集成。数据集成重点参考 BI、大数据架构方式,而业务集成重点参考 SOA 架构方式。集成架构的分析可以在完成业务系统划分后,识别出业务系统之间所有核心的交互点和接口,作为数据集成或 SOA 服务的输入信息,也可以进一步对业务系统划分是否合理,是否满足松耦合的条件进行修正。

在应用架构的规划中,需要引入云化思路,明确各个应用系统不是简单的烟囱式的结构,而是从底层基础设施开始,逐层向上考虑哪些是应用系统共享的技术能力,哪些是可以集中化建设和共享的能力。基础设施层将被抽象到 IaaS 层能力,而技术平台层则被抽象到 PaaS 层能力。由底层集中化建设的"IaaS+PaaS"平台来支撑上层松散耦合的多个业务系统或应用模块,这体现了将云计算思想引入到应用架构的核心思路。

2. 规划方法

应用架构识别和定义了支持企业关键业务目标的最佳应用系统组合。应用架构提供了应用系统的划分方式,指导应用系统之间如何集成,应用功能如何分布以及在企业范围内的信息共享。通常,应用架构需要建立在业务流程和数据模型的基础上,以更好地支持企业的业务目标,如图 2.15 所示。

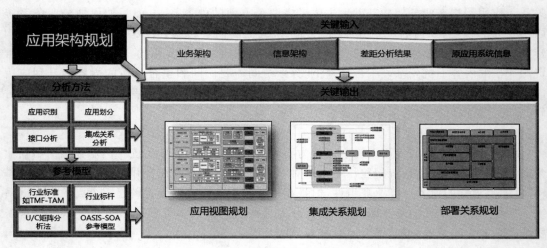

图 2.15 应用架构规划方法

从以上应用架构规划的总体方法可知,应用架构最终输出 3 个重要的交付物:应用视图、集成关系规划和部署关系规划。

1) 应用视图规划

应用视图体现了企业业务功能目标如何合理的分配到各个业务系统中。各个业务系统涵盖不同的业务功能,同时又相互融合、浑然一体,保证端到端流程的贯通。

应用视图的规划首先需要根据业务架构内容,对支撑业务的系统应用进行有效识别。它主要包括:建立业务功能与系统应用之间的映射关系,定义出系统应用。识别出具有共性特征的系统应用以及识别应用之间协作关系。根据应用的识别结果,以高内聚松耦合、高独立性等原则,通过如 UC 矩阵法、职能法、参照法等方法进行系统应用划分,确定总体应用系统架构。

2) 集成关系规划

在明晰了应用视图后,需要理清系统间的集成关系。集成关系通常包括接口关系和集成关系。根据业务架构、数据架构、应用视图,理清目前系统间存在的接口关系,明晰系统之间的数据关系和数据流向。但是,仅仅明确了数据流向不足以说明集成关系,数据流仅告诉我们数据关系,若系统支撑仅满足于此,又会变成网状的、蜘蛛网式的集成关系。所以,必须设计如何通过平台去解决统一的集成关系。因此,需要根据数据流(背后是业务数据集成、应用集成、流程集成)提出集成需求,设计业务集成平台(如 SOA/ESB)和数据集成平台(如主数据平台/大数据平台)。以平台承载集成需求,统一规划整体的企业集成关系。

集成视图主要包含数据集成、应用集成(含服务集成)、流程集成和界面集成 4 个方面。

(1)数据集成:主要是实现多个业务系统间的数据交换,以数据服务提供为主,替代原有业务系统建设中的各种数据层接口。

(2)应用集成:根据实时的跨业务系统的业务和流程协同为主,识别业务服务和组合服务,形成跨系统的业务协同。

(3)流程集成:主要是通过对业务服务进一步编排和组装,实现跨业务系统的流程整合和端到端流程监控。基于 SOA 集成和传统的 EAI 企业应用集成有一个很大的区别,虽然都是实现总线式集成,但 EAI 只解决集成的问题,而 SOA 不仅解决集成问题,还解决复用和可组装两个重要问题。

(4)界面集成:主要是将企业内部系统的访问界面集中起来,实现统一的用户界面视图,用户无须在多个系统之间来回切换。用户界面集成主要通过企业内部门户来实现。

3)部署关系规划

在明确了应用视图和集成关系后,需要考虑业务规则、组织架构和性能等因素以确定系统的部署方式。应用系统的部署主要回答应用系统在整个企业当中如何分布的问题,即采用多少套应用安装来满足未来的应用需求。应用部署方案是针对某一具体应用而言的,是指采用一套还是多套应用安装来满足业务需求。每套应用安装拥有独立的数据库和应用模块,多套应用安装之间的业务应用范围不会相互交叉。

3. 案例分享

以下为应用架构规划的一个案例。基于前期的分析识别出了人力资源、财务管理、工程管理等应用。对各应用系统的共性能力进行抽象,定义了业务平台、数据平台和技术平台。各应用之间的交互以及各共性能力的共享均通过 SOA 服务总线完成。以下对各平台的能力进行说明,如图 2.16 所示。

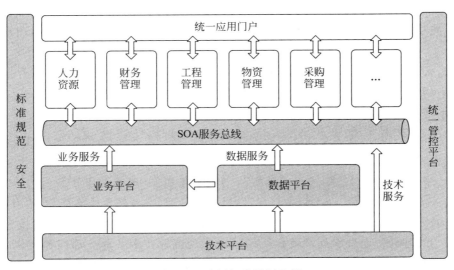

图 2.16　应用架构规划示例

技术平台提供业务无关的共享技术能力,以技术服务的方式注册到 ESB 服务总线,包括了消息、缓存、日志、安全和异常等各种技术组件和技术能力。广义的技术平台同时包括了开发平台,将标准的组件化开发框架融入到开发平台中,保证所有的应用基于统一标准的分层架构和开发模式进行开发。

在技术平台上面规划业务平台和数据平台,业务平台和数据平台都和业务相关。业务平台提供可共享的业务服务能力,数据平台提供可共享的数据服务能力。技术平台为业务平台和数据平台提供支撑,数据平台同时为业务平台提供数据支撑。业务平台和数据平台分别提供业务服务和数据服务,并注册到 ESB 实现服务能力共享。

业务平台实现业务服务的复用,需要识别可复用的业务组件和业务能力。数据平台则实现共享数据中心,包括了主数据、可共享的动态数据以及大数据分析能力,实现数据能力的共享。

基于以上内容构建更上层的业务应用,此时业务应用可以充分的利用 3 个平台提供的服务,来进一步构建具体的应用功能。如果严格按照 SOA 参考架构思路,系统应用可以基于服务的组装和编排,辅以规则引擎、界面设计器等完成应用的构建。

2.3.6 服务架构规划

1. 架构描述

企业私有云的核心是平台能力的云化迁移和平台能力的服务化提供。通过在传统企业架构规划过程中引入服务架构这一领域规划过程,将使企业架构规划和企业私有云两者更能充分融合,服务架构在整个基于企业私有云的企业架构规划当中起着极其重要的作用,它为企业架构回答了信息化建设当中需要哪些业务/数据服务以及提供了哪些业务/数据服务等问题。真正体现了业务能力组件化,组件能力服务化的核心思想。

服务架构是一种架构思想,重点解决共享和集成两方面的问题。它是对传统架构思想的提升,提倡以业务流程驱动 IT,识别出业务组件,并提取可复用的服务组件。服务注册到 ESB 上形成服务目录库,是可对外开放的服务能力,是企业重要的无形资产。构建新业务系统时优先从服务目录库选择可重用服务,能缩短开发周期,降低 IT 系统建设和实施成本。

因此,采用服务架构的理念方法,可以让信息化建设更加关注于业务流程而非底层 IT 基础结构,从而获得更具竞争优势的更高级别的应用开发架构。

2. 规划方法

服务架构规划并不是一个孤立进行的规划过程,它与业务架构、数据架构以及应用架构的规划过程紧密地融合在一起。如图 2.17 所示内容已能充分体现它们之间的融合过程。

首先,服务架构规划的切入点仍然是从当前业务和 IT 现状调研开始。初始阶段应从端到端业务流程分析入手,如工程项目建设,供应链管理,财务概预核决算等,从客户提出产品或服务的需求到最终的能力交付,都可以看到有不少的端到端流程,这些端到端流程是导入服务架构的基础。通过端到端流程梳理可以发现流程在多个业务部门和单位之间的协同,这些协同将映射到跨多个业务系统或业务组件间的业务和数据协同。跨系统交互的流程分析和梳理是识别组件或服务的一个关键步骤。

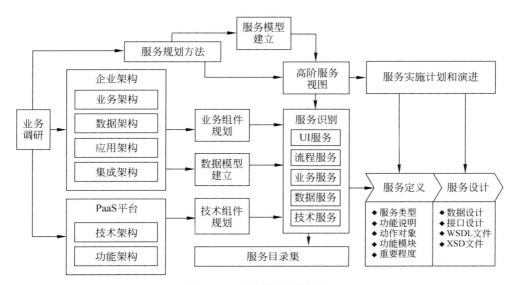

图 2.17 服务架构规划方法

由于服务架构规划前期只会涉及系统间协同和能力开放,因此分析到跨系统的端到端流程时已足够分析和识别有价值的服务。基于自顶向下的思路,不会马上落入某一个业务活动,或者某一个业务系统的功能细节,而是分而治之,将业务系统内部处理流程和业务逻辑看为黑盒,先分析清楚哪些能力是业务系统必须开放出去以实现跨系统流程交互的。

在跨系统流程交互分析中,自然会分析到业务协同和交互过程中传递的业务对象,进一步分析这些业务对象映射的数据对象,通过数据对象的分析进行数据架构建模和数据CRUD 分析,这对于后续分析和识别主数据是相当重要的。

其次,基于业务和 IT 调研的内容,初步分析和构建当前企业的流程和业务架构、数据架构和应用架构,同时在业务架构中识别和分析相关的业务组件。如果仅仅是分析到系统间交互,那么最终的业务系统就是相关的业务组件,这与识别和分析的粒度密切相关。

接着以上步骤可以构建完整的企业业务系统间的集成架构视图。可理解为当前系统间详细接口和集成关系,此过程可以理清系统间交互接口和交互关系。在制定集成架构视图时,一方面是采用跨系统流程分析中的接口交互,数据架构 CRUD 分析中的数据共享和交互;另一方面是由底向上分析当前系统间已有的历史接口情况,补充梳理接口对应的业务场景和流程,形成完整的集成架构视图。

集成架构视图定义清楚后,可以将前期分析的端到端流程执行情况,进一步在集成架构视图上进行交互模拟,以确保核心的接口交互和服务没有遗漏。前面重点分析的是端到端流程,但是会存在较多非端到端流程场景,例如只跨了两个业务系统的简单业务流程或协同,需要进一步考虑清楚,否则会出现较多的集成接口遗漏。

最后需要基于集成架构视图情况,规划和梳理服务目录集,即按照服务的分层和分类来重新审视当前的系统间集成和能力共享。下面进一步说明 3 类典型服务的识别和规划。

(1)流程服务:端到端流程也是流程服务,但是该流程更长,需要从端到端流程中进一步找寻流程协作片段。这种流程片断最好是完全的自动化业务流,或者有较强的一致性和事务要求,这些都可以识别为流程服务。

（2）业务服务：它更多强调的是业务规则类服务，或者强调基于业务功能操作触发的单条数据操作类服务。业务服务将更加体现服务调用的实时性，对业务操作场景的绑定以及业务逻辑的体现。或者可以说，业务流程中横向实时协同服务都可以看作是业务服务。

（3）数据服务：主要是数据CRUD分析中识别出来的服务，既包括了主数据，也包括了共享动态数据。一个服务如果更多是事后非实时的共享数据传递或数据查询，则更多是数据服务。

服务全部识别清楚后，仍需要进一步对服务进行归并去重，服务组合或拆分，服务关键属性定义，以便根据服务类型、服务技术分层、服务提供系统等多层面来规划完整的服务目录库和服务视图。

3. 案例分享

以下是某运营商服务架构规划的案例展示。

1）服务架构愿景

SOA服务架构规划将从原来的MSS域拓展到BOSS域，同时SOA服务架构将充分考虑平台化建设的需求，对各种技术服务和平台级服务进行识别。

当前接入的业务系统除了包括MSS域的ERP核心系统、报账、采购、资金、预算和营销物资外，也包括了BSS的集中渠道和主数据等。在后续架构规划愿景中将进一步接入OSS域的资源管理、电子运维和综合网管等相关业务系统。

对于后续新建设的业务系统，将彻底打破业务系统的边界，实现业务组件化架构，同时通过企业的PaaS技术平台对各个业务模块进行支撑，通过ESB平台实现对业务组件间的交互和协同。在业务系统和模块的开发中，要求其遵循SOA规范，以业务流程为中心，执行服务分析与识别，最终形成非共享服务和共享服务。其中非共享服务保留在各自业务域的功能模块中，而共享服务将被分离出来，开发服务接口，注册在ESB上。

企业的服务架构由归属各业务模块的非共享服务、发布在ESB上的共享服务、数据库的共享服务以及公用服务组成。如图2.18所示。

需要说明的是，由于应用系统的SOA改造是渐进的，所以共享服务的分析识别是伴随着应用系统的改造进行的。在特定的时间点上，共享服务既可能来自于封装旧系统，也可能是由来自于新应用系统开发。

同时，共享服务与非共享服务之间是可以转换的。因此，以流程为中心进行服务分析与识别非常重要。即便分析得到的是大量的非共享服务，但是由于应用系统构建在流程分析和服务分析的基础上，这种松耦合特性使得未来可以敏捷地应对业务需求变化。

2）服务分类和目录库规划

SOA服务目录集是服务共享体系的应用基础，包括从企业业务管理全视图角度进行规划和提供的各类信息和数据交互的服务、服务目录，以及提供或使用这些服务的各类专业应用系统。

（1）服务：指按照业务流程全视图、业务数据全视图和业务系统全视图进行规划、开发和提供，发布到企业服务总线平台上，用于各个应用系统间进行数据和信息交互的接口。每个具体的服务只能由某个具体的应用系统提供，发布于企业服务总线平台上的所有服务由平台维护单位统一管理。

（2）服务目录：即对企业内各个专业业务系统所发布的服务的一种组织，允许按照业

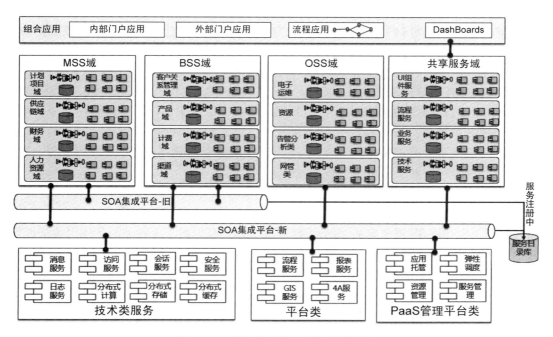

图 2.18 某运营商服务架构规划示例

务类型和业务系统两种方式进行组织。两种组织方式下,各个服务的功能、提供规则和使用规则相同。

(3)各类专业应用系统:公司内的各个信息化系统均可根据需要接入到企业服务总线平台上。这些信息化系统都可以向平台上发布服务,或从平台上消费服务。

一个基于标准价值链的服务目录规划可以参考如图 2.19 所示。

流程视图展现的是企业所包含的所有业务和流程,而服务视图展现的是企业在业务和流程协作中可以复用的服务能力,这是服务视图和流程视图的一个关键差异点。

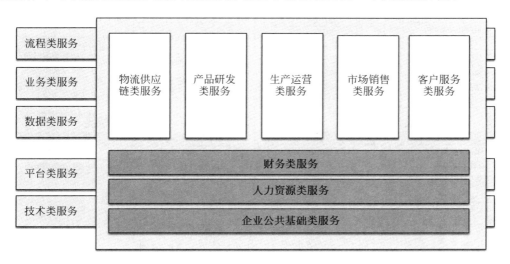

图 2.19 一个基于标准价值链的服务目录规划示例

首先,服务视图本身有多个可以展现的维度,而前面所说的流程视图、数据视图、应用视图恰好都是服务视图可以展现的各个维度。高端的服务视图就是服务目录集或服务资产库,这是对服务视图的一个高端分类,这个分类可以按业务流程、数据分类和业务系统应用分类等多个维度展开。这也可以理解为服务关系的核心逻辑,即服务和流程的关系,服务和数据的关系,服务和应用系统间的关系。

其次,服务目录规划需要体现服务的分层。从业务层面来看,包括数据服务、业务服务和流程服务3个层面。从技术来看,则包括技术层服务和公共平台层服务。服务的调用应基于一个从上到下的调用顺序,而不能进行逆向调用,即服务调用顺序为:流程服务→业务服务→数据服务→公共平台服务→技术服务。

此外,服务目录和视图的构建,还需要考虑与服务工程域、服务全生命周期的融合。服务本身不能离开服务全生命周期而存在,服务全生命周期体现了服务从业务目标和需求开始,到服务识别和发现、服务定义、服务设计开发、服务测试、服务上线和服务使用的全过程。通过上面的分析,可以清晰地看到,服务视图是一个涉及服务生命周期、服务分类及服务关系等的一个多维度呈现模型。

按照以上思路梳理出不同类型的服务目录库:按业务类型的服务目录库视图,如图2.20所示;按数据类型的服务目录库视图,如图2.21所示。

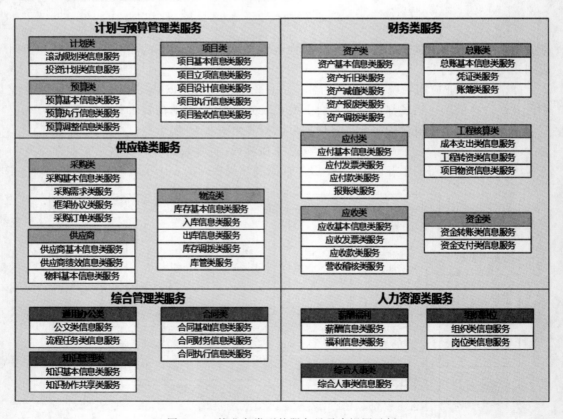

图 2.20　按业务类型的服务目录库视图示例

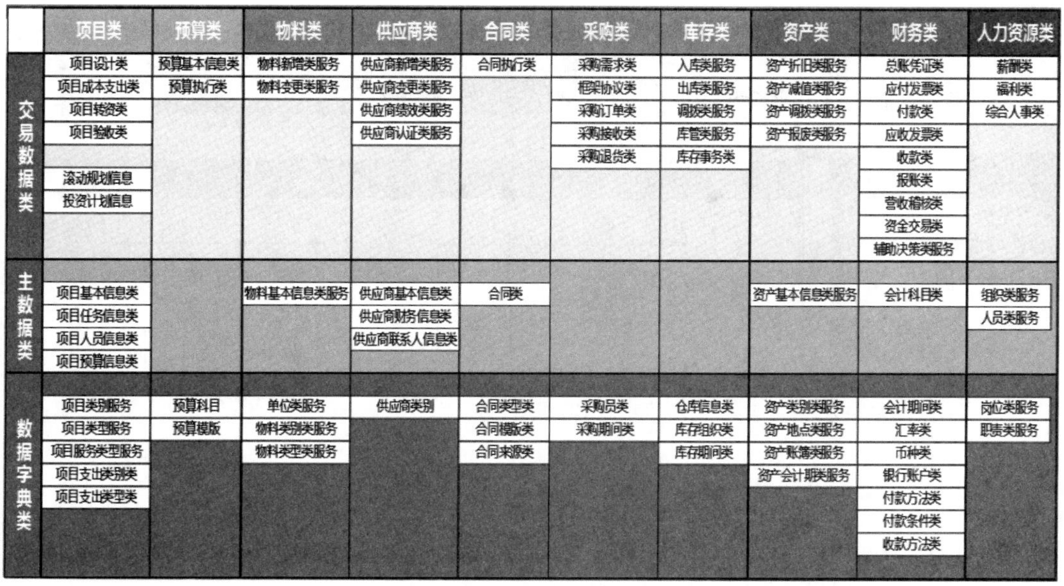

	项目类	预算类	物料类	供应商类	合同类	采购类	库存类	资产类	财务类	人力资源类
交易数据类	项目设计类	预算基本信息类	物料新增类服务	供应商新增类服务	合同执行类	采购需求类	入库类服务	资产折旧类服务	总账凭证类	薪酬类
	项目成本支出类	预算执行类	物料变更类服务	供应商变更服务		框架协议类	出库类服务	资产减值类服务	应付发票类	福利类
	项目转资类			供应商绩效类服务		采购订单类	调拨类服务	资产调拨类服务	付款类	综合人事类
	项目验收类			供应商认证类服务		采购接收类	库管类服务	资产报废类服务	应收发票类	
	滚动规划信息					采购退货类	库存事务类		收款类	
	投资计划信息								报账类	
									营收管接类	
									资金交易类	
									辅助决策类服务	
主数据类	项目基本信息类		物料基本信息类服务	供应商基本信息类	合同类			资产基本信息类服务	会计科目类	组织类服务
	项目任务信息类			供应商财务信息类						人员类服务
	项目人员信息类			供应商联系信息类						
	项目预算信息类									
数据字典类	项目类别服务	预算科目	单位类服务	供应商类别	合同类型类	采购员类	仓库信息类	资产类别类	会计期间类	岗位类服务
	项目类型服务	预算模版	物料类别类服务		合同额类	采购期间类	库存组织类	资产地点类类	汇率类	职级类服务
	项目支出类服务		物料类型类服务		合同来源类		库存期间类	资产账簿类	币种类	
	项目支出类型类							资产会计期类服务	银行账户类	
									付款方法类	
									付款条件类	
									收款方法类	

图 2.21　按数据类型的服务目录库视图示例

2.3.7　技术架构规划

1. 架构描述

技术架构描述了企业开发、实施信息化系统和数据所需的 IT 技术体系和 IT 基础设施。技术体系包括了企业 IT 的技术标准,从最高层次的政策、原则、指导纲要到技术领域的技术标准化和技术选型。IT 基础设施是企业整个 IT 系统的基础,包括硬件、软件操作系统、数据库系统、网络布局等 IT 应用可以运行的环境。

传统的技术架构规划,由于较少融入云计算和 SOA 思想,内容上偏向 IT 基础设施架构设计。虽然在 TOGAF 技术架构规划中也谈到了技术和应用平台,但在落地方式指引仍有不明确的地方。在私有云平台建设规划中,技术架构规划和设计将成为一个重点内容,这也是对传统的企业架构方法论的一个增强。

2. 规划方法

技术架构是企业技术基础组件的集合以及与其他架构之间的关联关系,是支持企业业务和应用架构的技术支撑,如图 2.22 所示。

技术架构规划的输入包含应用架构、数据架构、技术原则/标准以及与行业标杆进行差距分析的结果,参考各种集成技术、工作流技术、开发技术,以服务需求分析、技术组件分析以及组件的集成关系分析为指导,综合规划出企业的技术架构,包含 IT 基础设施架构、技术体系架构等。

技术架构所涉及的技术分层、技术组件等内容更多体现在企业私有云 PaaS 平台层当中,后面章节有更为详细的描述。而 IT 基础设施将全部纳入到企业私有云的 IaaS 层范畴当中,本节主要描述 IT 基础设施规划一般所需要考虑的内容。如图 2.23 所示。

IT 基础设施架构提供了一种良好 IT 设施环境,让各种业务解决方案、应用系统和数据

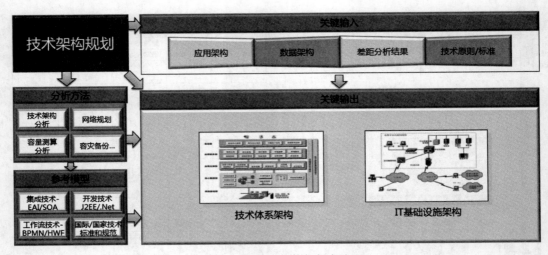

图 2.22　技术架构规划方法

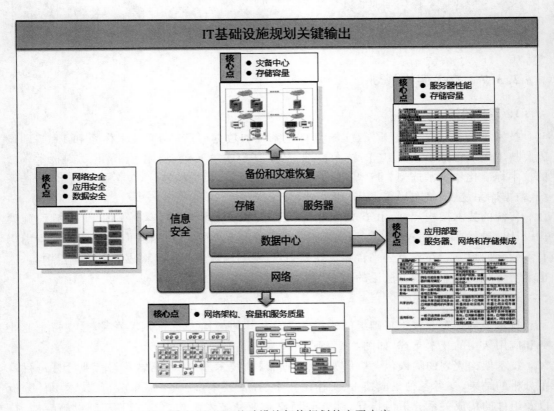

图 2.23　IT 基础设施架构规划的主要内容

都能不受约束地在其上实现有效配合。这些设施包括网络、硬件设备和基础软件等。

　　网络层面规划重点是核心组网、网络拓扑、内部局域网划分、VPN 网络、企业内核心业务网络间的防火墙安全隔离以及网络入口和出口带宽估算等内容。

　　服务器层面主要为设计服务器硬件设备的规划,即如何根据实际的业务需求规划建设小型机资源池或 X86 服务器资源池,在 IaaS 层虚拟化的目标下往往需要更多考虑 X86 虚拟资源池化。存储则涉及集中存储还是本地盘存储的选型,存储和高可用性的关系,存储设施规划等内容。

服务器和存储容量的估算是比较重要的环节,整个估算过程将遵循:业务目标→业务需求→本期项目规划建设的业务系统→初步业务部署架构规划→高可用性需求→3～5 年的冗余需求,然后根据标准的业务 TPMC 性能估算模型对服务器和存储的容量进行估算。

数据中心的建设则涉及更多的内容,包括机房、电源、温度环境设施和安全管控等。在建设规范方面,由于面向客户的不同,数据中心建设要满足的规范要求也不相同,数据中心建设时应参考最新的规范要求。

备份和恢复方面当前较为主流的方式是异地容灾、两地三中心、多点双活和自动切换等。大部分大型集团型企业基本都进行两地三中心和数据中心基地的建设。数据异地容灾备份较为容易实现,但多点双活下的自动切换,或者说是在不影响业务应用正常运行情况下的数据中心不停机迁移等将存在一定的实现难度。这些问题不仅仅是 IT 基础设施架构的问题,它涉及系统架构设计中必须考虑的非功能性需求。

数据中心的管控体系建设,特别需要关注两个方面:一方面是数据中心规划建设的管控机制、方法和流程;另一方面是数据中心运维期的管控方法和策略。后者可以参考 ITIL规范体系标准进行规划,包括事件、问题、变更、故障、配置库等内容。此外,需要一个基础的支撑能力组件,即通常说的数据中心网络环境监控系统,或 IT 综合网管系统,用于实时的性能数据采集和预警监控。

技术架构的规划既要从实际应用出发,也要适度超前,应适应未来 3～5 年企业信息化发展需求。规划工作应参考和支持国内外主流的软硬件平台和最佳技术实践,应遵循相关技术标准和规范,以适应未来的信息业务发展、技术升级和设备扩容的需要。

技术架构规划最终输出应包含:总体技术架构图、各层次架构图、技术组件、相关技术规范以及各种 IT 基础设施需求等。

3. 案例分享

以下是某企业技术架构规划案例。该技术架构是以 SOA 为核心理念构建的总体技术架构,本案例打破传统面向各个业务领域的、僵化的垂直应用构建模式,将应用分解为可重用、松耦合、互操作的服务体系结构,通过服务的编排组合来实现业务的组合,通过服务的松耦合来满足业务变化和调整,通过服务的重用来降低软件开发的成本。

总体技术构架可分为 5 个部分:物理技术组件、逻辑技术组件、平台服务、安全体系以及管理规范和技术标准。尽管平台服务以及部分的逻辑技术组件内容不属于技术架构范畴,但为了从整体角度呈现案例内容,此处一并描述。如图 2.24 所示。

(1)物理技术组件包含机房、服务器、网络、存储、云数据中心和容灾与备份等基础能力,是企业应用程序有效运行的基础环境。

(2)逻辑技术组件将与业务无关的具有共性的技术能力抽象化、组件化和标准化,定义了各类软件基础应用组件,包含企业门户、统一认证、UI、工作流和报表等。

(3)平台服务层提供以服务为核心的各种能力,将各种能力标准化和服务化。按照服务的类型分为技术服务、数据服务和业务服务。

(4)安全体系定义了基于安全管理的一整套体系规范。主要包含数据安全、应用程序

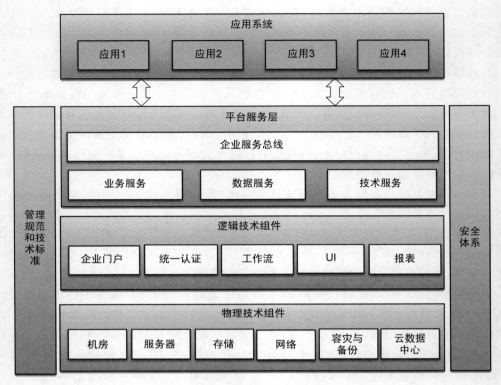

图 2.24　某企业技术架构规划示例

安全和基础设施安全的规划,以及安全管理策略、安全管理制度等。对于具体的安全规范体系建设,可参考专门的 ISO27001 标准进行规划和建设。

(5) 管理规范和技术标准是各种技术组件和平台建设基本原则,同时也是对各组件和平台进行管控治理的依据。主要包括安全管理规范、备份和容灾的建设规范、技术组件的技术标准、平台体系规范以及各种管控制度等。

2.3.8　实施演进规划

1. 架构描述

实施演进规划是指在理解企业业务战略,评估企业 IT 现状以及参考各领域蓝图规划的基础上,结合所属行业信息化方面的最佳实践和对最新信息技术发展趋势的认识,设计信息化建设的演进路线和演进策略,以达成企业业务和 IT 目标。

总体上说,实施演进规划是用最少的 IT 资源投资创造最大的企业价值实现,其核心价值体现在确保 IT 投资收益最大化。确保管理人员能够获得广泛共识来明确达成该企业发展愿景的正确方向和实施计划。

2. 规划方法

信息化实施演进规划的总体思路和步骤如图 2.25 所示。

(1) 识别关键任务,明确信息化项目。根据战略目标,进行目标架构与 IT 现状的差距分析,其结果用于指导确定未来 3～5 年信息化建设的关键任务,从而定义需要实施的信息

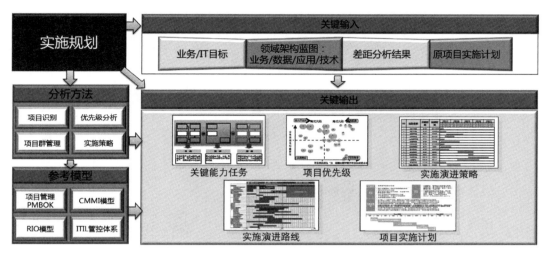

图 2.25　实施演进规划方法

化项目。

（2）定义项目优先级。综合考虑业务紧迫性和重要性、实施难度、依赖关系、投资规模和人员需求等因素，定义项目实施的优先级。

（3）明确实施演进策略。可以根据不同的项目性质分别制定实施策略，如对于那些建设难度较小同时又能给公司带来明显收益的项目则优先进行实施。也要对各种演进方案进行优劣分析，最终确定一种基于前提和假设的最佳建设方案，明确实施演进的策略和步骤，明确各阶段的目标以及主要工作。

（4）实施演进路线制定。根据演进策略，清晰定义项目的实施演进路线。结合企业管理特点，提出项目实施推进建议。

（5）定义项目实施计划。明确各项目的建设目标、阶段划分、实施周期、资源依赖以及投资预算，制订详细的项目实施计划。

3. 案例分享

以下为某企业的实施演进规划案例。在完成该企业的蓝图规划后，形成了 20 多个新建或需要增强扩容的建设项目，包括如预算管理、合同管理、人力资源管理、供应链管理和工程设计管理等多个系统。这些系统在综合考虑业务紧迫性和重要性、实施难度、依赖关系、投资规模和人员需求等因素后，形成了如下的项目分布气泡图，如图 2.26 所示。

依据以上的项目优先级分布，和企业项目实施策略指导原则，制定企业的实施策略，分为以下几个阶段。

（1）阶段一：基础能力建设。初步建立企业的信息管理的组织、流程和管控模式，为项目实施提供组织保障；推进基础设施建设，包括数据中心、网络和信息安全等；提升信息化的基础应用能力，重点建设财务管理系统、办公自动化、人力资源管理等应用系统；构建企业的标准化体系，如业务流程规范化和编码标准化等工作。

（2）阶段二：深化应用，全面推广。强化企业 IT 管控能力，完善 IT 管控流程和管理机制，形成面向服务的 IT 组织；从系统功能和业务单元两个维度全面推广信息化建设；推进基础平台建立和数据能力建设，构建企业数据仓库和运营数据仓储系统；初步建立决策支

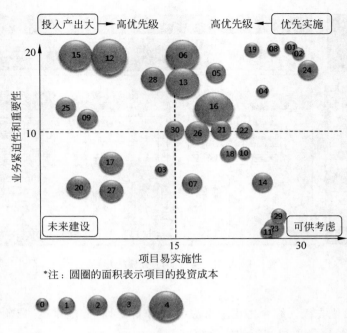

图 2.26　项目实施分布气泡图示例

持系统,建立整合性门户系统。

（3）阶段三:持续改进,针对第一、第二阶段成果改进业务应用,完善整体架构和集成,全面优化业务运营管理与决策。

依据总体的实施策略,以及企业现有的资源,制订详细的项目实施计划,如图 2.27所示。

此外,完整的实施演进规划,应当还包括每个项目建设的周期、建设阶段、建设内容、选型建议及投资预算等内容。

ID	任务名称	开始时间	完成时间	2017	2018	2019	2020	2021
1	外部门户系统	2017-3-1	2017-11-26					
2	内部门户系统	2017-3-1	2018-2-23					
3	预算管理系统	2018-3-1	2019-8-22					
4	合同管理系统	2017-12-1	2018-10-26					
5	人力资源管理系统	2017-3-1	2017-12-25					
6	财务管理系统	2017-9-1	2019-4-23					
7	综合办公系统	2017-3-1	2017-12-25					
8	供应链管理系统	2017-7-1	2019-8-1					
9	培训考试系统	2017-3-1	2018-4-24					
10	综合监控系统	2019-3-1	2020-8-21					
11	主数据管理系统	2020-3-1	2020-8-27					
12	审计管理系统	2020-1-29	2022-3-18					
13	大数据平台	2019-1-29	2021-1-17					
14	舆情分析系统	2017-1-29	2018-1-23					
15	工程设计管理系统	2018-3-29	2019-5-22					

图 2.27　项目实施计划示例

2.4 企业架构与私有云规划的融合

前面介绍了企业架构规划方法论。本节将从整体角度进一步阐述企业架构和企业私有云规划的融合，满足真正的资源集中化，可复用，灵活应对业务目标等要求。

业务架构的切入点是端到端的业务流程分析和分解，按照高内聚松耦合原则规划离散自治的业务组件。业务组件对外提供粗粒度服务能力，这些服务能力能够通过组合、组装或编排来满足业务流程需求。这恰恰正是 SOA 的核心思想，按此思想进行规划分析、顶层设计和建模，那么对于整个企业架构规划来说自然是基于 SOA 思想的。不从流程分析入手的业务架构很难真正说它如何去匹配端到端的业务流程。

在业务架构的分析中，同样要随时考虑可复用的业务组件抽取，可复用的业务功能抽取，可复用的业务流程片段抽取。复用的分析和抽取在业务建模阶段应当充分考虑，并不是遗留到应用架构和技术架构阶段。复用本身分业务和技术能力两方面，业务能力层面的复用和业务建模阶段相关。

数据架构的核心不在于数据分类和数据域的划分，而在于从概念模型到逻辑模型再到物理模型的数据建模和分析方法。在云和 SOA 思想指导下，我们需要关注核心主数据和共享数据，也要关注数据集成和交换。这是建设企业级共享数据中心的一个基础，具有共享属性的 SID 数据中心提供可共享的数据服务能力便可理解为 PaaS 平台中一个核心内容。没有 SID 共享数据的分析和抽取，那么整个企业架构的各个组件变成单纯的数据集成和交换，则谈不上共享能力集中化和服务能力云化。

数据架构包括了业务和应用两个层面的内容。数据分域和概念模型偏业务，而逻辑模型和物理模型偏应用。那么，为何要将数据架构和业务架构一起分析？核心原因是在业务架构中的业务功能和活动承载了业务对象和数据，这是数据分析和识别的基础，数据不是凭空来的，而是随着流程和业务活动产生的。

理清以上内容后，还需要在业务架构和数据架构基础上考虑服务架构，在前两者的规划中，已基本理清所涉及的数据服务、业务服务和流程服务，这就可以规划出初步的服务架构和服务共享集成模式。在此规划阶段涉及服务分层模型、高层服务视图、服务目录集规划，以及服务和业务架构、数据架构的映射关系等。

有了前面这些铺垫，应用架构规划则相对容易了。首先，应用架构的总体思路是遵循企业私有云的"平台＋应用"的架构模式。"平台"既包括 IaaS 层基础设施平台，也包括 PaaS 层平台。平台的核心是提供共享的资源和服务，IaaS 层重点是提供共享的资源能力，PaaS 层重点是提供共享的业务服务、数据服务和技术服务能力。共享包括两种实现方式，一种是集中化建设后直接能力开放，另一种是将其他组件的能力集成后统一发布开放，这两种模式都属于共享范畴。

IaaS 层主要实现虚拟化资源池、弹性计算和存储。而 IaaS 层之上的 PaaS 平台层包括了业务、数据和技术方面的内容，因此可以将平台理解为三大平台：业务平台、数据平台和技术平台。业务平台提供业务能力开放，数据平台提供数据能力开放，技术平台提供技术能力开放。

业务平台、数据平台和技术平台有各自定位。业务平台、数据平台可以构建在技术平台上面,但各应用既可以访问业务平台和数据平台,也可以访问技术平台。举例来说,一个ESB平台产品是纯技术平台层面的内容,但是ESB上提供和接入了各种业务服务能力,即变成一个业务平台。一个标准的技术架构和框架是纯技术平台,但是基于这个技术平台我们扩展了各种公有的业务组件和共性基础业务能力,那么这个平台可以上升为一个业务平台。

在实际的企业架构规划中,也可以直接将平台规划为一个大平台,即这个平台既需要提供业务能力,也需要提供技术能力。业务能力包括了业务协同能力、共享数据能力和共享业务组件能力。技术能力包括了底层资源池能力和技术组件能力。

在理清"平台+应用"思路后,另一重点就是理清应用构建的思路,其核心是通过服务解耦业务和技术。平台层提供服务能力,应用需要基于平台层的服务能力去构建,流程需要基于服务的编排去实现。这是我们的目标,但是目标落地实施相当有难度。我们可以将重点放在基本的组件化要求,共享服务目录库创建等方面,至少能体现应用是调用了共享服务能力来构建的。

在企业私有云"平台+应用"思想下的架构规划,将彻底打破业务系统的边界,能将业务变成一个个独立的业务组件。如果企业架构设计和规划中,还是按照传统的一个个纵向的业务系统去独立规划和建设,那么企业的IT系统最终仍然是一个个竖井式的烟囱应用。

2.5　企业架构与 SOA 思想的融合

SOA的核心思想是解耦,在首先满足解耦的要求下实现共享、协同和复用。一个完整的业务系统被拆分为应用、服务和资源层能力3个方面的内容。资源层的能力最终以粗粒度的服务方式暴露出来,应用的构建需要大部分的借助于共享服务层抽取和接入的各种服务能力。对于企业架构规划和SOA规划思想的融合,本节重点谈一些关键点和上下游的衔接关系。

前面已谈到,业务架构的设计必须是以端到端流程驱动入手,通过逐层的流程分解最终确定各种业务活动单元,并按照高内聚松耦合的指导原则来确定大的业务域和业务组件。业务组件化和组件能力化是其中的核心,那么初步的业务架构和业务组件规划完成后,后续重要的事情便是组件向外暴露的能力服务如何识别。同时需要在业务架构层面增加跨业务域或业务组件的组件交互协同分析,即分析完成一个端到端流程的时候这些业务组件应该如何交付,其中的交互点将成为潜在的服务识别点。

数据架构规划的一个重点即是共享数据,包括了主数据和共享动态数据,可通过各种功能和数据的矩阵分析方法来找到相应的共享数据。在业务流程建模和分析中,可以看到有两类数据,一类是衔接某个业务活动输入和输出的数据,另一类是该业务活动需要依托的底层数据。往往业务活动依托的底层数据很多都可以纳入到共享数据中。数据架构规划和分析最终是识别和形成各种数据服务能力提供。

从2.4节所谈的企业架构和云计算融合中可以看到,在进行应用架构和技术架构分析的时候,需要考虑平台层云化能力的抽取,包括IaaS平台和PaaS平台。其中PaaS平台层需要考虑各种共性的技术组件和组件化服务能力的抽取,形成各种技术服务。

以上几个部分完成后,结合应用架构中的应用集成规划可以进一步分析和识别服务,形成完整的服务架构和服务目录。服务架构是企业架构规划中必须体现的内容,它将直接影响到应用架构的构建是否能顺利转化为"资源+服务+应用"的模式,服务在这个过程中起到关键的解耦作用。

服务架构规划和服务目录库形成后,业务架构中的业务域可能已经转化为我们应用架构规划中的技术组件,数据组件和业务组件。这些已经是技术层面的概念。当然,业务流程也进一步映射到系统层面需要实现的系统流程。那么仍需再做一次流程分析,分析在流程执行过程中需要调用到哪些业务组件或技术组件的服务能力,是否存在服务识别遗漏和缺失。这步完成后,基本能够保证前期分析和识别的服务是能够满足服务组装和流程编排所需的。

本书一直强调SOA实施包括系统间层面和系统内层面。在企业IT建设成熟度不高的时候建议先考虑系统间的情况。随着信息化不断的深入,则需要考虑系统内的全业务组件化和服务化。但这样也会使得服务数量剧增,增加服务管控和治理的难度。

2.6　企业架构对应用系统设计的指导

企业架构核心过程是对跨流程、跨业务和跨应用系统的总体规划和分析,它能真正体现业务驱动IT,能将业务和IT匹配起来思考整个企业层面的架构问题。而我们通常所说的"软件架构",主要从软件实现层面来考虑问题。针对一个业务系统的开发,有业务建模和软件架构,但往往对这两者缺乏系统性思考,所以通常用系统分析师这个词来综合业务分析师和软件架构师两个岗位的工作。

将企业架构思想融入到软件架构中,是对软件架构层面工作的进一步整合,避免在系统分析过程中出现业务和技术两层皮的现象,改变传统软件架构仅仅考虑实现层面和技术层面的局面。所引入的方法和具体内容,需要从软件架构的核心内容来展开分析。

传统统一软件开发过程(Rational Unified Process,RUP)方法强调用例驱动,以架构为核心。用例驱动在架构层面首先有全局的用例模型,结合业务建模可以看到其分析过程仍然是流程/子流程分解、业务功能逐级展开后形成的全局用例模型。那么全局用例模型就不简单是用例图能够涵盖的,全局用例模型需要通过流程驱动才能真正融为一个整体。

在逻辑视图方面,更倾向基于领域模型的方式来分析逻辑视图,并不建议直接进入到具体的类图和类关系图层面,应先理清楚核心的业务对象模型和对象间的依赖及关联关系。可以从用例建模中识别核心业务对象并进行对象建模,形成核心的逻辑视图。

逻辑视图偏静态的业务对象和数据模型,而用例视图偏动态的流程和业务功能。这是架构设计关注的两个核心内容,在这个工作完成后需要考虑另外一个问题,即组件如何划分。可以说,在进行架构设计划分组件的时候我们往往并没有深入考虑此问题,仅仅是给出高内聚松耦合的大原则,但这显然是欠缺的。这也是我们在模块划分时,一直强调引入类似CRUD矩阵分析等方法的原因。

对于组件的划分,可以从流程和数据两条线进行划分。从大的业务流程阶段、子流程来划分组件,不同的阶段或子流程划分为不同的组件,如供应商管理、招投标、合同管理、采购管理等。也可以根据核心的业务对象来划分不同的组件,如采购订单对应采购管理,合同对应合同管理,请购单对应请购管理等。不论是哪种方法最终要达到的目的都是减少组件间的交互和接口。一般地,组件划分并不是一次就可完成,而是需要通过反复迭代。比如为了减少集成接口可能将某个业务功能从组件 A 移动到组件 B 等。对于组件划分的分析包括了组件划分完成后组件和组件间的接口和集成分析,组件和数据间的关系以及 CRUD 分析,系统级流程在多组件间的协同和交互模拟等。这也正是开发视图和进程视图要解决的问题。

以上分析完成后,将引入集成架构和集成视图的概念,即组件划分完成后需要考虑组件间有哪些接口。接口识别的重点是跨组件系统分析交互点,接口识别清楚后可以画出完整的系统内组件集成架构、跨组件业务协同流程等。

在物理视图层面,物理架构主要关注系统非功能性的需求,如可用性、可靠性(容错性)、性能(吞吐量)和可伸缩性。软件在计算机网络或处理节点上运行,被识别的各种元素(网络、过程、任务和对象)需要被映射至不同的节点。使用不同的物理配置,一些用于开发和测试,另外一些则用于不同地点和不同客户的部署。因此软件至节点的映射需要高度的灵活性及对源代码产生最小的影响。

以上的分析基本没有涉及技术框架和架构分层模型等内容,这说明了架构设计重点应在功能性架构和核心领域逻辑,而不是一开始就陷入到分层技术架构模型中。只有把前面的内容理解清楚了才能更好地考虑如何建立业务系统所需要依赖的技术平台。

第3章

企业私有云建设规划

3.1 私有云 IaaS 平台概述

IaaS 是指将 IT 基础设施能力(如服务器、存储、计算及网络等)通过互联网提供给用户使用,并根据用户对资源的实际使用量或占用量进行计费的一种服务。

对于 IaaS 层而言,首先要谈到的是通过虚拟化技术形成虚拟化资源池,虚拟化的简单定义就是将传统的服务器、存储、操作系统等 IT 基础设施转换为提供同样能力的逻辑设施和视图。用户在使用过程中只需关注使用逻辑,不受物理限制,实现各种资源效用最大化。

虚拟化是业务系统和 IT 硬件设施间的一次重要解耦。通过虚拟化,业务系统和虚拟资源映射,虚拟资源再和物理资源映射。实际的物理资源对业务系统变成黑盒,在逻辑层形成标准化的虚拟资源池。虚拟化是云计算的基石,通过虚拟化可以对计算、存储等各种资源进行标准化,解决数据中心资源的整合问题。也可以将资源切割为更小的可以更好调度的资源单元,以达到调度过程中充分利用硬件资源的能力。

根据物理设施分类,虚拟化包括了计算虚拟化、存储虚拟化和网络虚拟化三个方面的内容。若需要提供一个完整的 IaaS 基础设施服务能力(如弹性计算或弹性存储),则以上三个方面的虚拟化都需要考虑。

业界商用虚拟化解决方案主要有 VMware 和 Vtrix 等产品,也有如 KVM 和 Xen 等开源虚拟化解决方案。对于一个完整的 IaaS 平台解决方案而言,形成虚拟化资源池仅仅是一小部分内容,更重要的是需要涵盖整体基础设施、存储和网络的规划,业务运营和管控平台建设,IT 综合网管和 IT 服务管理等内容。

对企业私有云平台而言,IaaS 层的产品与解决方案已较为成熟,已有商用主流产品和服务。本书所讨论的企业私有云平台规划、设计与建设等内容将重点围绕私有云 PaaS 平台进行阐述。

3.2 私有云 PaaS 平台概述

3.2.1 私有云 PaaS 平台的内涵

结合前文对云计算的概述,在讨论私有云 PaaS 平台时候,我们进一步明确对 PaaS 平台的相关定义：PaaS平台将各种在平台层的能力由开发端迁移到云端,并将能力抽象为服务,以服务的方式统一提供给开发者使用,如图3.1所示。

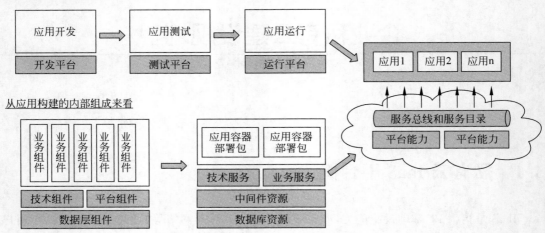

图 3.1　PaaS平台架构逻辑

上述定义并没有采用常规的PaaS平台定义方法,而是更多考虑平台能力的云化迁移和平台能力的服务化提供这两个核心要素。而平台能力云化包括了两个层面：从应用构建的全生命周期来看,涉及开发、测试、运行环境的云化迁移;从应用构建内部来看,涉及开发态和运行态中应用底层平台内容的迁移。完整的PaaS平台必须包括这两个层面的内容。

在PaaS平台构建过程中,公有云PaaS平台关注第一个层面,而私有云PaaS平台则更为关注第二个层面内容。对于PaaS平台的边界划分可参考图3.2。

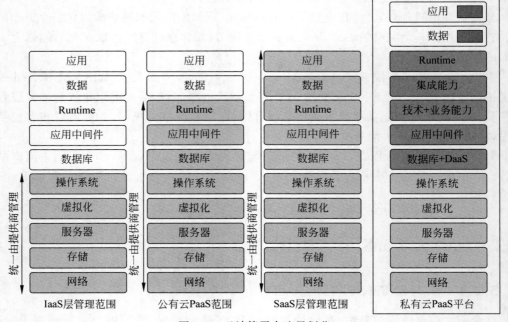

图 3.2　云计算平台边界划分

公有云 PaaS 平台更加关注数据库、应用中间件和 Runtime 的管理和云化。而对于私有云 PaaS 平台则在数据库层面增加数据库即服务(Database as a Service,Daas)的考虑；在应用中间件之上增加了技术和业务能力的构建；对企业内的大量业务系统和模块组件,则需要进一步考虑集成能力和服务共享。一般来说,PaaS 平台不用关心具体的应用和数据,但私有云 PaaS 平台往往会对应用和数据进行一定程度的强约束和要求,如应用架构和数据架构设计、应用技术架构和分层、应用内业务模块组件化要求等。

私有云 PaaS 平台构建不能只简单考虑传统的成本降低、资源节约和业务敏捷性增强,而是需要更多地考虑以下两个问题:

(1) 当前的 IT 架构和信息化建设模式,能否解决 5～10 年甚至更长时间的业务高速发展下 IT 应用的高伸缩扩展性和高可用性问题；

(2) 在大量 IT 建设外包的模式下,如何真正地增强企业自身对 IT 研发过程、核心资产管控的能力和力度。企业私有云 PaaS 平台不再仅仅是一个纯技术的云化平台,而是涉及云化模式下全新的信息化建设模式、IT 管控方法以及业务能力共享等多方面的内容。

资源和服务,一直是我们需要强调和重点区分的两个概念。资源是物理上或逻辑上可见的东西,它处在申请、分配和不断消耗的过程。上层逻辑资源依赖下层逻辑资源,进而依赖最底层的物理资源,最终都是物理资源的不断消耗和占用。而服务是资源能力的开放和暴露,服务本身并没有物理资源或逻辑资源的属性,也谈不上资源的分配和调度,服务仅在消费的过程中需要消耗资源。理清以上区别后将更为容易理解如下含义:

(1) IaaS 层资源→数据库和中间件资源→技术组件和业务组件资源。

(2) IaaS 层服务 API→数据库服务、中间件服务→技术服务和业务服务。

即资源的原生能力需要暴露为服务供外部使用,资源之上需要承载更加上层的资源,这些上层的资源又可以提供更加上层的能力和服务。对于应用和资源的彻底解耦,则需要考虑在上面提及的多个层面和物理资源、逻辑资源的解耦,在 PaaS 平台环节则要求做到平台层所有逻辑资源的完全解耦。

私有云 PaaS 平台是一个大的生态环境,涉及平台提供商、应用开发商、建设商、集成商以及能力开发商等多个单位的协同,若没有理解清楚 PaaS 平台下的生态环境与协同模式,则难以将 PaaS 平台建设为一个高度协同、自服务、弹性可扩展的生态系统。

3.2.2 私有云 PaaS 平台参考架构

参考 Gartner 发布的 PaaS 平台参考架构(见图 3.3),它分为两个重要的部分：一个是技术基础设施,另一个是 PaaS 基础服务提供。其中技术基础设施一般对用户不可见,而 PaaS 基础服务则开放为多租户用户(即业务系统)使用。

1. PaaS 技术基础设施

PaaS 技术基础设施可以理解为 PaaS 底层的技术架构,实现 PaaS 平台的核心技术并和 IaaS 层实现集成。整个 PaaS 技术架构可分为性能基础能力、云基础能力和平台管理能力三个重要部分。

(1) 性能基础能力包括内存计算(内存数据库及分布式缓存)、网格计算、弹性伸缩和调度技术、SLA 服务水平管理、高可用性、安全管理、数据集成、并行计算和处理等。

(2) 云基础能力包括共享资源池、多租户、自服务、计费管理、弹性、元数据管理、资源申

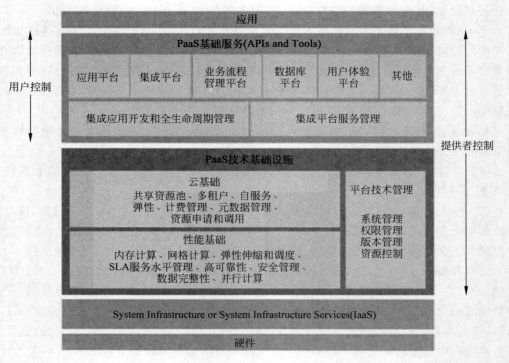

图 3.3　Gartner 发布的 PaaS 平台参考架构

请和使用。这里可以看作云计算基本技术特征的实现。

（3）PaaS 管理平台的核心主要是云基础技术能力和云资源池中资源的全生命周期管理、资源监控和动态调整等。另外，管理平台也包含基本的管理功能，如系统管理、权限管理、用户管理和版本管理等。

2. PaaS 平台服务层

PaaS 平台服务层直接面对最终的业务系统，真正体现了平台级服务的概念，即平台由传统的终端朝云端迁移。我们对平台的理解一般包括开发平台、测试平台、运行平台等，它另外一个重要特征是"离线＋在线"的结合。业务系统开发时可以是离线或在线，但是运行时它一定是在 PaaS 平台的执行托管环境中。

在 PaaS 服务层 Gartner 对平台进行了进一步细分，该层最下面两个部分是集成的应用开发和全生命周期管理，集成的平台服务管理（体现自服务）。这两部分主要实现包括能力和服务的申请、开通、使用组装和部署的完整生命周期管理。PaaS 服务层同时包括了以下主要内容。

（1）应用平台-APaaS。应用平台能力即服务（Application PaaS，APaaS）实现从全生命周期应用构建的开发环境、测试环境和执行环境的云化服务能力提供。APaaS 平台的重点是中间件资源池构建，基于资源池的应用托管和自动部署，以及基于业务需求并发的资源动态分配和调度。

（2）数据库-DaaS。在 DaaS 中，数据库对用户是黑盒，数据库的资源使用来自于数据库资源池，在企业私有云里面的云数据库重点是数据库自身需要支持分布式和集群技术，数据库能力的提供需要通过数据库即服务来实现。

（3）集成平台-IPaaS。集成平台即服务（Integration PaaS，IPaaS）的重点是技术、业务和数据三方面的集成和能力共享。常规的 EAI、数据交换平台、SOA 共享服务平台、ESB 等均属于集成平台的能力范畴。基于整个 PaaS 体系的服务层能力构建和服务开放需要通过 IPaaS 集成平台来完成。

（4）流程平台-BPaaS。流程平台能力即服务（Business Process PaaS，BPaaS）主要包括常规的工作流引擎平台和 BPEL 业务自动化工作流平台。当前基于 BPM（业务流程管理）的思路，已经将两者较好的融合，实现了端到端流程的分析、建模设计、执行和监控管理能力。

3.2.3　私有云 PaaS 平台特点

当前主流的云服务商如阿里云、百度云等都提供 PaaS 层的能力和服务。私有云 PaaS 平台和公有云 PaaS 平台两者之间存在一些明显的差别。基于私有云 PaaS 平台构建的业务系统或应用是一个高度协同和融合的整体，因此需要更多的考虑业务系统间的协同，共性业务和技术能力的抽取等因素，而不是类似公有云 PaaS 平台仅仅提供各种孤立的中间件资源服务和技术服务能力，对于两者的差异比较如表 3.1 所示。

表 3.1　公有云 PaaS 平台与私有云 PaaS 对比

	公有云 PaaS	私有云 PaaS
上层应用	上层应用在流程、数据和规则上相当简单，同时各个应用间不存在太多的集成和协同。基本不存在基于不同开发者提供服务构建上层复合应用的场景	上层应用涉及的流程，数据和规则都相当复杂，应用间存在协同和集成，同时存在业务高一致性要求。存在根据不同的开发者提供服务构建复合应用场景
服务能力提供	以提供各种中间件服务能力为主，如数据库服务，中间件应用托管服务，消息缓存等技术服务	除需要提供公有云服务能力外，还需要提供共享数据和业务服务能力、4A 及流程等技术服务能力，集成服务能力等
技术基础设施	强调按需计费，自助服务，弹性伸缩能力要求高	弱化计费和自助服务，强化安全性和可靠性
适配的资源	各种互联网语言以及中间件的支持	无须全部支持，按企业架构标准支持即可

基于对以上内容的理解，我们总结出一个完整的私有云 PaaS 平台所需要提供的能力。

1. 应用平台能力

这是公有云 PaaS 平台和私有云 PaaS 平台都必须提供的共性能力，主要包括中间件资源池（数据库和应用中间件）的构建，应用托管和自动部署，资源水平扩展和弹性调度。

公有云平台也提供类似 Mysql、MongoDB 等结构化或非结构化的数据库服务能力，但这种服务能力主要基于 APaaS 平台的中间件资源池托管来完成。对于私有云 PaaS 平台，由于底层数据库和存储的多元化，需要共享的数据库服务层对数据库拆分和分布式集群化进行整合和管理，这就是 DaaS 数据库即服务能力。

2. 集成平台能力

对于公有云平台，各个应用间相互独立且不存在太多的业务协同和数据共享，但是在企业私有云平台环境下，应用间高度协同。抽象后可以复用的业务服务能力和共享数据服务能力都需要通过集成平台的 ESB 进行集成和共享，也需要根据服务总线上提供的可复用原子服务进行跨多个业务系统或组件模块的复合应用构建。

3. 数据服务能力

在企业信息化系统建设过程中，必定会涉及企业内部的数据汇聚、数据共享、数据分析等，这些都应纳入到数据能力即服务（Data PaaS，DPaaS）的范畴，DPaaS 的核心内容包括大数据平台和主数据平台，主要是为上层业务和应用提供数据服务能力。它借助集成平台的能力将屏蔽底层针对各类数据服务需求的数据处理过程，将加工后的共享数据、数据应用等以服务的方式对外提供，简化数据共享逻辑，集约化数据分析能力。因此 DPaaS 平台和通常的 DaaS（DataBase as a Service）有所不同，DaaS 更多考虑的是数据库资源池的资源能力的统一接口开放，属于 APaaS 平台的一部分，而非数据服务能力。

4. 技术服务能力

公有云平台往往会提供类似消息、缓存、文件等独立的技术服务能力。私有云平台可以借鉴公有云平台技术服务思路进行构建。但私有云平台也要考虑公有云平台无法提供的4A、系统管理、权限、流程引擎等。

3.2.4 私有云 PaaS 平台解决方案

由于企业私有云 PaaS 平台本身的特殊性，当前业界针对私有云的方案普遍都以 IaaS 层的解决方案为主，只有类似 IBM 和 Oracle 等公司给出了商用的私有云 PaaS 完整解决方案，也有企业基于开源的 PaaS 平台来修改和定制自己的私有云服务和管理平台。

1. 商用私有云 PaaS 平台解决方案

提供私有云 PaaS 平台的厂商，包括微软、IBM 和 Oracle 等公司，这些公司推出和构建私有云 PaaS 平台的优势在于它们可以基于云计算和 SOA 技术，将自身已有的基础硬件设施、数据库、中间件和 SOA 产品等进行整合和集成，形成一套端到端完整的企业私有云构建平台和环境，减轻了企业自主研发时大量的产品技术选型、集成和适配的难度。

首先看下 Oracle 给出的私有云 PaaS 解决方案架构，如图 3.4 所示。

由图 3.4 可以看到，Oracle 将其自有的数据库、应用中间件、SOA 套件、BPM、统一门户和安全认证等中间件产品进行了完整集成和打包，通过 SOA 套件发布为可共享的技术和业务服务能力。应用在进行构建和交付的过程中不再和底层的基础设施和虚拟化资源层交互，而是调用共享服务层提供的共享服务能力进行服务的注册和订购、服务的使用和消费。

在基础设施层，IaaS 则通过 Oracle 自有的虚拟化产品和技术实现了服务器和存储的虚拟化资源池构建、虚拟资源的全生命周期管理。IaaS 和 PaaS 平台都统一接入到 Oracle 云管理平台进行管理，实现资源和服务的全生命周期管理、计费管理、弹性伸缩扩展和调度、自服务和 SLA 策略管理等。

同时 Oralce 还推出了基础的 IaaS 和 PaaS 层能力，集成软件和硬件一体化的 Oracle Exalogic 中间件云服务器一体机。Oracle Exalogic 中间件云服务器能为企业级多种租赁或云应用提供基础，它能对具有不同安全性、可靠性和性能要求的数千种应用程序提供支持。这使它成为企业级数据中心整合的理想平台。Oracle Exalogic 中间件云服务器可以运行企

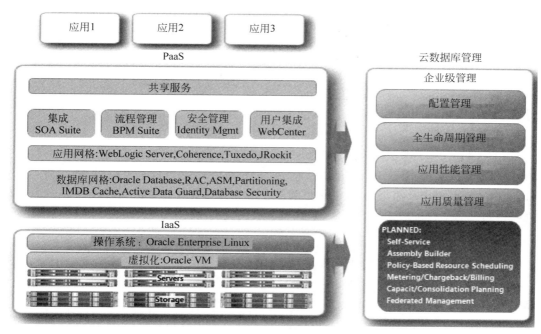

图 3.4　Oracle 私有云 PaaS 解决方案架构

业 Java、Oracle 中间件和 Oracle 管理软件等产品，同时通过 Exalogic 弹性云管理软件实现了 PaaS 平台中间件资源池资源的弹性扩展和动态调度。

IBM 提出的私有云 PaaS 平台解决方案可参考图 3.5。

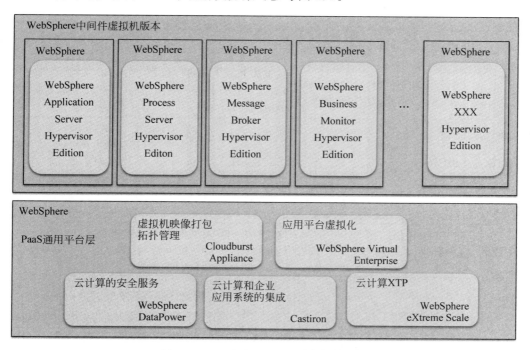

图 3.5　IBM 私有云 PaaS 平台解决方案

IBM 基于 WebSphere 产品家族的中间件推出了 PaaS 模式的云计算解决方案。此方案分为两：一层是 WebSphere 中间件虚拟机版本，支持 Hypervisor（也称作虚拟机监控器 virtual machine monitor，VMM）的中间件版本；另一层是 PaaS 通用平台层。

目前，IBM 已经推出了很多 WebSphere 产品的 HVE（Hypervisor Edition），涵盖了几乎所有的 WebSphere 主流产品，包括：WebSphere Application Server、WebSphere Process Server、WebSphere Portal Serve、WebSphere Message Broker、WebSphere Business Monitor 等。

在 PaaS 通用平台层，除了虚拟机管理外，最核心的是应用平台虚拟化。应用平台虚拟化是基于 IBM WebSphere Virtual Enterprise（简称 WVE）对各种基于应用平台（如 WAS、WPS 等）进行虚拟化及池化，可以动态地起停应用平台和平台上的应用，根据策略或是各应用的负荷，动态地调配应用平台资源，达到资源最优化利用。

2. 开源 PaaS 平台解决方案

当前基本上仍没有专门的开源私有云 PaaS 平台解决方案，因此私有云 PaaS 平台若是自主研发也建议借鉴各种开源 PaaS 平台进行。其中，比较主流的开源 PaaS 平台有 VMware CloudFoundry、Cloudify、RedHat Openshift 等。

这些开源 PaaS 平台的核心功能主要是围绕各种主流的数据库和应用中间件的托管、调度展开的。当前已有基于开源 PaaS 平台构建的公有云 PaaS 平台服务，而对于私有云 PaaS，在构建中主要可参考的是 APaaS 部分，即应用托管和自动部署能力的实现。

三种主流的开源 PaaS 平台的对比可以参考表 3.2。

表 3.2　三种主流的开源 PaaS 平台对比

比较内容	CloudFoundry	OpenShift	Cloudify
简述	是 VMware 的一款 OpenPaaS，它支持多种框架、语言、云平台及应用服务，是一个分布式系统，为开发者提供应用和服务	由 Redhat 推出的一款开源 PaaS，为开发人员提供了在语言、框架和云上的更多选择，使开发人员可以构建、测试、运行和管理他们的应用	Cloudify 是一个企业级的开源 PaaS 云平台，基本上，企业原有应用不需做任何修改即可部署到云平台上
提供商	VMware	RedHat	GigaSpaces Technologies
发布时间	2011 年 4 月	2011 年 5 月	/
支持语言	Java/Spring、Groovy/Grails、RubyRails&Sinatra、Node. js	Java、Java EE、Python、Perl、PHP、Ruby	Java、. NET、Groovy、Ruby、C + +、Node. JS、Spring、Chef
支持架构	Spring for Java、Ruby on Rails、Node. js 以及多种 JVM 开发框架	Spring、Seam、Weld、CDI、Rails、Rack、Symfony、Zend Framework、Twisted、Django、Java EE 框架	Spring for Java、Ruby on Rails、Node. js 以及多种 JVM 开发框架
支持的 IaaS	OpenStack CloudStack	OpenStack CloudStack	Amazon EC2、Windows Azure OpenStack、CloudStack
数据库	MongoDB、MySQL 及 Redis	MySQL、MongoDB、MemBase、Memcached	Cassandra、MongoDB、MySQL、HSQL

比较内容	CloudFoundry	OpenShift	Cloudify
平台组件	Router DEA CloudController HealthManager Services NATS(Message bus)	JBossOper Network Cloud Admin Portal Image Toolchain Application Engine Cloud User Portal Jboss Developer Studio	The Cloudify agent The management service The REST gateway service The Console serice
特点	(1) 开发者可以保留自己的代码编写习惯,满足多云需求,作为平台即服务开源项目,保护开发者不被锁定在任何特定云中。 (2) 该系统架构为可自愈的,并且在各层级都可水平扩展,既能在大型数据中心里运行,也能运行在一台计算机中,二者使用相同的代码库。 (3) 通过将 Cloud Foundry 源代码融合到 GitHub 的公共代码库中,与 Gerrit 集成进行代码审查,与 Jenkins 集成进行持续整合,新流程将社区代码贡献简单化,提高了代码质量,同时能够更清晰地看到代码变化。 (4) 对系统进行扩展不会导致正在活动的用户和应用停止服务,对所有应用程序实例,系统考虑负载均衡和高可用	(1) 它提供了各种语言的平台可供选择,包括 Ruby、Python、PHP 以及 Node.js 等。也还提供一些开发应用框架的一键安装,比如 ROR、WordPress 等。 (2) 它是首个支持企业级 Java 的 PaaS 平台,支持 JEE6 与 JBoss 和其 Eclipse 集成开发环境,以及 Maven 和 Jenkins 自动化。可以支持 Java EE 6 的平台即服务产品,在云上为 Java 提供全面的生命周期支持。 (3) OpenShift 基于开源和开放标准构建,应用程序在运行时环境中能够保持可移植性,支持开发者插入自己框架。 (4) OpenShift 依靠 Git、Jenkins、Maven 等标准开发工具,以及 Eclipse 等集成开发环境,可以简化应用程序开发和维护	(1) 支持基于任何中间件和容器的应用部署能力。 (2) 自服务的健康检测能力。 (3) 基于开箱即用或自定义指标自动扩展应用程序服务。 (4) 对各种公有云 IaaS 平台和开源 IaaS 平台的全面支持

3.3　私有云 PaaS 平台建设规划

3.3.1　建设背景

假设一个企业已经完成了初步的私有云 IaaS 资源池建设,各业务系统按传统的独立规划建设模型进行,如图 3.6 所示。

结合图 3.6 可以看到,企业在信息化规划和业务系统建设中会遇到如下所述的问题,这就是建设企业私有云 PaaS 平台的背景和原因。

1. 烟囱式的系统建设模式

这是企业信息化建设中经常遇到的问题,即各个业务系统孤立建设,越建越多,系统之间大量复杂的蜘蛛网式交互和数据传递。由于业务系统间的交互困难导致了端到端流程存

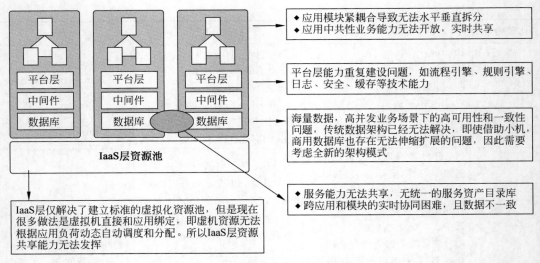

图 3.6 传统业务系统构建方式

在断点、多个系统间基础数据不一致等一系列问题。

虽然很多大型企业在 IT 系统建设中已经引入了基于 SOA 理念的集成平台,但是平台的作用仍然停留在数据集成和系统间接口管理,即集成平台虽然完成了从传统的点对点集成到总线式集成的转变,但是业务系统孤立和竖井式建设的本质并没有改变。业务系统中大量可复用的能力没有提取并抽象到平台层统一建设,业务系统没有基于 SOA 参考架构的思想进行灵活构建,这些都导致了整个 IT 系统和环境日趋复杂。

2. 数据交换和共享能力薄弱

传统企业信息化建设中往往会实施如数据交换平台等来实现业务系统间的数据交换和协同,这不可避免带来的问题是通用的共享业务数据在多个系统中落地,由于数据交换平台自身的可靠性或数据管控能力的欠缺,使得在某一个时点同样数据在多个系统出现不一致的情况。

为了解决这个问题,有些企业开始逐步实施主数据管理(Master Data Management,MDM)系统,虽然实现了数据的统一流程管理和质量管理,但若是 MDM 系统仍然采用传统的数据收集和分发机制,则不可避免地带来数据多点落地和不一致性的问题。导致这种结果的核心原因是没有从传统的数据交换和集成转化为服务能力开放和共享思路上。这里需要强调的是,SOA 服务共享的思路重点是业务能力通过服务的方式进行开放和暴露,这种服务是粗粒度的服务,通过底层的数据规则和计算来完成,外围业务系统往往只需要消费服务能力而不是同步底层数据。

3. IaaS 层能力无法完全发挥

当前已经有不少企业进行了虚拟化资源池建设和实施,也初步搭建了自己的 IaaS 层管理平台。如果只实施了 IaaS 平台,对于应用来讲虽然物理资源不可见,但是逻辑资源仍然可见,往往 IaaS 层在资源分配中仍然会将逻辑资源固定地分配给业务应用,那么对于各个业务系统在业务忙闲不同的时候,就很难真正地动态调度底层的逻辑资源能力,而无法真正实现资源的最大化利用。

而引入私有云 PaaS 平台能实现应用托管和自动部署,通过 PaaS 平台的调度规则和性能监控分析,可动态调度底层的 IaaS 资源池的资源。即引入 PaaS 层后,不仅仅是物理资源对业务系统透明,逻辑资源也对业务系统透明。对于最终的业务系统而言,它只关心服务能力的使用,而无须关心提供服务能力的资源。

4. 业务系统建设规范和标准欠缺

在企业信息化建设过程中,不同的开发商往往都使用自己的开发框架、开发语言、技术架构、数据库和应用中间件等。这不可避免地使企业 IT 建设部门将面临一个复杂的软硬件环境。这不仅导致了后期运维管控的困难,也造成了各个业务系统间的适配和协同困难,这也是业界经常提到的 IT 建设部门逐步被开发厂商"绑架"的一个原因。

5. 系统架构的可扩展性差

随着企业业务的高速发展,传统技术架构已经无法解决海量数据、高并发业务场景下的高可用性和一致性问题,即使借助小型机、商用数据库也存在无法伸缩扩展的问题。因此需要考虑全新的架构模式,这种架构模式的核心既要应用 SOA 组件化架构思想,也要使用分布式并行计算、大数据分析等关键技术。

所以,引入私有云 PaaS 平台不是简单地实现公有云的资源调度和应用托管能力,更多的是要形成一套基于 PaaS 平台的上层应用开发框架、开发标准、开发流程、技术规范体系,将企业内各个业务系统都标准化为统一的业务组件和能力单元。

3.3.2 建设目标

企业私有云 PaaS 平台的建设目标可基于企业总体战略目标分解为具体的业务目标和技术目标,技术目标为业务目标的实现而服务,如图 3.7 所示。

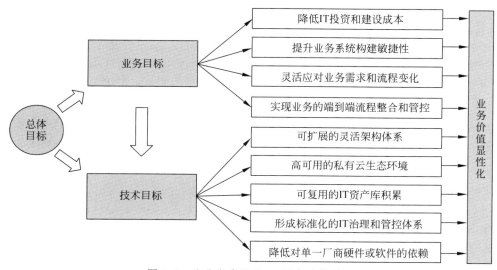

图 3.7 企业私有云 PaaS 平台建设目标

1. 业务目标

企业私有云平台建设的业务目标主要包括了企业信息化建设成本降低和业务敏捷性增强两个方面的内容。PaaS 平台的建设核心不仅仅是云计算等各种技术的使用,更加重要的是将传统业务系统孤立烟囱式的建设模式,转化为"平台＋应用"的建设模式,打破原有的业务系统边界形成业务组件化开发和协同的架构模式,真正实现业务模块的快速构建,快速响应业务需求和流程变化。

(1)降低IT建设的投资和成本。通过私有云PaaS平台能力开放和复用的思想,将原有的重复开发的功能组件转换为平台层开放能力以降低开发成本。通过PaaS平台的应用托管和资源动态调度,实现原有IaaS基础设施资源池的最大化利用。通过私有云的集中化建设模式减少多套系统建设投资和后期运维成本。

(2)提升业务系统构建敏捷性。对于新建设的业务系统或应用可以基于PaaS平台层已有的技术和业务复用能力快速地订购使用,而不需要业务系统重新开发。

(3)灵活应对业务需求和流程变化。当出现业务需求和流程变更的时候,基于SOA面向服务架构思想,可以灵活地对服务进行重新组装和编排,以满足新的业务和流程需要。

(4)实现业务的端到端流程整合和管控。通过私有云PaaS平台的建设,将逐步弱化原有的业务系统概念和边界,对于企业端到端业务的支持将变为多个底层核心业务能力组件间的协同。这些业务组件基于私有云PaaS平台统一的规范和架构体系,以同样的底层基础数据和技术能力,通过标准的服务方式进行协同,在这种模式下将彻底转变原有的业务系统隔离和信息孤岛,真正实现业务的端到端流程整合和管控。

2. 技术目标

企业私有云建设的技术目标主要是作为企业IT建设管理部门从IT管控和技术层面出发考虑私有云平台建设在技术层面的收益。

(1)建设可扩展的灵活架构体系。私有云PaaS平台以"平台＋应用"的服务化模式构建,通过对各种分布式技术的使用,将形成一套可以灵活水平扩展的弹性架构体系,这种架构体系能够满足IT系统在业务高速发展下5～10年,甚至更长时间段的灵活支撑和水平扩展,这有别于传统架构体系在扩展性方面所受到的诸多约束。

(2)建设高可用的私有云生态环境。业务系统的高可用性始终是企业信息化建设和后期运维管控的一个重要内容,通过私有云平台的建设,期望形成一个高可用、高可靠、安全一致的IT生态环境。通过分布式集群、异地容灾备份等多种措施能真正形成一个高可用的环境。

(3)形成企业可复用的IT资产库。传统的业务系统开发模式往往很难真正的抽取各个业务系统的共性能力并服务化,而私有云PaaS平台建设在基于SOA的思想指导下,通过对服务能力进行识别和开发,形成可复用的企业IT资产库和服务目录。对于单纯的私有云PaaS技术平台而言这不是资产,但是对于提供了可共享的业务、数据和技术服务能力后的PaaS平台则是企业重要的IT核心资产。

(4)形成标准化的IT治理和管控体系。通过私有云平台的建设,可以进一步规划和规范企业内部各业务系统的建设标准、开发流程和技术架构。所有的业务系统将基于同样一套技术标准体系和开发流程进行需求分析、设计、开发以及过程管理,能真正提升企业信息化部门对IT系统的管控能力。

(5)降低对单一厂商硬件或软件的依赖。中国互联网领域前几年开始推行的去IOE运动,已逐步被大型企业所接受。随着国家相关信息化发展规划和安全政策等的推行,开源和国产化将逐步成为趋势。因此在当前私有云建设规划中可以重点考虑去IOE和开源软件的使用。

3.3.3 建设原则

结合传统的 IT 系统规划和建设原则,私有云 PaaS 平台的规划和建设原则如下所述。

1. 标准化原则

虽然当前私有云 PaaS 平台的建设标准还不完善,但是也有类似 Gartner 等组织已经逐步推出相应的参考架构。此外,云计算技术已经有相应的国家标准出台。在私有云建设过程中需要遵循这些标准体系进行规划、设计和实施。

2. 先进性原则

在系统总体设计上,需要借鉴国内外大型 IT 服务和集成厂商的成功经验,同时要关注同类平台的建设经验教训。技术上要采用国际先进且成熟的技术,采用国际标准体系架构,使得设计更合理、更先进。需要充分考虑企业信息化自身的现状和特点,在注重平台实用性的前提下,尽可能采用先进的软硬件环境。软件开发理念上要严格按照软件工程的标准和面向对象的思想来设计,保证系统的先进性。

3. 安全性原则

系统在设计时要求遵循安全性原则,采用高可靠性的产品和技术,充分考虑整个系统运行的安全策略和机制,应具备较强的容错能力和良好的恢复能力,保障系统安全、稳定、高效的运行。

4. 可扩展性原则

私有云 PaaS 平台建设要求系统的软硬件环境都必须能够根据业务发展可灵活的水平扩展,也能够通过 SOA 架构和服务化思想灵活的满足业务变化需求。在水平扩展过程中至少能做到不对已有的硬件投资或软件架构造成修改和变更,能通过可配置或热切换的方式进行能力扩展,在能力扩展过程中基本保证线性扩展能力。

5. 稳定性原则

稳定性一般是指系统的正确性、健壮性两个方面。系统是在网络环境下运行的,其管理的数据量大、并发性强,这些特点对系统设计提出了更高的要求。因此,一方面系统在提交前应该得到充分测试,把错误减少到最小程度,保证系统正常的运转;另一方面,系统必须有足够的健壮性,在发生意外情况下,能够很好地处理并给出错误提示,能够得到及时的恢复,减少不必要的损失。

6. 开放性原则

为适应将来业务和技术发展的需要,系统建设必须具有较强的开放性。平台和应用的建设应基于面向服务的理念构建,要求底层接入与业务处理分离,实现服务的封装和重用。在增加新业务时不需要更改系统的软件结构和网络结构。除具有标准的开放式技术接口外,应能够与现有标准接口的系统对接,能够充分利用已有服务。

7. 投资保护原则

满足系统整体性能的前提下,充分利用已有的设备、软件和数据资源,新添置的设备以满足使用为原则。

3.3.4 私有云建设方法论

1. 核心指导思想

企业私有云平台建设主要围绕最大化资源利用率,降低能耗和硬件采购成本,实现数据中心的集中管控和运维,促进企业信息化部门服务化转型等目标展开。鉴于企业对信息化资产与安全的管控需求,以及企业信息化应用自身业务规则、逻辑和一致性要求高等属性,企业往往很难真正将应用迁移到公有云平台,这也是诸多大型企业开始建立自有的私有云数据中心和云平台的原因。

目前,很多企业的内部私有云平台建设仅仅解决 IaaS 层虚拟化资源池的问题,但这远远没有达到私有云建设的核心业务目标要求。因此在启动企业私有云 PaaS 平台建设时,需要进一步明确平台建设的核心指导思想。

1) 集中和系统化

既然谈私有云集中化,那么大系统尤为关键。在大系统观下企业内部的 IT 建设和业务系统最终就是一个大系统,其他仅仅是业务模块和组件单元。企业私有云 PaaS 平台建设将彻底打破原有企业信息化建设中业务系统竖井式的建设模式,真正转变为基于 SOA 服务化的"平台+应用"构建模式。

私有云 PaaS 平台业务系统组件化后,原有的业务系统边界将被彻底打破,整个企业的信息化系统将转变成为一个平台能力支撑下的多个业务组件构成的大系统。在大系统建设模式下涉及两个方面的整合,一个是向底层的资源池整合和平台化,另一个是最顶层的云门户化集成,而大系统中剩余的就是各个业务组件单元。那么,大系统建设要解决的核心问题是资源的复用问题及资源的水平调度与扩展问题。

传统的企业信息化建设模式难以按大系统观的思想来规划和建设,大系统建设模式首先要解决企业架构中的业务架构和数据架构的问题,然后才是应用架构和技术架构的问题。只有按企业架构的业务驱动 IT、分层和组件化的思想才可能真正理解大系统理念。

若引入了企业私有云,但信息化建设仍然按照传统方式推进各业务系统独立建设,而将系统间的协同放在后续阶段来解决,那么私有云建设将会只停留在技术优势层面上,难以体现业务价值。

2) 平台和分层化

当我们谈论 PaaS 的时候,更多的是将它理解为一个可托管的云端运行平台、在线开发平台、测试平台等。但需要注意到,私有云平台不仅仅解决平台的云化问题,更加重要的是解决业务组件自身需要的基于 SOA 组件化思想设计、基于平台化搭建和集成的问题。

PaaS 平台能真正实现标准化的开发方法和开发模式,提升开发效率,同时能将私有云 PaaS 平台对应用的约束完全固化到开发框架和平台中。平台化能解决标准化问题,同时能解决可复用问题,也能进一步解决前端应用和产品的可配置问题。

结合传统的企业应用架构,特别是服务化的分层架构,需要重新对企业私有云下的分层架构进行整合。即在整个私有云 PaaS 平台体系下分为资源、服务和应用三个层面。其中资源层既包括了 IaaS 层物理基础设施,也包括了私有云 PaaS 技术平台。而应用则包括了各个松耦合的业务组件模块和顶层云门户集成。在平台和应用层之间是服务层构建,通过标准化的 SOA 参考架构体系,真正实现了平台层服务能力和应用层功能构建之间的彻底解耦。

3）集成和协同化

这是大型企业信息化规划建设的一个核心内容，不管是否引入企业私有云都需要考虑集成方面的问题。在引入私有云后，传统的企业业务系统间的集成转换为业务组件或模块间的集成。在进一步强化分层架构思想后，更加体现多层之间的纵向服务集成。集成主要包括两个方面的内容。

（1）数据的集成和数据的融合。这里面涉及主数据和共享数据中心的建设问题，核心目标就是共享数据只有一套，有唯一的源头创建更新机制，数据以数据服务的方式将能力对外发布，供其他业务组件使用。这和传统数据交换和集成有很大的区别，即数据不会落地到各个业务系统形成多份数据备份，而是按需实时访问和使用。

（2）业务的集成和协同。要完成一个端到端的业务流程和业务协同，最终将转换为业务组件间的服务交互和协同问题，那么核心问题就转变为业务组件如何划分最合理，最能够保证业务组件之间的内聚性，能真正实现业务组件彻底解耦的问题。

私有云建设完成后，组件化资源池里面有大量的业务组件，这些业务组件提供业务服务，如果这些业务组件不能很好地通过业务服务协同完成业务目标，那么资源池化和共享的价值则无法体现。

4）演进和平衡观

企业私有云的建设并非能一蹴而就，一步到位的。就有如传统软件工程思想在没有理解透彻前便直接过渡到敏捷方法，这往往会栽跟头。私有云建设有成熟度模型，有参考架构，但是一定要结合企业信息化实际情况制定切实可行的演进思路和发展路线。目标架构可以有，但一定要逐步演进和发展。

平衡包括了建设期和运维期的平衡、业务可行性和技术先进性的平衡、CAP 三个方面的平衡、开发难度和可扩展性的平衡、成本和收益的平衡等多个方面。在引入私有云架构后，虽然可以更好地实现可扩展性和容错性，但是必然会牺牲一致性方面的需求。而对于企业信息化应用来说，往往事务完整性和数据一致性才是最为重要的。

分布式架构有较多的优势，但它也会带来事务一致性、开发与运维难度增加的问题。目标架构虽然理想，但需要评估在当前阶段的成熟度下是否适用，再完美的技术如果无法落地，也仅仅是空中楼阁而已。

企业私有云 PaaS 平台建设中涉及 IPaaS 集成平台、BPaaS 流程平台和 APaaS 应用平台，也涉及分布式数据库和数据库资源池化。从目前来看，比较成熟的是集成共享服务平台、统一流程管理平台和数据平台等。其他内容成熟度仍有待提升，特别是对于完全动态的资源调度和水平扩展能力，在实施性和稳定性上仍然没有答案，在完全基于开源方式来构建企业内部私有云平台时更是风险重重。

2. 总体规划方法

结合企业架构规划和 SOA 服务化架构的思想，基于企业私有云建设的目标和原则要求，私有云平台的总体规划可以理解为传统 IT 规划和企业架构在平台和服务化思想下的进一步细化和展开，总体规划方法如图 3.8 所示。

结合图 3.8 对企业私有云平台规划的核心方法和步骤进行简要说明。

首先是以传统的 IT 规划和企业架构规划为导入，体现业务驱动 IT 的核心思想，在进

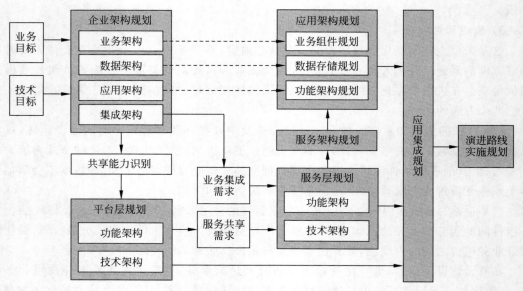

图 3.8　企业私有云总体规划方法

行企业架构分析的时候充分考虑平台化和 SOA 的思想,不论是在业务架构、数据架构还是应用架构的规划和设计中都需要进行共享业务和技术能力的识别,考虑服务能力的共享而非简单的数据集成。

在企业架构规划的基础上,根据共享能力的识别开始进行平台层功能架构和技术架构的规划,规划过程中可参考业界 PaaS 标准架构体系和企业自身的平台化需求。充分识别可行可共享的技术服务能力、数据服务能力和平台服务能力。

在平台层能力规划清楚后,从服务共享需求和业务集成需求两个层面来考虑服务层的规划,包括功能架构和技术架构,形成可共享的 SOA 服务目录集和服务视图,作为可复用的服务资产,同时也要考虑集成架构的规划。

基于平台层和服务层规划的输出,结合 SOA 和 CBM 组件化业务模型的思想进行应用层规划,包括了业务组件规划、功能架构规划和基于组件的应用集成规划等。

基于私有云总体架构体系指导下完成平台层、服务层和应用层规划后,需要结合企业信息化现状和成熟度,给出企业私有云演进路线和实施策略规划。本章所述到的企业私有云建设规划,也是围绕该总体规划方法论展开论述的。

3. 总体架构体系

参考私有云和 SOA 参考架构体系,结合"平台＋应用"的构建思想,这里提出私有云 PaaS 平台总体架构体系,如图 3.9 所示。

1）平台层

该层在融合传统公有云 PaaS 平台提供的中间件、数据库资源池以及消息缓存等服务能力的基础上,结合私有云 PaaS 平台的特点增加了平台层技术和数据能力,主要包括大数据平台、主数据平台、4A 和系统管理平台以及流程平台等核心能力。

此外,平台层也包括 PaaS 管理平台能力,实现 PaaS 平台的基于资源和服务的全生命周期管控,包括资源和服务的申请、开通、控制和鉴权、资源和服务的回收、性能分析和监控

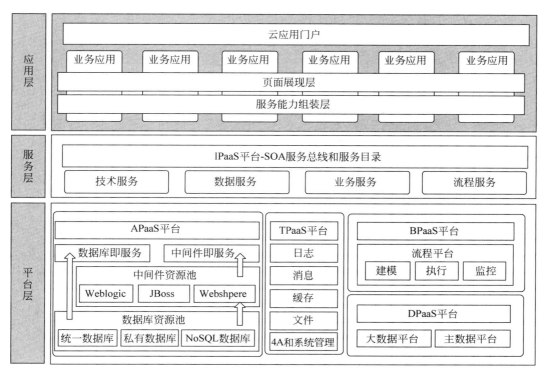

图 3.9　私有云 PaaS 平台总体架构体系

以及应用托管和自动部署等核心功能。

2）服务层

PaaS 平台层提供的技术服务和数据服务能力，业务组件提供的业务服务能力，流程平台提供的流程服务能力都统一接入到 SOA 服务总线。SOA 服务总线实现统一的服务目录管理，服务全生命周期管理等功能。平台层所提供的能力都可以通过服务层的 SOA 服务总线向外开放，可以真正实现应用层和平台层技术能力的解耦。

3）应用层

基于 PaaS 平台构建的应用层，重心将转化为松耦合的业务组件的构建。业务组件的重点是提供可协同的业务服务能力，提供本业务组件需要的服务组装和界面展现能力。业务组件化将逐步打破传统的业务系统边界，而松耦合的业务组件最终通过统一的云应用门户进行集成和整合。

3.3.5　平台层规划

1．平台功能规划

在"平台＋应用"思想指导下，PaaS 平台层的规划从可以下沉到平台层的技术和业务服务能力方面入手进行分析，以确定具体可以规划的功能点。平台层功能的核心是支撑上层业务系统或业务组件，它和传统的公有云 PaaS 功能规划不同的是，私有云 PaaS 功能既涉及纯技术能力，也包括了可复用的公共基础能力和业务能力的下沉，实现从传统的烟囱式业务系统构建方式向平台＋应用方式构建的转变，如图 3.10 所示。

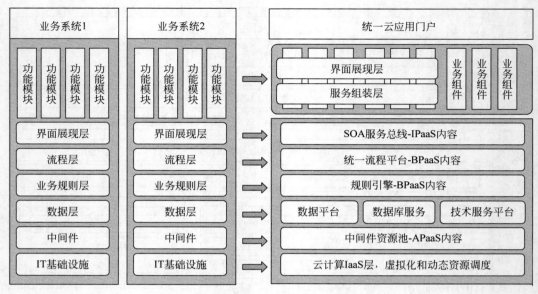

图 3.10　业务系统"平台＋应用"构建方式

平台层功能规划的核心基本围绕图 3.10 展开,具体说明如下。

1）数据库和中间件

传统的 IaaS 层仅仅实现了物理设施的资源池化,而没有实现数据库和中间件资源池,在 PaaS 平台建设过程中可以将数据库和中间件以服务的方式对应用提供和开放。用户将不再关心数据库和中间件的安装和配置,而仅需要订购数据库和应用中间件容器的服务能力。这既包括传统公有云 APaaS 部分的标准内容,也包括 DaaS 的内容。

2）技术服务平台

对于任何一个业务系统的构建来说,业务系统内部都有一个公有的技术组件满足业务系统上层多个业务模块的需要。其中包括了系统管理、4A、消息、日志、安全、异常、缓存、文件、通知和任务等多个方面的内容,对于这些公有的技术组件能力需要根据私有云建设过程中的实际情况来考虑是否规划到平台层统一建设和实现。

3）数据平台-主数据

数据层的一个核心是共享数据,其中包括了共享动态数据和主数据。这些数据往往被上层多个业务系统使用和消费。而在传统的业务系统建设模式中,这些数据在多个系统中建立和维护,也会在多个系统中同步和落地,这些都导致了数据不一致性问题。在 PaaS 平台建设过程中需要考虑集中化规划和建设,如建设 MDM 主数据管理平台,SID 共享数据库中心等。这些共享数据可以实现集中化的数据存储并通过数据服务的方式朝外提供标准统一的服务能力。

4）数据平台-大数据

平台层也需要考虑大数据的应用需求,随着企业信息化建设的不断深化,海量多样化的数据对信息的有效存储、快速读取、检索提出了挑战,且其中所蕴藏的巨大商业价值也引发了企业对数据处理、分析的巨大需求。传统报表系统或者业务集成系统已不能满足需求。在企业私有云平台建设过程中从全局角度考虑大数据平台的建设显得尤为必要。大数据平台包括的核心能力有数据采集、数据存储、数据处理、数据分析、应用服务以及数据管控等内容。

5）业务规则

业务规则往往随着业务系统的不同而差异很大，较难按照平台化集中模式建设。而当前规则引擎可以解决该问题。即业务规则抽取到规则引擎中统一配置和管理，规则引擎以规则服务的方式将最终的能力暴露给业务系统使用。规则引擎平台可以在当前的 BPaaS 流程平台即服务中统一规划和考虑。

6）流程层

流程层包括了 HWF 人工工作流和 BPEL 自动化业务工作流，不论是哪种类型，在 PaaS 平台建设中都需要考虑集中化建设。流程层的集中化建设对应标准 PaaS 参考架构中 BPaaS 部分内容，各个业务系统都使用同一个流程引擎进行流程建模、流程执行和流程监控。同时需要注意 4A 平台的集中化建设是流程平台规划的基础和前提。

7）界面展现层

界面展现层重点是强调可复用的界面 UI 组件，在平台化建设后，各个拆分后的业务组件需要通过统一应用框架进行集成。

2. 平台技术规划

结合前面的平台功能规划需求，平台技术规划主要从数据库和存储、应用托管和资源调度、ESB 集成中间件、底层建模几个方面进行说明。

1）数据库和存储

数据库的集中包括了两个方面内容，一方面是数据库服务器硬件的集中化，另一方面是数据的集中化。类似 Oracle RAC 集群数据库实现的是数据库硬件、软件和数据的全部集中，但是数据库集群算不上真正的分布式数据库。Mysql cluster 集群可以算作分布式数据库，可以实现数据的水平扩展功能，但是在大数据量和大并发下，cluster 集群本身对于复杂业务逻辑操作存在性能瓶颈，这是不可回避的事实，在 cluster 集群配合读写分离集群共同使用的时候又出现了数据存储分布的问题。数据物理存储的分布又导致了底层数据库数据日志同步及分布式数据库事务一系列衍生问题。

可以说，在大型企业内，支撑具有高度一致性和复杂业务逻辑规则处理的业务系统，Mysql 现有的能力存在一定的差距，其原因主要是为了尽量地保证数据库的分布式和水平可扩展性所带来的诸多新问题，它急剧加大应用层开发的复杂度，也带来传统架构下所没有的一致性难以处理的问题。

云架构下的数据库集中化其本质是逻辑集中，即整个数据库通过 DaaS 层实现公共的数据服务提供，而实际物理数据库仍然是分离的，这种情况下对 DaaS 层的要求相对较高。包括 SQL 解析、异构数据库的语法层屏蔽、底层分布式事务的事务协调等都是新问题，若解决不好，整个数据库即使可扩展了，但是在性能、一致性和开发复杂度各方面都会带来巨大挑战。很多时候我们在谈去 IOE 时似乎很简单，其实去任何一方面的内容都是需要各方面的权衡。

对于 NoSQL 数据库的使用问题，从目前情况来看，企业内的业务系统全迁移到 NoSQL 数据库是不现实的，主要原因仍是复杂的业务规则和一致性要求、开发的复杂度、成本和性能问题等。当前可以用 NoSQL 数据库的场景并不多，只有少量的业务功能和场景可以转换为 Key-Value 模式进行存储和解析,比如类似日志和文件等技术服务和组件,可以先开始考虑使用 NoSQL 数据库。对于简单的业务对象,即对象自身简单,对象关系简单,事务也简单的场景可以朝 NoSQL 数据库进行迁移。

存储层面,基于 HDFS 分布式文件系统的分布式存储架构相对来说已较为成熟,企业内的非结构化文件存储以及文件的读取和访问可以统一到分布式文件存储架构上。基于 Hadoop 开源框架构建分布式存储服务是完全可行的技术方案。分布式存储服务构建中存在的结构化元数据,它的存储可以采用传统的结构化数据库,也可以采用 NoSQL 数据库。

综上所述,对于数据库和存储方面涉及的技术主要包括如下方面内容:

(1)分布式或伪分布式的数据库集群技术;

(2)数据库的水平拆分和垂直拆分,分布式事务处理技术;

(3)数据库即服务层(包括连接池管理、分片路由、SQL 解析等);

(4)NoSQL 数据库和 HDFS 分布式文件系统。

2)应用托管和资源调度

中间件资源池的构建是企业私有云中 APaaS 的核心内容,主要功能包括自动部署、应用托管、应用虚拟化的中间件资源池及资源根据应用动态调度等方面的内容。

分布式调度有两种方案,第一种是基于"传统虚拟机+高层负载均衡"的调度模式,在该模式下需要解决的问题是负载均衡设备 API 的完全开放,能够通过程序来实现计算单元的挂接和卸载。而对于虚拟化的动态创建、安装、启动激活则属于传统 IaaS 层需要考虑的问题。

第二种调度方案即应用虚拟化,调度的单元为各个轻量的中间件容器,这个容器可以是应用服务器中间件容器,也可以是更加轻量的 Web 容器。调度单元越轻量则调度效率越高,但是各个调度单元之间的隔离性会很差。这种调度策略下要解决的问题主要是各个调度单元的隔离,已有 CPU 和内存资源在各个调度单元之间的分配,中间件实例的自动创建和启动,程序部署包的自动部署。

不论是哪种调度策略和方案,APaaS 都涉及调度管控以及各个调度单元之间的消息通信机制。目前已有的方案都需要依赖高效的消息中间件技术,实现消息事件的快速传递以及各个单元之间的彻底解耦。而对于各个调度单元的健康信息采集,一般可通过 SSH 或其他底层 API 技术来实现,但较难的地方是采集的高效性和性能。要实现高效调度,数据的采集频率会很高,需要考虑如何保证采集程序性能和低能耗等问题。

若将数据库和中间件都实现了分布式部署,那么整个应用可以算得上是完全的分布式架构系统。

对于应用托管和资源调度主要涉及的技术包括:

(1)高性能消息中间件技术;

(2)高可靠和准实时的性能数据采集和分析;

(3)调度规则和调度引擎技术;

(4)逻辑资源应用容器技术,资源隔离技术;

(5)负载均衡和软集群技术等。

3)ESB 和集成中间件

在私有云架构下,ESB 集成中间件的作用尤为重要。它既包括传统的消息中间件,也包括数据集成中间件和服务集成中间件。ESB 服务总线是整个私有云架构的集成枢纽,是共享服务的提供中心。特别是在 PaaS 架构下数据库和中间件的集中化后,则更加强调共享数据服务和业务服务的提供,强调基于 PaaS 平台搭建的各个业务系统或业务组件间的及时消息传递。

ESB 的核心包括了消息协议转换、路由、服务目录中心、服务监控、服务鉴权以及消息发布订阅等一系列内容。基于组件化架构的思想,PaaS 平台实现的是业务组件间的业务集成和协同,是实现集中化后数据的共享服务,而不是传统意义上的数据交换平台。

谈到 ESB 必须提到组件化架构思想,很多时候我们谈业务应用基于 SOA 架构思想,但实际上应用是否按照 SOA 架构思想来构建是值得商榷的。业务组件之间通过业务服务进行交互,服务可以组合、组装和编排来构建和实现完整的业务逻辑,这些就是最基本的 SOA 架构思想。

回归技术层面,ESB 平台也需要考虑在大数据量和大并发量下的性能问题,也就是说作为 PaaS 基础能力组件的 ESB 平台自身也需要水平扩展和基于分布式架构。ESB 架构下应用服务器可以在集群架构下水平扩展,而服务自身的无状态特性,又可以很方便的实现数据库的水平扩展和垂直切分。

这里需要强调,应用集成和传统数据集成是完全两个层面的内容。ESB 应用集成不是替代传统的基于 ETL 的数据集成,两者是相互结合的。在 PaaS 架构下,如果可以实现数据库的集中化,往往已没有传统 ETL 数据转换和清洗的必要,至少当前大数据平台便可满足要求。在引入了分布式数据库和 NoSQL 数据库之后往往使 ETL 过程变得复杂化,简单的 ETL 操作转变为分布式 ETL 操作。

ESB 集成中间件涉及的技术包括:

(1) ESB 企业服务总线(路由、适配、协议转换、鉴权、服务代理等);

(2) 大数据和大文件集成技术;

(3) EDA 事件驱动架构和 CEP 复杂事件处理;

(4) BPEL 和 BPM 业务流程管理;

(5) 分布式事务和事务一致性。

4)底层建模技术

在谈 PaaS 的时候我们一直强调能够集中考虑和建设的东西都尽量下沉和集中化。那么在集中化建设的过程中自然涉及对原有组件模块的进一步抽象和封装集成。这里最重要的是权限模型、组织模型、工作流引擎模型等核心技术模型及其抽象,也涉及业务应用中核心元数据模型的抽象。

对于业务系统数据建模,需要进一步按面向对象的思想来进行建模,多借鉴 MDA 和领域驱动设计中领域模型的概念,只有做好了基础对象层的抽象和封装,才能更好地提供领域层的对象服务。要构建更好的上层应用更应关注对象和对象服务,而不是关注底层数据库。此外,由于传统的业务系统切分为多个业务组件后,更加需要一个公共的领域服务层,屏蔽底层细节。

对于底层建模涉及的方法和技术包括:

(1) 面向对象的分析和设计方法;

(2) MDA 模型驱动架构和 DDD 领域驱动设计;

（3）SOA 参考架构和技术规范标准；

（4）基于 SOA 的组件化架构设计方法和技术；

（5）缓存、消息、日志、安全、规则引擎等相关技术。

3.3.6 服务层规划

服务层规划主要包括 SOA 服务架构下的 ESB 平台功能和技术架构规划，同时也包括基于 ESB 注册和接入的服务目录以及服务架构规划两方面的内容。ESB 仅仅提供了平台技术能力，而服务目录和服务架构则最终能够为上层业务组件提供服务能力。

1．服务架构规划

企业实施 SOA 项目的重要任务之一就是服务交付。为此，需要定义服务架构愿景。有了服务架构的远景和约束，才能确保 SOA 项目始终以一致的策略和方法执行服务交付，从而实现 SOA 长期目标。根据服务的功能和技术特性制定服务架构如图 3.11 所示。

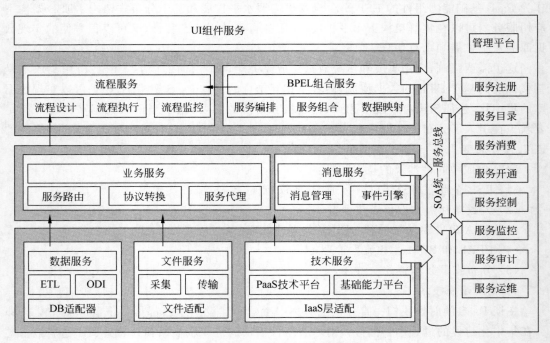

图 3.11　SOA 服务架构逻辑视图

在图 3.11 中，SOA 统一服务总线的作用类似于一个服务中介，中介的责任是协调和调度业务服务，它的功能包括 UDDI、适配器、消息协议转换、消息传输、服务代理等。对于 SOA 服务管理平台则是提供对 SOA 服务的全生命周期管理。运行在 SOA 基础设施之上的服务被划分为几种基本服务类型：技术服务、数据服务、业务服务、流程服务和 UI 组件服务。这些基本服务的组合可以形成组合应用。

1）技术服务

技术服务是与业务无关，提供某种技术能力的服务。技术服务一般由企业内部的技术平台或技术组件提供，它来源于企业业务需求中关于消息、日志、会话、数据访问、缓存、分布式计算、中间件服务、数据库服务等相关的非功能性需求。

技术服务的特点是高重用度,每次服务调用数据量小但是并发量相当大,同时技术服务对上层的平台组件、业务组件都构成约束,一旦出现故障影响面将相当大。

对于企业私有云平台建设,与业务无关的相关技术能力(日志、消息、安全、缓存、文件、通知)等都可以抽取为公用的技术服务,以提供统一的逻辑处理和服务管控。鉴于技术服务自身的特点,建议技术服务的实现和接入方法最好采用"Restful Web Service＋本地 SDK 包"的方式轻量接入。

2）数据服务和文件服务

数据服务和文件服务也属于业务服务的大范畴,但是由于其开发模式和开发工具与普通的业务服务有所不同,所以将数据服务独立出来,主要考虑在大数据量和大文件业务场景下的数据集成和传递。

此类服务的特点主要体现在服务调用并发量小,但每次服务传递的数据量大,如果所有的数据都经 ESB 进行数据传输和转换将对 ESB 的性能造成巨大影响。因此对于这类服务建议是采用"传统 ETL＋Web Service 服务"结合的模式予以实现,服务仅仅是实现服务代理和请求信息,而批量的数据传送将通过 ETL 模式进行。

3）业务服务

在 SOA 架构体系中,把业务服务分为两类:由业务分析人员定义的可以重用的流程服务(称为业务流程服务)和由 IT 人员定义的满足特定业务需求的服务。这一节中主要描述后面的这种业务服务。

业务服务的识别方法一般有两种方法:包括自顶向下的方法和自下向上的方法。

自顶向下的方法是从业务处理的流程中(比如采购请款的业务处理),分解成具体的活动,这些活动可以是自动化的,也可以是人工处理。以采购请款的处理流程为例,查询订单、网上请款、请款单生成等都是业务服务。自下而上的方法则是从当前的各个部门的业务职责和工作清单上进行业务服务的分析和识别。

业务服务有明确的业务价值,是特定的业务场景和业务规则的粗粒度抽象,上层业务应用和业务组件,可以通过开放和暴露的业务服务能力进行相应的服务组合、编排和协同,以满足业务流程的需要。

业务服务可以被其他业务服务或者多个业务流程服务重用。但是由于业务服务自身的无状态特性,在业务服务实现过程中需要考虑事务处理必须在服务内部完成,事务不能跨越服务的边界。

4）流程服务

流程服务也是业务服务的一个特例。它将共享的业务流程封装为服务,业务流程服务可以是一个完整的业务流程,或者是独立定义的子流程。比如"起草及审批合同"的公共处理流程就可以被定义为服务的形式,它可以被更高层的流程重用。这种层次的重用对于建立一致的业务处理非常有价值。

业务流程服务可以是无状态的或者是有状态的。无状态的流程服务由自动化的活动组成,并且在一个单一的事务背景下执行。有状态的业务流程服务可以长期处于运行状态,会涉及人工工作流,并包含多个原子事务。

5）UI 组件服务

UI 组件服务主要是处理应用信息的表示,所有底层的服务都可以通过用户界面(比如门户应用系统)暴露给用户使用。门户应用被分成许多可被重用的 portlet(基于 Java 的 Web 组件,由 portlet 容器管理,并由容器处理请求,生成动态内容),这些 portlet 包含来自多个数据源的信息并且能够与底层的多个系统进行交互。通过 portlet 的重用性,可以实现表示逻辑的复用。通过组合 portlet 可以灵活地开发门户应用。

UI 组件服务与传统的运行库(library)相比,门户页面改动更灵活方便。但由于网络延迟及消息处理延误等因素,效能会稍为降低,所以通常不会通过服务总线调用展现服务。

6)BPEL 组合服务

组合服务,亦即组合应用,是指在共享服务之上构建的应用。常见的组合应用包括门户应用和 B2B 流程等。业务和数据在以服务的形式开发完成后,组合应用就可以利用这些服务满足业务的需求。组合应用的识别通常采用服务自顶向下的识别方法:首先确定组合应用的流程,然后将组成这些应用的服务识别出来,之后再进行设计和开发。随着新的服务不断增加,组合应用也会不断演变和扩展。在 SOA 架构下,这样就提供了一种基于服务的、可以粒度更小的、渐进式的应用开发方法,可以很大程度上减少项目的风险。

业务流程可以表现为业务流程服务或者组合应用,两者的区别在于是否将业务流程封装为共享服务。业务流程服务暴露为共享服务,并且必须遵循服务的治理等规则。如果不需要共享一个流程,则没有必要封装为共享的业务流程服务。

随着服务的增加,通过快速组装形成新应用的能力就会提高。最终应用甚至可以完全能够由现有的服务来组合完成,从而极大地减少开发的投入,降低 IT 的成本。

2. 功能架构规划

企业私有云平台的服务层,一方面需要实现纵向的 SOA 服务共享和能力开放,另一方面要实现上层业务组件的业务服务和流程协同。因此服务层已经不是传统企业信息化架构中单纯的 ESB 服务总线平台能力,它将有更多的内容进行补充。

在进行服务层功能架构规划前,首先分析企业内部 SOA 集成和共享需求,如表 3.3 所示。

表 3.3 企业内部 SOA 集成和共享需求分析

交互类型	说　明	交互特点	应用技术	应用场景
流程类	跨多模块的流程协同,组合底层数据和业务原子服务能力	既可实时,也可异步,数据量小,执行周期长	BPEL 服务编排,BPM 端到端流程管理	跨模块的组合应用设计,流程端到端监控等
业务类非实时	仍属于跨应用和模块的业务规则处理识别的服务调用	并发量大,数据量中等,无实时要求	SOAP+JMS 技术,异步实时响应,消息和事件引擎	各种类似发布订阅模式下的事件管理和消息通知等
业务类实时	实时的业务流程中业务校验服务调用	并发量大,数据量小,毫秒级响应	ESB 服务总线、SOAP、Web Service	业务校验类场景,如缴费和服务开通等
数据类非实时	定时机制下的数据交换和传输平台	大数据量,涉及数据映射和转换	ETL 技术	业务系统间的非实时业务数据的数据交换
数据类实时	实时的大数据获取和数据集成	根据需求实时提前数据,上万条以上记录传输	ODI 服务模式	类似 ERP 中各种批量数据的数据集成和传递分发

续表

交互类型	说　　明	交 互 特 点	应 用 技 术	应 用 场 景
文件类实时	业务应用中的和业务表单相关的附件集成	小于 10MB, 文件量大, 对传输实时要求高	SOAP+JMS 组合SOAP 消息头传输	各种业务表单附件
文件类非实时	实现大文件的数据采集和文件传输	50MB 以上的大文件传输, 重点可靠性	分段多线程、文件压缩、并行处理, 安全	类综合结算中话单日志文件采集和传输
技术类	消息、日志和缓存等纯技术能力提供, 作为共享技术能力开发平台向外提供	并发量巨大, 响应要求毫秒级, 可靠性要求高	轻量 RestFul Service集成模式, 重点是服务鉴权和简单路由处理	涉及所有业务模块开发的纵向技术集成

　　从表 3.3 的需求分析可以看到, 根据业务场景和交换类型的不同, 往往需要服务层提供不同的服务开发方法和服务集成技术来进行支撑, 而最终接入和注册的服务又通过 SOA 中的服务总线形成统一的服务目录库进行发布和集中管控。

　　结合传统的 ESB 参考架构和企业实际业务集成和服务共享需求, 服务层功能架构规划如图 3.12 所示。

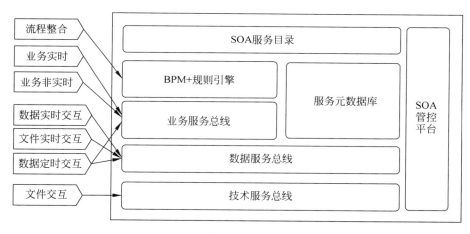

图 3.12　服务层功能架构规划

1）业务服务总线

　　该部分能力由传统的 ESB 来提供, 重点包括了服务代理、适配器、协议转换、通用描述、发现与集成服务（Universal Description, Discovery and Integration, UDDI）、消息事件管理、路由、服务鉴权等基本功能。业务服务总线的重点是接入和适配各种业务服务能力。

2）数据服务总线

　　该部分重点包括了结构化的海量数据集成和传输及大文件的集成和传输。和传统 ETL 和文件传输平台的不同主要体现在数据集成和传输需要和服务进行绑定使用, 即通过服务传输请求条件信息, 通过 ETL 平台传输实际的大数据信息, 以缓解 ESB 平台自身的性能压力。

3）技术服务总线

技术服务集成是 PaaS 平台服务层需要提供的一个核心内容，PaaS 平台诸多技术能力都需要通过技术服务的方式开放并被上层使用。

4）BPM＋规则引擎

服务平台需要提供对 HWF 人工工作流服务的接入，同时需要提供通过 BPEL 工具对服务的组合和编排功能，提供通过 BPM 工具对业务流程端到端建模和执行监控能力。在 BPM 的实现过程中还需要规则引擎、EDA（事件驱动架构）等相关核心功能的支持。

5）SOA 管控和统一服务目录

不论是哪种方式的服务集成，最终都需要注册到服务层的 SOA 统一服务总线目录，实现标准的服务全生命周期管理功能。包括服务的注册和接入、服务开通、服务鉴权、服务运行监控、服务审计、SLA 服务性能分析等。

3.3.7 应用层规划

1. 应用架构规划

应用架构总体规划需要考虑两个方面的内容，一个是集中化和平台化，另一个是 SOA 服务化和业务能力组件化。以真正体现"平台＋应用"的构建思想，总体架构如图 3.13 所示。

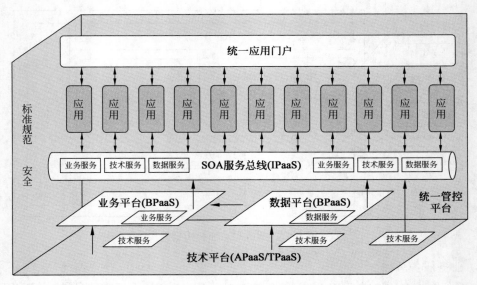

图 3.13 应用架构总体规划

技术平台提供业务无关的共享技术能力，以技术服务的方式注册到 SOA 服务总线，包括消息、缓存、日志、安全等各种技术组件和技术能力。也包括了 PaaS 技术平台的应用托管和资源自动调度能力，即常规 PaaS 平台中 APaaS 部分的内容。

在技术平台上规划业务平台和数据平台，业务平台和数据平台都和业务相关。业务平台重点是 BPaaS 平台能力即服务部分的内容，而数据平台则重点是 DPaaS 的数据能力即服务部分的内容。

业务平台部分也可以将流程平台、4A平台和系统管理的内容都纳入,重点是提供基础的业务数据和流程引擎能力。数据平台重点是共享数据、主数据以及大数据等平台建设,最终建设的成果以数据服务的方式接入到SOA总线。

充分利用以上3个平台所提供的技术服务、业务服务和数据服务,便可构建上层具体的应用功能。如果严格按照SOA服务架构的思路,应用可以基于服务的组装和编排、规则引擎能力以及界面设计器等完成构建。

应用构建完成后可通过统一门户来实现集成,打破传统业务系统的边界概念。在该模式下回归到单个业务系统,可以进一步根据SOA架构对资源-服务-应用的分层模式进行重新组合,形成基于组件化和SOA服务的参考应用架构,如图3.14所示。

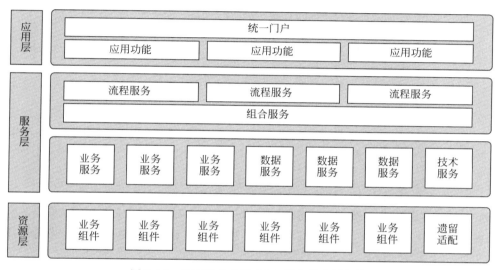

图 3.14　基于组件化和SOA服务的应用架构

整个架构标准的分为资源层、服务层和应用层。其中资源层为各个业务组件,是独立存在的可以单独开发、设计、部署和运维的业务单元。业务组件的能力通过业务服务对外暴露供企业业务组件消费和调用。

服务层分为两层,首先是最基础的原子服务,包括了业务服务、数据服务、技术服务等。其次是上层的组合服务和流程服务。在流程服务之上添加具体的界面基本就可以形成一个完整的应用功能。图3.14较为清晰地描述出应用功能是通过服务组合和编排产生出来的,应用功能通过门户进行集中。

2. 应用集成规划

在基于"平台+应用"、SOA组件化架构的开发思想指导下,传统的业务系统开发已经转化为多个高内聚、低耦合的业务组件的开发。而单个业务组件的开发又转化为通过SOA服务进行集成的业务组件和平台层服务能力的集成开发。因此,对于应用的集成可以分为两个重要的阶段,第一个阶段需要完成单个业务组件和PaaS平台能力的技术集成,第二个阶段需要完成多个业务组件之间的横向业务协同集成,如图3.15所示。

1)技术集成

技术集成主要指一个应用模块和PaaS平台能力的集成,其中最关键的能力包括了

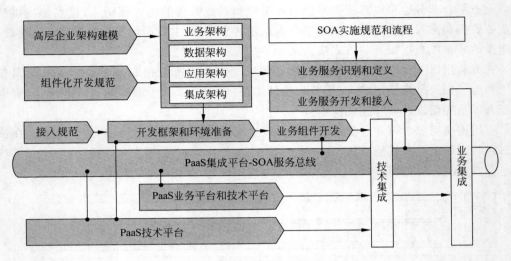

图 3.15　应用集成规划

PaaS 技术平台能力（如数据库服务、中间件服务、各技术服务），也包括了下沉到平台层的公共能力（4A 服务、流程引擎服务等）。通过技术集成后，一个独立的业务组件模块可以基于 PaaS 平台提供的能力运行起来。

2）业务集成

企业私有云的平台＋应用构建模式的复杂性往往体现在业务组件或模块间并不是完全孤立的个体，为了实现一个完整的端到端流程，业务组件和模块间需要通过业务服务进行协同，因此在完成技术集成后，业务组件或模块还需要和上下游的业务组件直接进行集成和协同，以实现一个完整的流程。

3.4　私有云实施和演进

3.4.1　私有云成熟度模型分析

当前对于企业私有云成熟度模型并没有可以借鉴和参考的标准，但其成熟度很大程度可以体现在对业务目标和技术目标的实现上，这些目标综合来说即为服务化、集中化、共享化、节约化、弹性化和自服务化等。基于以上目标，参考 Oracle 的私有云建设方案规划，将私有云的成熟度分为如下 5 个阶段，如图 3.16 所示。

IT 即服务可以作为企业内部私有云最高能力成熟度的体现，在这个阶段 IT 已经变化为一种可以随时灵活配置和响应的自服务能力，这种服务能力具备低成本、高可靠和可灵活弹性扩展特点，企业内部的业务目标可以灵活地使用这些服务化能力来快速达成。这个阶段高度体现了业务和 IT 的融合，体现了 SOA、云计算和企业架构思想的融合，企业 IT 建设部门将转换为企业 IT 服务能力开放和运营部门，业务和 IT 的边界将越来越模糊，IT 重心也将从对信息化技术的关注转移到对业务架构、组织和流程的关注和适配上。

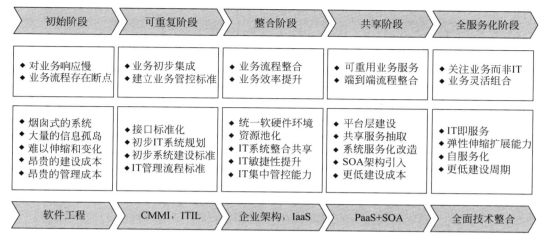

图 3.16　企业私有云平台成熟度模型

3.4.2　私有云实施总体策略

根据企业私有云平台的建设目标和建设原则,结合业务驱动 IT,平台建设为业务目标服务的核心思想,总结出私有云平台实施的总体策略。

（1）业务与 IT 协同:在平台规划和建设实施过程中,应高度重视业务驱动 IT 的思想,加强对端到端业务管理流程与规则的理解和梳理,有效实现对流程和规则的固化,保证对企业业务运营和经营管理的有效支撑。

（2）平台与应用集成:在实施和演进过程中,需要同时关注平台能力的建设和应用层业务应用的建设,应高度重视平台层和应用层的集成和协同,将平台和应用融合为一个完整的私有云架构体系。

（3）技术与管控平衡:在私有云平台的实施过程中,不仅仅要重视云计算、SOA 和新的分层架构体系的引入,同时也需要重视与私有云平台建设和运营配套的 IT 组织和规范流程制度的建设,不断提高信息化服务支撑的专业化水平,确保 IT 技术与架构体系和管控与运营体系的平衡发展。

（4）建设与运营并重:企业私有云平台的建设,不仅要重视平台和应用建设能力的提升,更要重视后续私有云平台的运营和自服务能力,真正实现企业 IT 部门向运营和 IT 服务思维的转变。

3.4.3　私有云建设演进路线

结合私有云平台的建设实践,可以从应用层能力、平台层能力和管控能力 3 个方面来分析私有云平台的演进路线,如表 3.4 所示。

在企业私有云平台建设和实施中务必要注意到,公有云平台强调最多的应用托管、自动调度以及开发商自服务能力等往往并不是私有云平台建设之初的重点。企业私有云平台建设一定是围绕业务目标驱动这一中心,解决最迫切的业务问题和治理管控问题。因此从这个意义上讲,SOA 集成平台、数据平台、业务系统开发标准和技术架构统一、业务系统组件化开发往往才是前期私有云平台搭建和建设的重点。

表 3.4 私有云平台演进路线

分类	第 一 阶 段	第 二 阶 段	第 三 阶 段
应用层能力	统一应用开发技术架构,统一应用集成标准	业务系统应基于 SOA 组件化架构开发,实现共享服务层,实现开发环境和开发框架的标准与统一	应用实现基于服务能力的灵活组合和组装,实现 BPM 端到端流程建模和整合
平台层能力	构建 SOA 集成平台,构建主数据管理平台或共享数据中心。构建 IaaS 层虚拟化资源池基础能力	构建 4A 和流程平台,构建基础技术能力平台(消息、缓存、日志、通知)等基础技术服务能力,实现中间件池化管理、应用托管和自动部署	实现资源动态调度,实现对大数据处理和分析能力提供,实现对各种分布式处理技术的能力封装和暴露,实现规则引擎等能力的集中化
管控能力	实现对应用开发标准管控,实现应用集成管控和基础数据管控	实现资源和服务的全生命周期管理,实现及时性能分析和预警	实现对内部开发者的完全自服务能力

私有云 PaaS 平台的实施策略,主要分为"平台+应用"全新建设和遗留架构迁移两种模式,如图 3.17 所示。

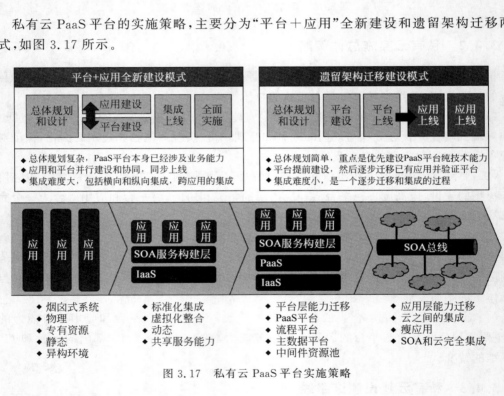

图 3.17 私有云 PaaS 平台实施策略

1. "平台+应用"全新建设模式

在这种模式下往往需要一个完整的私有云建设规划和总体方案设计,平台和应用建设并行进行和集成,最终同步上线。由于在该模式下私有云平台建设已经不是一个单纯的技术平台,而是涉及共享业务能力的服务化提供,因此总体规划和架构设计复杂。此外,基于 PaaS 平台构建的多个应用集成较为复杂,往往会体现在业务应用和模块之间的横向业务集成,也体现在业务应用和 PaaS 技术平台的纵向集成。

2. 遗留架构迁移模式

在该模型下可以在遗留业务系统不受影响的情况下，首先建设标准的 PaaS 技术平台，并对 PaaS 平台进行完整的 POC 技术验证，在验证通过后再根据业务系统自身的重要性选择非核心业务系统优先迁移和试用，在验证成熟后再进行大面积的业务系统迁移和实施。

该模式由于整个建设和实施是一个串行循序渐进的过程，因此相对来说集成难度较小，应用系统建设和实施上线的风险也相对较小。

3.4.4　私有云服务能力演进

从企业私有云建设和实施演进路线中可以看到，私有云的服务能力提供将从最传统的物理机申请，逐步演进到资源能力申请，最终演进到自服务能力下的服务能力申请的过程，具体演进过程可以分为五个阶段来描述。

（1）第一阶段：直接申请物理机资源，物理机是完全白盒可见，应用开发者基于物理机安装操作系统、数据库、中间件，进行程序包的部署、应用的管理和运维。

（2）第二阶段：物理机转化为黑盒，从虚拟化资源池申请虚拟机资源，虚拟机资源具备和物理机资源相同的能力特性，开发者基于虚拟机资源进行后续操作，虚拟机对开发者来说是可见的，是白盒。

（3）第三阶段：同样是申请资源，但是虚拟机资源进一步增加数据库和中间件后转化为更加上层的逻辑资源，即获取的是已经安装和分配后的数据库和中间件资源，虚拟机层面转换为黑盒。但是数据库、中间件自身的各种操作方式仍然没有变化，数据库和中间件仍然还是白盒。我们说的多租户数据库类似上面的概念，开发者关心的是数据库资源，而不再关心虚拟机层面，也不关心一个虚拟机上数据库资源究竟提供给多少开发者使用。

（4）第四阶段：前面三个阶段仍然将其归类到资源层面，包括物理资源和逻辑资源，最终都是资源申请、资源分配和资源使用的过程。第四个阶段开始强调服务，即逻辑资源进一步的透明化变化为黑盒。数据库层面转换为 DaaS 服务，即只有通过 DaaS 层访问数据库资源，数据库资源层转化为黑盒，其内部的结构、存储方式、数据库拆分等转变为完全透明。而中间件层面，中间件转换为黑盒，那么中间件的使用就只有通过应用托管和自动部署，中间件的能力已经转化为服务模式向外提供。在这个阶段虽然已经启用了服务层，但仍然无法做到对底层资源的完全透明，所以认为这个阶段为半透明状态。

（5）第五阶段：应用开发完全脱离资源层面，实现和资源的彻底解耦，包括物理资源和逻辑资源。整个应用开发所需要的资源都逐步转换为黑盒和透明，应用关心的只是订购服务、消费服务。服务是操控资源的唯一渠道，应用不再关心任何物理和逻辑资源的细节。即一个应用的开发就应是订购和消费服务，组装和编排服务，形成一个完整的应用，而底层全部是平台层能力。

第4章

企业私有云平台设计

对企业私有云平台设计而言,IaaS 层架构设计相对已经成熟。本章的重点将围绕私有云 PaaS 平台展开。完整的企业私有云 PaaS 平台架构体系,主要分为平台层、应用层和服务层。平台层实现了传统业务系统中共性技术能力和业务能力的下沉,通过集中平台化建设的模式进行复用和能力开放。应用层则是将传统的业务系统建设转变为基于 SOA 组件化架构思想下的业务组件建设和开发。服务层重点则是平台层各种服务能力的注册和接入,以及对服务的全生命周期管控和治理。

结合企业私有云平台总体规划思路,本章从平台层、应用层和服务层三方面来进一步阐述私有云平台的架构设计思路和方法。

4.1 架构设计目标和原则

4.1.1 架构设计目标

基于私有云平台的总体建设目标,架构设计的目标主要包括了高可用、高性能、高复用、高扩展、易管理 5 个方面的内容。

(1)高可用性是架构设计的一个基础,由于私有云 PaaS 平台自身在建设过程中采用了大量的分布式处理技术、SOA 组件和服务化思想,增加了应用集成的难度。如何在这种大集成模式下仍然保证业务系统的高可用性,确保无任何的单点故障,保证数据的高可靠性和一致性将成为平台建设必须考虑的重要内容。

(2)高性能主要是在集中化建设模式下,传统分散的多个业务系统已经转换为集中化的单一系统。在这种模式下必然会面对海量数据处理和业务高并发的业务场景。如何在这种业务场景下仍然保证业务系统的高性能和处理效率将成为架构设计的重点。

(3)高复用的建设目标主要是针对私有云平台建设成本投资节约的目标展开。通过"平台+应用"的构建模式将可复用的内容转化为平台层统一建设,避免传统烟囱式的重复建设,减少业务系统集成困难,真正实现企业内部的 IT 核心资产库。

(4)高扩展的架构设计目标主要包括了两个方面的内容:一是软硬件基础设施的弹性水平扩展能力;二是满足业务流程和需求变化的业务系统灵活应变能力。在平台层架构设计中重点需要考虑第一点,而在应用和服务层设计中重点需要考虑第二点。

(5)易管理是架构设计的另外一个关键目标。私有云 PaaS 平台引入了大量的分布式处理技术和集群技术,特别是去 IOE 思想的落地,都对 IT 基础设施环境和业务系统环境带来巨大的管理难度。建设一个自服务的 PaaS 云生态环境,实现服务能力的自助化,管理运维的自动化将成为架构设计的关键。

4.1.2　架构设计原则

基于架构设计的总体目标要求,PaaS 平台的架构设计原则主要包括了如下几方面内容。

（1）标准化原则。PaaS 平台的功能设计应符合业界的 PaaS 平台参考架构,建设标准应该参考相应的国际标准或行业建设标准。对于企业私有云特殊增加的内容也需要按相应的标准接口进行增加和管控。

（2）平台化原则。平台化是指业务应用或组件的构建都需要基于统一的平台规范标准,采用可复用的技术能力进行构建和集成,这也是达成高复用的架构设计目标的关键。只有遵循平台化的原则才能够真正实现对后续接入的业务应用和组件的集中化管控和运维。

（3）可靠性原则。技术不是越先进越好。PaaS 平台架构设计在技术的选择上应该优先选择业界已经验证成熟的技术解决方案,优先满足高可用性和高可靠性要求。其次才是考虑效率及高扩展性等方面的需求。

（4）服务化原则。在整个架构设计过程中,需要围绕 SOA 组件化和服务化的思想,体现分层和松耦合设计。平台和上层应用间的交互、业务组件间的交互和协同都需要通过标准化的服务方式进行。以实现应用和平台解耦、应用组件间的解耦、业务功能和数据的解耦等。

（5）可扩展原则。私有云架构设计中的 IT 基础设施规划和设计,PaaS 平台层能力设计,数据分布和存储设计,业务组件和功能设计等各个方面都需要考虑到可扩展性。应避免因未来业务的迅猛发展导致前期架构推倒重来的风险。因此在整个架构设计中需要考虑分布式技术的使用,去 IOE 等内容。

（6）最小侵入原则。越标准和理想化的 PaaS 平台往往对上层的业务应用侵入越大,因此在 PaaS 平台构建中应该尽量减少对上层应用的假设和约束,减少由于 PaaS 平台当前技术局限性而对应用开发造成影响。

4.2　平台层架构设计

4.2.1　平台层总体架构设计

结合 Gartner 提出的 PaaS 平台参考架构和企业私有云建设实践,我们总结了私有云 PaaS 平台的功能架构,主要包括了 TPaaS 技术即服务、APaaS 应用即服务、BPaaS 流程即服务、PaaS 管控平台、大数据平台、开发和执行环境等几个方面的内容。平台层总体架构如图 4.1 所示。

1. 中间件即服务

中间件即服务在 APaaS 层,重点是构建企业私有云环境中的中间件资源池,将应用中间件能力以服务的方式暴露给业务应用使用。应用中间件主要包括 WebLogic、WebSphere、

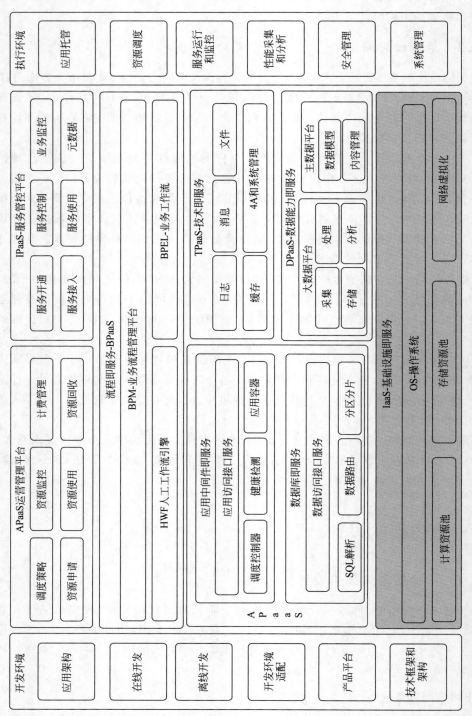

图 4.1 私有云 PaaS 平台层总体架构

JBoss、Tomcat、IIS 等。中间件即服务需要适配各种不同的中间件和应用容器,并实现应用托管和自动部署,资源性能分析,资源动态调度等基本功能。由于 APaaS 层需要调度底层的物理资源或虚拟机资源,因此对于该层重点还要考虑和 IaaS 层的集成和适配。

2. 数据库即服务

数据库即服务在 APaaS 层,其主要是提供对底层数据库的统一封装,提供公共的数据访问接口,提供数据库资源池和数据库水平扩展能力。支持分布式数据库,支持非关系型数据库,支持数据库本身的多租户。

3. 流程即服务

流程即服务是更高层次的服务类型,包括了 BPEL、HWF 和 BPM。流程即服务提供了流程建模、流程设计、流程执行、流程监控、流程分析的端到端流程管理能力。在企业私有云平台建设前期,重点是工作流引擎的平台化和统一。

4. 技术即服务

技术即服务主要提供是各个业务组件所需要的经过抽象后标准的和业务无关的技术能力,包括消息、缓存、日志、文件、通知等。还有一类能力如 4A 平台等,虽然不属于技术服务能力范畴,但也是业务组件构建所需要依赖的基础公共平台,因此也可以作为关键的平台层基础能力。

5. 数据能力即服务

数据能力即服务主要包括了大数据平台和主数据平台,主要作用是为上层业务和应用提供数据服务能力。DPaaS 和通常的 DaaS 有所不同,DaaS 更多的仅仅是数据库资源池的资源能力的统一接口开放,属于 APaaS 平台的一部分,而非数据服务能力。

大数据平台在企业私有云中主要是作为大数据服务提供者,为企业内各类上层分析应用和业务分析人员提供快速、标准和安全的数据资产。大数据平台主要提供数据采集、数据存储、数据处理、数据分析、数据服务、数据应用以及数据管控等各种功能。它可以将经平台加工后的数据、分析应用等通过集中的数据服务能力提供机制,为外部应用提供集约化的数据分析能力。

6. PaaS 运营管理平台

PaaS 运营管理平台可以将其理解为两个方面的内容。APaaS 对应的是资源的运营,包括了资源的申请、使用、回收、调度、监控等。而 IPaaS 对应的是服务的运营,在这里特指 SOA 体系中的服务,具体包括了服务接入、服务使用、服务开通、服务控制和业务监控等。

7. PaaS 开发环境和执行环境

一个业务系统或业务组件最终目标是能够托管和集成到 PaaS 平台上,因此 PaaS 平台对上层应用的开发有相应的技术规范和集成规范的约束。开发环境重点是提供一套标准化的技术开发框架。对于相应的技术规范和标准要求、服务代理适配、UI/UE 组件规范等都内植到开发框架和环境中。业务组件的开发只需要基于标准的开发框架和环境开发相应的业务展现界面、业务规则和逻辑等。开发框架和环境既需要支撑离线开发,也需要支撑在线的开发和配置。

执行环境是将开发完成的部署包托管到 PaaS 平台中间件和数据库容器中进行执行和

管控的环境。执行环境的核心是资源的托管、资源的性能分析和动态调度。这也是 APaaS 平台的中间件资源池在执行态的重要功能体现。

4.2.2 APaaS 平台中间件即服务设计

1. 需求和设计目标

前面已经分析过,企业在建设了 IaaS 虚拟化资源池平台后,往往业务应用仍然和逻辑单位的虚拟机资源严格绑定,无法真正实现 IaaS 层虚拟化资源的最大化利用,也无法灵活应对不同时刻各个业务系统业务并发访问底层 IaaS 虚拟资源的动态分配和调度。

在 IaaS 平台建设完成后,开发厂商对 IT 物理基础设施的关注和管理转变到逻辑的虚拟资源,但是本质仍是资源层能力。而在 PaaS 平台建设完成后将形成中间件和数据库的资源池,中间件和数据库的能力以服务的方式提供给上层应用使用。因此开发厂商的关注点将从对资源的关注转化到对服务能力的关注和使用。

当前公有云 PaaS 平台的建设和运营重点围绕 APaaS 平台展开。可以看到基于 CloudFoundry 等开发的公有云 PaaS 平台基本可以提供对多种主流数据库,多种应用中间件容器以及多种技术服务能力的支持。而在私有云 PaaS 平台建设中,往往会进一步约束和标准化对中间件和数据库的使用。APaaS 平台建设的实际需求重点是由应用托管后带来的后续资源动态调度和水平扩展能力。具体而言,APaaS 平台的设计目标主要包括:

(1) 实现私有云环境下应用托管和自动部署能力;

(2) 实现对 IaaS 平台层资源的动态分配和调度;

(3) 实现对私有云环境下主流的数据库和应用中间件的支持;

(4) 实现对数据库和中间件资源的全生命周期管理;

(5) 实现对数据库和中间件资源的性能分析和预警。

2. 架构设计

参考业界的开源 PaaS 平台架构设计思想,私有云中间件即服务平台的功能架构设计可以简化如图 4.2 所示。

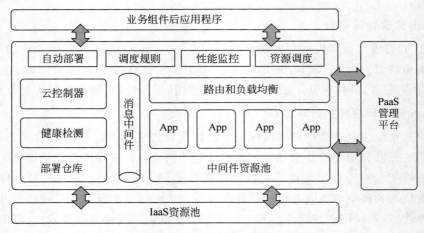

图 4.2　APaaS 平台功能架构

1）自动部署

自动部署是必须实现的功能,有了自动部署才可能真正地让应用部署包和中间件资源池进行彻底解耦和按需调度。要实现自动部署,开发的应用必须符合 PaaS 接入规范标准。一般来说,标准的 JEE 应用都可以进行自动部署,而原有的支持负载均衡和集群扩展的应用都可以实现分布式调度。

对于自动部署过程,一般为上传符合 PaaS 规范的应用部署包,选择中间件容器及计算单元的数量,即可以进行自动部署工作。自动部署一般针对应用服务器层,暂时不涉及数据库层面的考虑。

2）资源调度

资源调度是中间件资源池的另外一个重点,它根据调度策略实现动态的自动化分布式调度,这是 APaaS 平台的核心内容。这里谈的是分布式调度而不是并行计算,分布式和水平扩展是在均衡并发进入的 request 请求,而不是对每个 request 请求进行并行计算的拆分。

动态调度策略可以根据应用的 CPU 和内存的负荷、时间段、应用系统的优先级等多种方式来对计算单元进行动态地创建,动态地分配到应用,动态地将计算单元挂接到路由和负载均衡模块上。调度策略即是一系列的调度规则,需要实现对规则的维护。调度规则包括全局调度规则,也包括应用系统级别的调度规则。

调度决策需要一个偏实时的动态计算过程,而计算的输入则由数据采集模块完成。数据采集模块植入到各个计算单元中,实时地采集各个计算单元的运行数据。调度模块根据"运行数据＋调度规则"进行动态计算并进行调度。

3）路由和负载均衡

这里的路由与负载均衡实现类似于 CloudFoundry 里面的 Router 模块功能。主要是实现一种软集群,对进入的 request 请求进行路由分发。对于 CloudFoundry 的 Router 组件,目前版本是对 nginx 的一个简单封装(HTTP 和反向代理服务器)。Router 组件是外部 request 请求进入的唯一入口。

因此调度决策完成后,需要将新增的计算单元挂接到 Router 组件上,即 Router 组件上能够进行负载均衡和路由分发的节点增加一个。实际上 Router 组件在进行路由分发时仍将按照类似传统的负载均衡方式进行。传统的负载均衡可以支持多种策略,包括数据量均衡策略、request 请求均衡策略,基于 session 层面保存的均衡策略。而单独使用一个 Router 组件实现各种均衡策略不是一件容易的事情。

4）部署仓库

业务应用在部署过程中上传的部署包和配置文件,应该统一在部署仓库进行管理。在后续资源调度时候可以直接从部署仓库配置管理环境获取到需要部署的部署包和配置信息。

5）健康检测

私有云 APaaS 平台需要对通过应用托管部署的每一个计算单元进行健康检测和性能分析。监控检测的目的是保证每个应用计算单元正常运行,而性能数据采集和分析的重点则是需要实时的采集性能数据供云控制器进行规则计算。

6）云控制器

云控制器是实现整个 APaaS 平台资源动态调度的核心,也是实现 APaaS 平台中部署仓库、中间件资源池、健康检测、路由器各个组件高度协同的关键。云控制器对健康检测采集到的性能数据结合调度规则进行实时分析和匹配,以确认释放需要增加或缩减计算单元。当需要新增加计算单元时,可以从中间件资源池获取到可用资源信息,从部署仓库获取到待部署程序包进行自动部署,并将部署完成的应用单元挂接到路由器或负载均衡设备上。

3. 架构约束

私有云 APaaS 平台建设带来的一个重大变化是原有的应用服务器和应用中间件不再受开发厂商管控和配置,而是纳入到统一的 PaaS 平台管控范畴。那么原来业务应用在应用中间件层进行的各种个性化操作都需要抽取出来,具体如下。

(1) 业务组件的开发需要遵循统一的 PaaS 平台接入和配置规范,特别是对于传统中间件层实现的消息、缓存、日志等功能都需要迁移到 PaaS 平台,实现技术服务能力的提供。

(2) 私有云 APaaS 平台的建设需要依赖于企业内部的 IaaS 虚拟化资源池和管控能力,否则 APaaS 平台需要大量的和底层资源池进行适配。

(3) 在企业私有云环境下,对于负载均衡等往往通过物理的硬件设备来实现,因此需要考虑 APaaS 平台在进行资源调度时和物理负载均衡设备间的协同。

(4) 由于在数据库即服务中增加了独立的 DaaS 服务层,因此在对数据库包的部署和托管过程中,需要考虑和 DaaS 服务层的适配。在公有云 PaaS 环境下往往不存在该问题。

4.2.3 APaaS 平台数据库即服务设计

1. 需求和设计目标

DaaS 数据库即服务是一种 IT 架构与运行模式,它能够使得服务提供者把数据库的能力以服务的形式提供给一个或多个服务消费者。数据库即服务包括如下关键能力:

(1) 多租户共享能力;

(2) 数据库实例的按需提供与动态管理能力;

(3) 数据库服务的 QoS/SLA 指标自动监控与动态资源调配能力。

在私有云 PaaS 平台建设过程中,中间件资源池包括了应用中间件资源池,也包括了数据库资源池。DaaS 层的核心是真正实现了对底层各种异构的数据库资源的访问透明,同时通过管理平台实现数据库资源的灵活调度和动态管理。

在去 IOE 的核心思想指导下,往往采用开源数据库解决方案的单点能力很难真正满足海量数据存储和业务高并发数据访问的需求。因此,需要对数据库进行水平和垂直拆分,读写分离等形成多个分片后的数据库处理和存储节点。而对于这种物理层面的数据库拆分,上层应用往往并不关心,上层应用所希望访问的是一个集中的逻辑数据库。DaaS 服务层的出现也刚好解决这个问题,提供给业务组件底层数据库资源的统一访问和管理能力。

在 DaaS 数据库即服务层的设计过程中,需要考虑如下设计目标的实现:

(1) 对数据库高并发读写的需求。需要满足支撑百 TB 甚至更大规模的海量数据存储需求,同时在海量数据存储下需要能够实现数据库的高并发读写。具体需要达到的 TPS 性能指标需要根据企业实际业务规模和场景进行业务模型测算和评估。

(2) 对数据库的高可扩展性和高可用性的需。当一个应用系统的用户量和访问量与日俱增时,能够通过添加更多的硬件和服务节点来快速扩展性能和负载能力;在高可用性方面,需要能够完全避免数据库服务器或存储损坏的单点故障。

2. 架构设计

对于 DaaS 服务层的设计,当前没有统一的标准。通过私有云建设实践可以看到多租户管理、SQL 解析、路由、集群和负载均衡仍然是一个 DaaS 平台需要具备的基本功能。一个具体的多租户 DaaS 平台架构可以参考图 4.3。

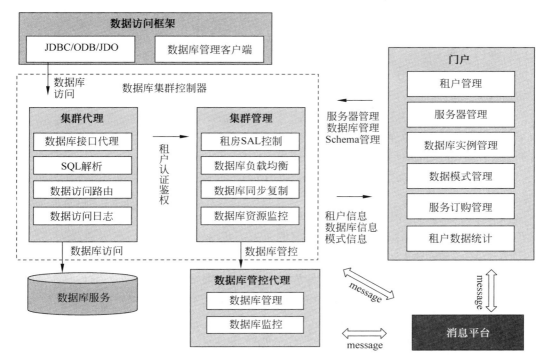

图 4.3　DaaS 平台功能架构

（1）**数据库接口代理**:实现统一的数据访问接口代理,业务组件或模块通过接口代理来访问底层的数据库服务。在接口代理的实现过程中需要考虑数据库连接池的管理及数据库负载均衡等相关内容。

（2）**SQL 解析**:SQL 负责解析客户请求的 SQL 语法,需解析出语句的读写特性,并根据语句特性进一步解析其中的 schema、表、字段、条件等信息。例如,新增语句需解析出所插入字段的字段名和值;查询、修改、删除语句需解析出 Where 条件中包含了哪些条件表达式。

（3）**数据路由**:负责根据语法解析的结果,在规则池中查找与之相关的规则。找到后将解析结果代入规则中进行运算,得到语句需要转发的具体物理数据库节点。而对于规则池则主要包括语句的读写规则、水平拆分的分片规则及数据对象的访问规则等。

（4）**多租户管理**:实现数据库实例和数据库 Schema 两个级别的多租户共享和管理功能。数据库层共享以数据库为基本的划分单元,即为每一个租户创建/分配一个数据库实例、共享存储和服务器。Schema 层共享以 User/Schema 为基本的划分单元,即数据库实例已经创建,在此基础上为每一个租户创建一个 Schema,多租户之间共享存储、服务器、操作系统服务和数据库实例。

5）数据库：管控代理为实现对整个数据库资源池的集中管控和性能监控,需要对每一个数据库物理节点放置数据库管控代理。管控代理一方面实现对物理数据库节点的统一操作入口,另一方面实现对资源的实时监控和性能数据采集。

6）数据库服务管控：提供对服务集群中的不同数据库服务节点进行节点的添加、删除、启动、停止等功能。完成服务集群的伸缩,完成节点信息的采集以及针对节点进行手动操作的日志记录,完成和节点代理服务进行交互的工作,完成和监控系统进行交互,完成服务的管理和监控功能。

3. 架构约束

在数据持久层引入分布式数据库架构,主要是为了解决海量数据下关系型数据库的读写性能问题,但同时也会因其分布式的架构而带来很多问题。具体约束主要包括：

（1）不支持跨库的关联查询,跨库的排序和聚合等操作。

（2）虽然在同一个逻辑库可以实现分布式事务管理,但是采用分布式事务后会带来严重的性能下降,在实际使用中应尽量减少使用。

（3）为了保证全局数据的唯一性,需要调用 DaaS 的服务接口来实现全局序列号的统一生成和管理。

（4）在读/写分离集群使用中,虽然读节点的增加可以提升整个数据库集群的访问性能,但是随着读节点的增加会导致数据库复制延迟的提升。

（5）业务应用在进行水平切分设计的时候,需要尽量考虑 80% 甚至更多的业务操作场景能够在同一个物理分片完成,以减少跨库操作带来的性能消耗和数据一致性等问题。对于需要大量依赖存储过程以及函数运算的场景更不适合进行切分。

4.2.4 DPaaS 平台大数据设计

1. 总体架构设计

1）平台架构设计

大数据平台是属于企业私有云中平台层中的一个重要部分。大数据平台借助企业私有云的资源优势,承担企业综合信息服务提供者的角色,提供跨域数据整合,形成统一的数据汇聚中心（统一模型、统一标准）,支持跨域的分析与应用,并规范数据交换标准,对外提供统一的数据服务能力,提升数据时效性,实现一体化运营和共享服务。

平台建设应充分吸收业界先进开源主流系统架构、处理技术及应用经验,采用分层、分布式、数据与应用解耦的开放共享技术架构,保证大数据平台的低成本、高效能、易用安全且弹性可拓展,为业务分析人员提供快速、标准和安全的数据资产。根据大数据处理的全生命周期,从架构角度看,大数据平台架构主要包括数据采集、数据存储、数据分析、数据可视以及大数据管控等几个方面。平台总体架构如图 4.4 所示。

2）平台功能设计

从平台功能角度看,大数据平台的主要功能包括数据采集、数据存储、数据处理、数据分析、数据服务、应用服务以及大数据管控等,如图 4.5 所示。

（1）数据采集层建立统一的采集适配层,满足关系数据库、日志和文件等多源异构数据的采集适配,采用任务驱动的采集机制,通过全量/增量、联机/脱机、实时/定时/周期性等多

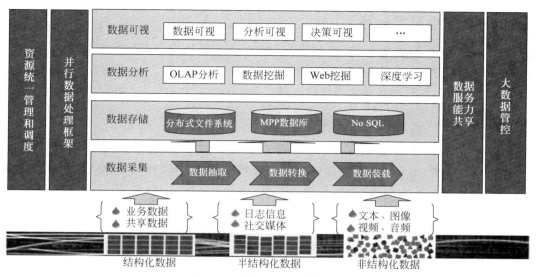

图 4.4　大数据平台总体架构

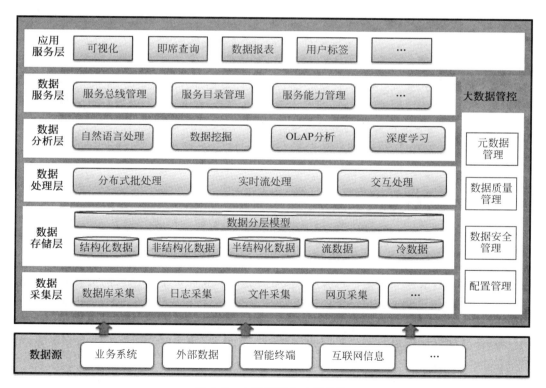

图 4.5　大数据平台功能架构

种采集方式,实现海量数据的标准化获取。

(2)数据存储层改变目前以结构化为主的单一存储方案,提供支持 SMP、MPP、Hadoop 等多种架构并存的混合存储架构。通过对原始数据的加工,根据数据汇聚粒度的不同和应用差异,形成不同的数据层次,以满足不同的业务应用场景。

（3）数据处理层。为了满足海量数据处理以及响应时效高的要求，数据处理层需要具备分布式批处理、实时流处理等处理架构。在分布式批处理层面，主要以 Hadoop 为技术手段，实现对海量数据的分布式并行化处理。在实时流处理方面，需要满足数据连续注入和连续分析，实时对流数据进行分布式并行分析计算。

（4）数据分析层对经过存储和处理后的数据进行分析，是整个大数据处理过程的核心环节，主要包括自然语言处理、数据挖掘和数据统计分析等。除传统的挖掘手段外，数据挖掘处理也要融合大规模机器学习等主流热点技术。

（5）数据服务层通过数据封装和开放的 API 对上层提供数据服务，内容包含简单加工后产生的数据服务，也包含通过数据复杂加工提炼后的信息知识类数据服务。该功能将屏蔽底层针对各类数据服务需求的数据处理过程，将加工后的数据和应用等通过集中的数据服务对外提供。大数据平台的数据服务能力主要由私有云 PaaS 服务层的能力实现。

（6）应用服务层。根据业务应用需求提供数据可视化分析、数据报表和即席查询等。应用服务层通常为以业务需求驱动的数据展现，在企业私有云 PaaS 平台主要提供基础的大数据服务能力。

（7）大数据管控。主要提供整个平台数据质量、数据安全及元数据的管理功能，实现数据全生命周期管理，提升企业数据标准、数据质量、数据安全和元数据管理等基础数据管控能力。

2．采集处理机制

数据采集是大数据平台的核心环节，通过建立统一的采集适配层和采集机制，满足关系数据库、日志及文件等多源异构数据的采集适配，实现海量数据的标准化获取。数据采集要求所采用的方式对现有系统影响最小。当前，数据采集领域已渐渐形成了 Sqoop、Flume、Kafka 等一系列开源技术和工具，兼顾离线和实时数据的采集和传输，企业私有云平台建设时可以根据实际需要进行开源技术的选用。针对大数据的采集需求，数据采集处理机制主要包含如下内容。

1）采集与调度机制设计

数据采集的一般过程为数据抽取、数据转换、数据装载。数据抽取就是从不同的网络、不同的数据库及数据格式、不同的应用中抽取数据。数据抽取必须满足大数据平台数据分析的需要，抽取方式一般有全量抽取和增量抽取。在数据抽取过程中或者完成后进行数据转换，在此环节中，根据大数据平台分层模型的要求，从业务系统中抽取的数据进行数据的转换、清洗、拆分、汇总等处理，保证数据按要求装入目标数据库中。数据转换时需要支持分布式并行处理方式，以提升处理效率。采集的最后阶段为数据装载，把经过转换和清洗的数据加载到存储架构体系中。对于不同的数据的装载需求，如数据量和数据加载频率等，可采用不同的数据装载技术。

在整个采集的各个处理环节中，采集调度是串联各个环节的中枢，特别在多节点大规模的采集场景下起着重要作用。基于多年的项目实践经验，总结提炼了面向大数据场景下的采集与调度管控机制。

面向大数据应用场景，大数据平台将致力于提升多源异构环境下数据采集与调度的集约化效能，建立统一的采集适配层，满足多源异构数据的采集适配，提供从多源异构接口适配到分布式并行数据采集以及采集过程的统一任务调度管控，最终实现业务数据入库存储等一系列操作过程。大数据采集与调度管控功能架构如图 4.6 所示。

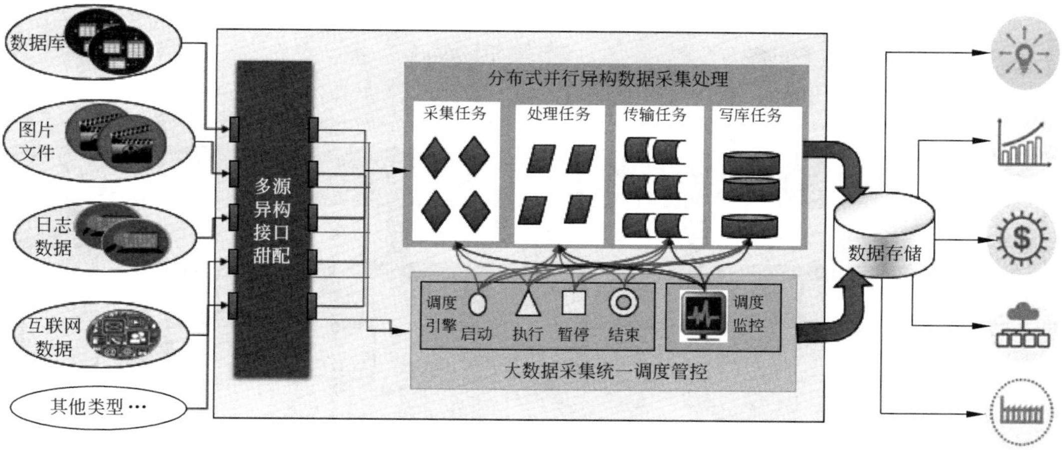

图 4.6　大数据采集与调度管控功能架构

大数据采集根据所适配的接口,进行相关连接配置,建立采集任务(如抽取任务、转换任务、装载任务等),根据数据源分布情况以及采集任务属性,匹配相应的采集部署架构。

大数据调度根据采集任务作业流的依赖关系,建立起对各个任务的调度控制,以统一的调度引擎,合理分配底层计算资源(如 CPU、GPU 资源),实现对整个数据作业流的统一调度。通过心跳连接的方式实时监听各个任务处理终端节点的状态,动态调度各种资源,实现各个处理步骤能有序可控地执行。整个数据作业过程要求以可视化的交互方式,提供对数据作业的规划、设计、运行、监控、归档等全生命周期管理。

2)适配架构设计

大数据平台层需要建立一种数据同步的接口适配框架,它可以将多源异构系统原本网状的数据同步方式变成星形数据同步方式,当需要接入一个新的数据源的时候,只需要将此数据源对接到本接口层,便能跟已有的数据源做到无缝数据同步。同步框架需要满足异构数据源的灵活扩展,即增加新类型数据源时只需要扩展适配层功能,从而确保整个架构体系的稳定。

数据采集的适配框架以"插件式开发"为主要设计模式,架构内部通过缓冲队列、线程池封装、数据读写线程分离等核心技术,将数据源读取和对目标端的写入抽象成为读/写插件,由适配层承载数据传输通道,形成统一的数据同步框架。基于框架提供的插件接口,可以十分便捷地进行扩充,如图 4.7 所示。

3)数据采集功能设计

综合以上分析,大数据采集的主要功能包括采集适配器、采集引擎、采集监控、配置管理及采集管控等几个部分,如图 4.8 所示。

(1)采集适配器:采集进程通过适配层以插件方式实现对外部系统多种数据文件的采集,满足数据库、日志、文件等多源异构数据的采集适配。

(2)采集引擎:实现采集过程的数据传输、数据转换、各种数据事务校验以及断点续采/重采。支持多线程的并行化采集。采集过程能捕获数据变化,支持基于时间戳、标记、事件等的增量数据抽取。支持在采集过程中根据数据规模及当前系统负载等信息,自动调整

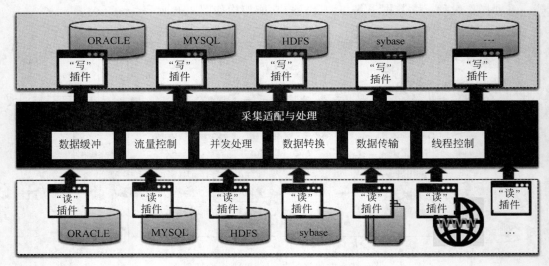

图 4.7　多源异构接口适配功能架构

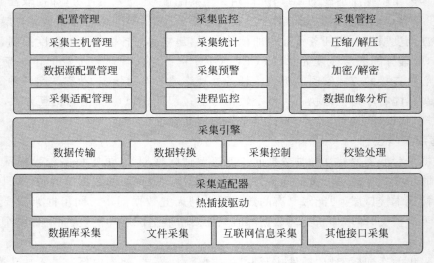

图 4.8　数据采集功能框架

控制采集并发度,控制采集负载。

(3)采集监控:对各采集点进行监控,包括各采集进程的情况,采集文件的大小,事务校验处理结果等信息。支持对采集过程异常情况的实时预警。

(4)配置管理:提供对源系统数据采集灵活的配置能力,提高数据整合的效率。主要包括采集主机管理、数据源配置管理、采集适配器管理等。

(5)采集管控:支撑采集过程的管控,包括如文件压缩/解压、数据加密/解密、数据血缘分析等功能。

3. 采集调度设计

从整个数据采集的作业流程看,我们定义"任务"是调度的基本配置单位,它包括所执行的数据处理环节,如数据抽取任务、数据转换任务、数据装载任务和数据清洗任务等。

面向大数据采集的调度是通过调度引擎以调度"任务"为驱动的,任务调度是系统的核心模块,负责整个平台任务的调度运行。大数据平台需要提供分布式任务调度框架,支持大容量数据的整合、迁移和同步,要求具有良好的调度性能。任务调度需要提供串行、并行、依赖、互斥、定时、手工触发、事件触发、优先级动态决策、断点续调及负载均衡等多种核心调度功能,实现数据作业流的灵活调度。

1)调度设计思路

对于整个任务调度过程,要求具备全面专业的作业调度策略,保证各个处理步骤的有序可控执行,并满足如下关键要求。

(1)具备完整的数据作业管理体系,提供对作业的规划、设计、运行、监控及归档等全生命周期管理。

(2)实现统一调度监控,全面实时地采集调度设施和调度作业的运行情况,整体把握系统运行健康度。

(3)实现快速的调度任务部署,支持灵活的流程配置与扩展,提升工作效率。

(4)支持对每一任务节点的联动分析。从一个任务即可了解到与调度任务相关的任何信息,包括运行环节、处理效率和工作日志等情况。

2)调度功能设计

采集调度的主要功能架构如图4.9所示,由服务端和代理端组成。采集调度主要提供以下服务。

(1)模板管理:提供一整套高度复用的调度模板功能,包括模板作业流定义、更新、同步和复制。支持对任务模板生成新的任务运行实例。

(2)任务管理:提供图形化设计器,以拓扑图的方式完成任务的新建,设计调度流程,执行调度任务。

(3)调度管理:提供串行、并行、依赖、互斥、条件分支、定时、手工触发、事件触发、优先级动态决策、断点续调及负载均衡等多种核心调度功能,实现作业流的灵活调度。

(4)监控管理:提供调度拓扑图监控与预警功能,即通过拓扑图的方式查看正在执行的任务以及任务的详细信息,当系统出现异常情况时以日志方式告警;提供主机预警功能,可展示预警信息,包括处理器使用率、内存使用率、磁盘使用率和磁盘读写速率等内容。当预警信息出现时,支持对作业流进行干预,包括作业流的重新启动、作业流中断及作业流重做等。提供对任务代理端进行监控,包括运行状况、处理器复负载情况及部署路径等。

(5)代理服务:提供任务代理服务机制,执行由调度系统主程序触发的任何可执行命令。同时提供心跳连接、任务处理、状态上报、主机资源采集等功能,结合作业处理需要和负载情况,动态调度代理资源。

3)调度策略设计

大数据采集调度是以调度引擎为驱动,调度策略的设计对整个采集运行起着至关重要的作用。

大数据采集任务按照调度流程进行,支持多种调度控制策略,主要包括以下内容。

(1)串行调度:即依赖调度,如果a任务依赖b任务,那么a任务必须让b任务执行成功后才可以执行。

(2)并行调度:即并行任务之间可以同时执行。

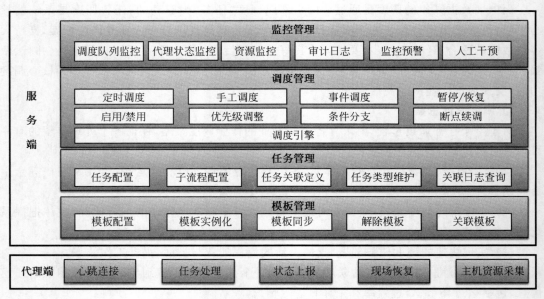

图 4.9 数据采集与调度管控平台功能架构

（3）条件调度：根据某个判断，决定执行哪个调度流程分支。

（4）互斥调度：即两个任务不可以同时执行，a 任务与 b 任务互斥，a 任务执行时 b 任务不能执行，反之亦然。

（5）支持对调度任务优先级设置。

（6）支持暂停或者停止正在执行的任务，以及恢复执行暂停的任务。

（7）支持手工调度指定任务；支持对异常任务的强制处理，如结束相关进程、回滚相关数据等。

调度触发策略设计主要包括以下内容。

（1）定时调度：即按照设定的时间执行调度任务，任务按日、按周、按月或设定的时间间隔执行。

（2）事件调度：支持对如数据库标志位驱动、本地（远程）文件标志位驱动等的调度。

（3）手工调度：支持该任务每次都由维护人员手工调度执行，不进行周期性自动调度。

调度可靠性策略设计主要包括以下内容。

（1）容错调度策略：包括两种处理机制，一是自动在一定时间间隔后任务重新调度，若当达到用户定义的最大重复次数时任务都未成功，则表示所有依赖该任务的相关任务都不能处理；二是可以根据用户定义，选择在任务出错时忽略错误，流程继续往下执行。

（2）断点重调：指调度任务作业流因任务失败被迫中断时，经过人工处理后，流程会自动从中断的地方继续往下执行。可以通过调度代理端实时获取执行主机的状态，记录执行状态，当任务重启后，便从断点开始重新执行。

（3）负载均衡调度：根据业务生产实际情况，可能同时有成千上万的调度任务执行，任务数目庞大，需要提供负载均衡调度功能，负载均衡指任务通过代理集群部署，调度引擎将任务分派到集群内相对空闲的主机，避免在一台主机上同时并行执行多个任务而造成主机负载过重，达到负载均衡处理的目的。

4. 数据存储策略

随着企业数据规模迅速增长,现有单节点或者共享磁盘架构已不能适应海量数据的存储。此外,数据结构复杂多样,现有的基于结构化数据为主体的存储方案也不能兼容无模式的非结构化数据。因此,企业在构建大数据平台时,应根据企业的数据特征,采取相应的存储架构建立高效的数据存储体系。

当前主流的存储架构包括 SMP、MPP、Hadoop 等,存储介质则包括小型机、PC 服务器、X86 平台及一体机等。大数据平台的数据存储建议采用传统关系型数据库与云计算分布式并行处理架构的混合,针对不同类型数据管理的实际需求,制定相应的数据存储策略。

(1)企业业务系统数据,如客户资料、产品信息等,此类数据一般为操作型数据,价值密度高,以结构化数据为主,对事务一致性要求高,建议采取如 SMP 架构存储,使用主流关系型数据库(如 MySQL、Oracle)等进行业务数据存储。

(2)海量结构化数据,如通信流量话单,或经结构化后的客户行为数据等,此类数据一般用于数据统计分析,价值密度较高,数据量大,建议采取如 MPP、Hadoop 等存储架构,采用 shared-nothing 的分布式并行数据库系统存储,通过 X86 服务器集群提供分布式计算基础设施环境。

(3)非结构化海量数据,如互联网信息、系统日志等,此类数据的数据量大,价值密度较低,建议采取 Hadoop 数据存储架构。

(4)实时流数据,如信令、微博等,一般为非/半结构化海量数据,价值密度低,建议采取主流的流式处理存储架构或 Hadoop 数据存储架构进行处理。

(5)归档场景下的数据,如影像数据、历史图片数据等,基本为非结构化数据,且数据量大,价值密度低,一般称为冷数据,建议采用分布式文件系统进行存储。

在不同的存储介质中,可通过 DaaS 平台构建分布式数据库系统和分布式文件系统之间的连接器,使得非结构化数据在处理成结构化信息后,能快速与分布式数据库中的关系型数据融通,保证大数据分析的敏捷性。

5. 分层模型设计

大数据平台需要整合企业内部各业务系统的核心数据,同时也会采集传统数据平台无法处理的移动互联网信息、日志文件等数据。因为大数据平台所要支撑的应用需求多样,数据汇总的颗粒度也存在较大差异,可以通过设计数据分层模型满足不同的应用分析需求。

大数据平台数据分层模型设计,需要保证模型的稳定性和对业务支持的灵活性。此外,数据分层模型中的实体应该继承自数据架构定义的数据实体,在不影响理解的前提下,尽量不提出新的概念。

根据大数据平台的处理要求,数据分层模型框架可以分为接口层、基础模型层、宽表层和汇总层,如图 4.10 所示。

(1)接口层存储从各个源系统采集的数据,数据粒度与源系统提供的粒度基本保持一致,数据模型基本与源系统的数据模型一致。在此情况下,接口层存储的明细数据量较大,可根据数据特点和应用需要,设置不同的缓存周期以减轻存储压力。接口层与外系统保持实时/准实时数据同步,并尽可能地提高数据实时性。

(2)基础模型层是经过数据清洗、转换、整合后的运营数据,按照业务主题域做了一定

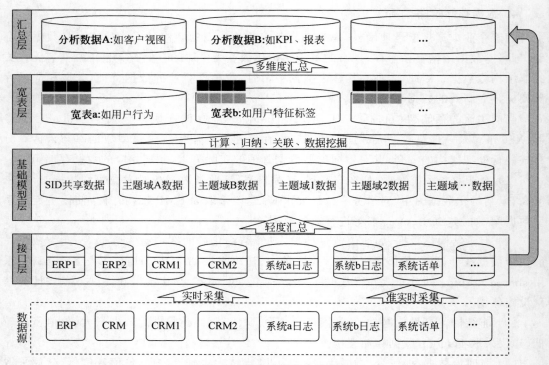

图 4.10　数据模型分层设计

程度的汇总,是大数据平台的核心数据层。其数据模型遵循企业数据架构所定义的数据模型,按数据主题域体系组织和划分。本层数据已具有一定的主题性和业务性,可以承担企业私有云平台中 SID 共享数据库的作用,给上层业务应用提供准实时的数据能力服务。

(3)宽表层基于基础模型层做进一步的数据汇总,提供面向各个应用主题分析挖掘或多维分析的模型数据。例如在客户标签化的应用中,通过汇聚客户基础信息、客户消费、行为偏好、渠道和接触等数据形成数据模型,然后运用计算、归纳及关联等方式,给每个客户从不同角度标注特征标签,形成清单汇总信息,供上层应用使用。

(4)汇总层主要基于宽表模型数据或者基础模型数据,以应用为导向所形成的多级汇总数据,也可形成专门的集市数据。它是最为贴近企业经营分析的应用需求,一般涵盖客户、产品和渠道等多种视图,能够为企业经营分析人员提供多维度多层次的主题分析、趋势分析等数据能力。汇总层数据将成为大数据平台积淀的宝贵知识,能为企业生产经营提供强大的数据保障。

5. 数据处理架构

大数据应用依赖于各种平台和技术,以应对可扩展的数据处理和分析的挑战。

1)主流大数据处理框架

大数据处理框架一般可以分为批处理、流计算和交互分析三种类型。

(1)批处理。谷歌公司在 2004 年公开的 MapReduce 分布式并行计算技术,是新型分布式计算技术的代表。之后出现的开源实现 Apache Hadoop MapReduce 是谷歌 MapReduce 的开源实现,目前已是应用最广泛的大数据计算平台。MapReduce 处理架构能支持对大数据应用分析所需的基础数据进行分布式并行化处理,满足快速查询、精确分析的数据要求。具备数据运算处理节点灵活加入和退出、处理节点状态自动感知、任务故障检测和自动恢复及计算任务灵活调度等能力。但 MapReduce 批处理也存在局限性,最大的问题是时延过大,难以适用于对实时性较高的计算任务,也不适合针对大规模图计算等快速运算场景。业界在 MapReduce 基础上,提出了如流计算、交互分析等不同的并行计算技术框架。

(2) 流计算框架支持数据连续注入、连续分析,在互联网行业中有较多的应用场景。Yahoo 公司提出的 S4 系统、Twitter 公司的 Storm 系统等是当前主流的实时流计算框架。流计算通过实时方式进行分布式并行计算,处理效率达到毫秒级,它能以极高性能处理结构化和非结构化动态数据流(如关系、文本、图片、视频等)。此外,流计算支持事件驱动,可以捕获实时事件触发相应的处理流程。它具备高速数据传输、极低延迟、极高速率等特性,可以满足如实时搜索、高频率交易、社交网络、风控等实时性要求较高的应用场景。

(3) 在交互分析方面,谷歌 2010 年公布的 Dremel 系统,是一种交互分析(Interactive Analysis)数据分析系统,Dremel 系统具备大规模集群、强大的交互查询能力、数据列式存储等特点。它可以组建成规模上千的集群,几秒钟就可完成 PB 级数据查询操作。

2) 核心技术趋势

经过十多年的发展,大数据处理分析框架体系不断完善,主要包括如下几个方面。

(1) Spark 并行计算框架。Spark 是一种基于内存的、快速的集群计算技术,它基于 Hadoop 进行扩展,提供了一套底层计算引擎来支持批量、SQL 分析、机器学习、流式计算和图处理等多种能力,给大数据分析在性能上带来大幅提升,如今 Spark 已逐步替代 MapReduce 成为了大数据生态的计算框架。

(2) SQL 支持。SQL on Hadoop 的解决方案,类似如 Hive、HAWQ、Impala、Spark SQL 等技术使得大数据查询手段不断往标准 SQL 语法和性能靠拢,使得数据查询和分析更为便捷。

(3) 深度学习支持。深度学习源于人工神经网络的研究,它通过组合低层特征形成更加抽象的高层表示属性类别或特征,以发现数据的分布式特征表示。而代表数据流编程数学系统的 Tensorflow 已被广泛应用于各类深度学习算法的编程实现,也逐渐和大数据计算平台不断融合,TensorFlow on Spark 等解决方案的出现实现了 TensorFlow 与 Spark 的无缝连接,更好地解决了两者数据传递的问题。

(4) 硬件支持。大数据技术体本质是数据管理系统的一种,受到底层硬件和上层应用的影响。当前硬件芯片的发展从 CPU 的单核到多核演变转化为向 GPU、FPGA 及 ASIC 等多种类型芯片共存演变。特别是近年 GPU 在大数据领域应用越来越广泛,基于 GPU 的编程模型,结合通用的并行算法设计过程,可以实现 CPU/GPU 协同并行处理模型,该模型充分考虑异构系统中处理单元的计算能力,核心思路是减小系统负载不均,提高 CPU/GPU 硬件资源并行计算能力,所有计算资源尽可能在同一时间完成执行,可以应用在如海量图片处理、数据加密/解密等计算密集型场景当中。CPU/GPU 协同并行处理模型设计的核心步骤包括算法并行化分析、任务划分、并行粒度划分、GPU 任务映射、负载均衡和程序优化等。

企业私有云建设中可根据自身业务场景需要选用不同的软件平台系统或技术处理手段,并以此构建企业所需的大数据分析应用。

6. 数据分析技术

大数据分析是对海量数据进行统计性的搜索、对比、聚类和分类的分析归纳过程。大数据分析比较关注数据的相关性(或称关联性),注重分析多个变量取值之间存在的某种规律或相互关系。

大数据分析技术,一般分为联机分析处理(Online Analytical Processing,OLAP)和数据挖掘两大类,支持多维统计、搜索推荐、专题分析及标签分析等多种分析手段。OLAP分析技术在传统的 BI 平台已应用得较为成熟,一般是在多维数据集上进行交互式的数据查询。数据挖掘技术主要是对海量数据进行处理,从中归纳出隐藏在数据中的模式或规律辅助决策,传统的数据挖掘算法主要有聚类、分类和回归等方法,这些标准的挖掘算法已基本融合到主流的大数据分析框架中。

海量数据使得计算速度难以保证,数据结构变化导致计算模式转变。传统的 OLAP 分析技术或数据挖掘技术,都难以应付大数据的挑战,主要体现在处理 TB 级以上数据的执行效率较低,也难以应对非结构化数据的分析处理。所以,为了更好支撑上层的数据分析需求,企业私有云平台中大数据分析能力构建需要重点关注以下几个方面的技术。

(1) 数据分析层的构建需要具备分布式并行的大规模计算能力,支持包括聚类、分类、关联规则挖掘和推荐等数据挖掘算法。

(2) 支持海量结构化和半结构化数据的高效率的深度分析;支持多种数据类型混合环境下的数据分析处理;支持隐性知识挖掘,如从自然语言构成的文本网页中理解和识别语义、情感、意图等。

(3) 支持非结构化数据分析能力,将海量、多源异构的语音、图像和视频数据转化为机器可识别的、具有明确语义的信息,便于提取有用知识。

(4) 提供数据分析模型管理和分析应用创建功能,实现对各种数据分析能力进行良好的技术封装,形成数据分析组件,在企业私有云平台体系中为上层应用提供数据分析服务。

7. 数据集成关系

在企业信息化建设过程中,往往已经建设有传统的数据分析系统(如数据仓库系统),这些系统已经积淀了一定的数据资产。在进行企业私有云平台规划时,应充分整合已有的系统资源,将他们纳入到整体的规划范畴。按照我们的实践经验,一般会采取大数据平台与传统数据分析系统融合混搭的建设模式。在两者之间,我们将建立双向的数据流,一个方向是负责将大数据平台处理和规范化过的结果数据同步到传统数据分析系统。另一个方向是传统数据分析系统将不同粒度、维度的汇总数据传输到大数据平台,为后续海量数据的跨域融合分析提供支持。两者协同配合,共同承载大数据存储和处理任务,如图 4.11 所示。

从图 4.11 中可以看到,企业数据源大致可以分为两大类:一是来自 ERP、OA 和 CRM 等业务系统的结构化数据,二是来自互联网、日志和文件等海量的非结构化或半结构化数据。

来自业务系统的结构化数据相对规整,不需要进行复杂的处理操作便可以直接进入数据分析系统,根据自身业务应用需要在数据分析系统上建立适合各类专题应用的数据集市,通过 OLAP 分析、即席查询和数据挖掘等多种形式实现数据可视化操作。对于没有建设数据分析系统或者原有系统建设比较薄弱的情况,则这部分数据可以直接进入大数据平台进行存储处理,由大数据平台承担企业内部结构化数据存储和分析任务。

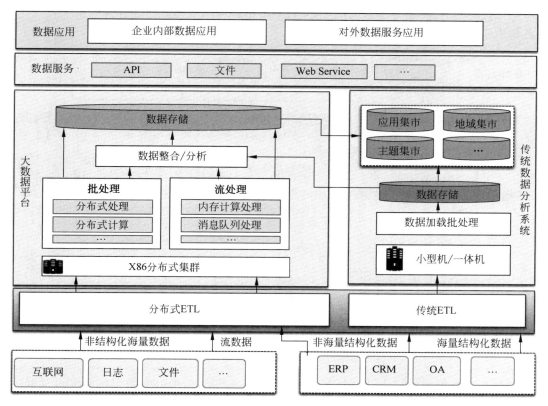

图 4.11 大数据与传统数据分析系统的集成关系

对于互联网、日志、文件等非结构化或半结构化的海量数据,则需要装载到大数据平台进行处理。在处理过程中,可以从数据分析系统载入如客户信息、工单数据等业务数据,与大数据平台相应的分层数据进行整合,使得分散在不同存储节点上的数据得以关联,从而得到更为完整的业务视图。

在此种集成架构中,一方面可以直接向上提供清单级数据服务,满足大量实时性较强的自助分析需求或者是 SID 共享数据需求;另一方面支撑结构化和非结构化数据进行深度的数据融合和数据挖掘。此外,大数据平台应借助 IPaaS 服务层能力实现对数据服务的标准化封装,包括 API 调用、数据库访问、文件、应用系统等接口服务,实现能力的接入和共享。

从平台演进的角度来看,传统数据分析系统应从整体上逐步融合到大数据平台体系中,由大数据平台承担企业信息服务提供者的角色,满足企业私有云对各平台服务管控的要求。

8. 数据服务共享

鉴于大数据所蕴藏的巨大业务价值,大数据平台应具备数据服务共享的机制,能屏蔽底层针对各类数据服务需求的数据处理过程,将加工后的数据和应用等通过集中的数据服务提供功能,为外部用户提供数据服务能力,满足各业务部门及上层各应用的数据使用需求,简化数据共享逻辑,集约化数据分析能力。

数据服务能力提供主要基于私有云平台的数据服务总线实现,提供服务总线的标准化适配,服务目录管理,各种消息和开放 API 能力接入,数据服务申请和开通等核心功能。技术层面上应满足异步、消息实时响应、发布订阅、并行处理、松耦合等核心技术需求。大数据服务集成架构如图 4.12 所示。

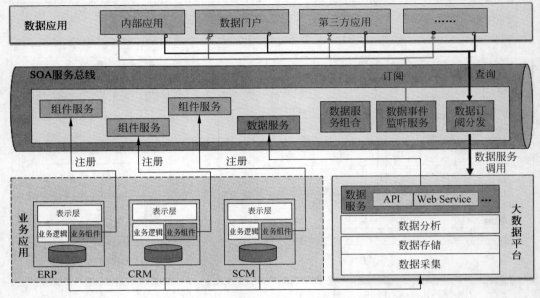

图 4.12 大数据服务集成架构

具体到服务能力的接入，需要适配标准的 WebService 服务、DB 数据库和 MQ 消息等。同时根据数据应用的需求，对大数据环境下的数据分析层进行进一步的封装接入，如对 Hive SQL 数据查询服务能力进行封装和接入，各类数据挖掘分析能力服务等都应纳入到数据服务总线进行统一管理。

9．大数据管控

1）数据质量管理

数据质量是数据应用的基础，因此，数据质量是大数据管控的重点。鉴于企业业务不断发展变化，大数据平台源头的各业务系统的数据模型也存在优化和发展，因此数据质量是一个持续改进、反复迭代、螺旋上升的过程，是一个"发现问题→分析问题→执行改进→监测效果"的闭环处理过程。大数据管控架构如图 4.13 所示。

通过数据管控：①可以对质量问题评估，从数据的完整性、规范性、一致性、准确性、唯一性及关联性等维度探查数据的内容和结构的异常，明确数据错误和问题，例如业务数据的不一致和冗余等；②建立数据质量指标，参考业界最佳实践，根据企业数据质量实际情况，建立数据质量指标体系，使得数据质量情况得到量化，明确指标计算规则和业务逻辑，确定需要达到的目标；③固化数据质量规则，明确了数据质量指标以及业务规则后，将规则构建到数据的集成过程中，采用适用的技术手段实现数据处理，确保数据在集成的过程中遵守这些业务规则；④质检查与持续改进量，借助技术手段进行数据质量检查，标准化企业数据，清洗不良数据，达到企业所设定的数据质量目标；⑤监测数据质量，这是一个往复循环不断改进的过程，通过数据质量指标反映结果，掌握数据质量变化趋势，不断提升数据质量。

在大数据平台中，数据质量管控的关键功能设计主要包括如下内容。

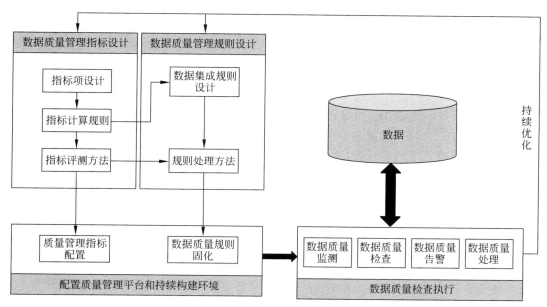

图 4.13 数据质量管理

（1）质量管理指标配置。设置质量管控指标，通过定义监控指标，实现对数据的稽核。主要功能包括：①指标信息配置，即质量指标的属性信息配置，指标属性包括数据完备性、完整性、一致性、唯一性及准确性等方面；②指标阈值设置，根据数据质量管控要求设定指标阈值，阈值可以是数值，也可以是百分比，视指标的计算方式而定；③指标告警设置，可设置触发方式、告警方式和告警内容；④指标运行设置，将数据质量指标关联到检查任务中，通过任务运行，自动针对指标的计算方式进行计算。

（2）数据质量检查有两个非常关键的阶段，一个是数据采集和整合阶段，另一个是日常进行的数据检查和稽核。数据质量检查主要是通过比对发现具有相同业务含义的数据属性值或汇总结果是否在各系统中都保持一致，主要处理步骤如下：①定义数据检查规则，包括单表属性检查、单表跨行重复检查、多表关联依赖检查和多表一致性检等；②定义检查任务和检查单；③将检查单配置为一种计划调度，自动定期按时执行；④查看数据检查报表，对于异常数据进行手工处理或自动化处理。

（3）数据质量告警。当预定义的数据质量指标超过阈值时，系统触发向用户发出告警信息。告警的方式包括系统页面告警、邮件告警和短信告警。报警的内容包括指标名称和指标值，并向前倒推出导致指标超过阈值的数据处理步骤和相应的数据，方便用户分析指标超标的原因。

2）安全管理

数据资源是企业的核心资产之一，数据安全是数据管理工作的重要组成部分。总体来说，数据安全包括访问控制、传输安全、存储安全和数据隐私。对于如访问控制，可以统一在私有云的 4A 平台中考虑。

（1）传输安全。数据传输安全应重点保证数据传输过程中一致性和完整性。除了网络传输的重送和数据冗余校验机制外，数据传输还应制定数据稽核机制，对传输的数据量、文件数量、实体完整性和非空字段等进行稽核。对于敏感数据，建议对数据进行加密后再传输。

（2）存储安全包括存储数据安全、存储介质安全和数据备份恢复。应建立可靠的数据存储方案,使用快照、多副本存储和 Raid 技术等数据存储手段做好数据保护。存储介质安全要求对如硬盘、阵列等介质的定期检查、更换,保障硬件基础设施的稳定。同时应建立数据定期备份机制,合理制定增量备份和全量备份等策略。

（3）数据隐私保护是对企业或个人敏感数据进行保护的措施。现在较为常见的隐私信息泄露途径主要为系统操作人员非法提取数据,外部系统从平台获取数据后被暴露等。大数据平台的数据隐私保护要求能达到这样一个目标:数据万一被泄露时,非法入侵者即使获取了数据权限也无法理解数据,也不影响平台现有的数据处理分析工作。因此,大数据平台应具备"去隐私"技术手段,大数据隐私保护主要包括隐私数据识别、还原管理、策略版本管理及去隐私化管理等主要功能。

4.2.5 DPaaS 平台主数据设计

1. 需求和设计目标

企业信息化发展到一定阶段后,普遍出现的问题是业务系统间的交互困难和数据多头管理导致数据不一致。这一方面涉及 ESB 的服务集成,另一方面涉及 MDM 主数据管理平台的建设。而对于企业而言,往往更关心主数据平台的建设,因为企业首要关心的是业务和数据问题,其次才是关心业务如何集成的问题。

主数据是指人员、产品、客户、供应商、物料及会计科目等被多个业务系统共享使用的静态数据。而主数据管理描述了一组规程、技术和解决方案来管理主数据的创建,维护和使用流程,并确保主数据的完整性和一致性。从这个定义可以看出,主数据有两个重点,其一是静态基础数据,其二是跨多系统共享数据。主数据管理主要包括如下内容,如图 4.14 所示。

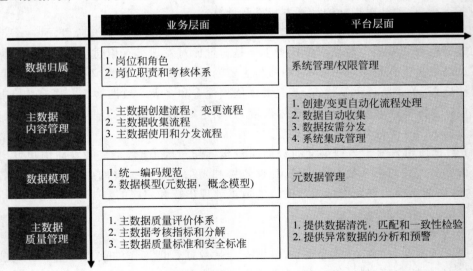

图 4.14　主数据管理内容

在企业私有云体系下的主数据平台建设,应充分围绕以下主要目标进行。

（1）业务层面目标:通过固化主数据管理流程,建立核心主数据模型、主数据质量标准和规范。以统一的主数据管理入口,构建主数据统一视图,解决端到端流程的主数据关系映射问题,保证主数据的一致性和完整性,从而支撑业务流程的高效协同和数据使用需求。

（2）技术层面目标:建立主数据管理平台,实现以元数据模型驱动的主数据模型构建和集中存储,借助 SOA 服务平台实现主数据的创建、变更、使用和分发管理。此层面应具备灵活可配置的主数据管理模式,支持主数据的共存、集中管理。

2. 架构设计

主数据管理平台需要满足主数据的整合以及日常内容管理,同时需要结合服务共享层能力实现主数据服务的共享和发布。

从一个完整系统的角度看,主数据管理平台分为基础层、应用层和共享层。基础层主要提供流程引擎和技术服务能力,应用层则围绕主数据全生命周期展开,在形成完整的主数据视图后,再通过最上层的共享层提供的能力实现主数据数据服务的对外发布和共享。管理平台架构如图 4.15 所示。

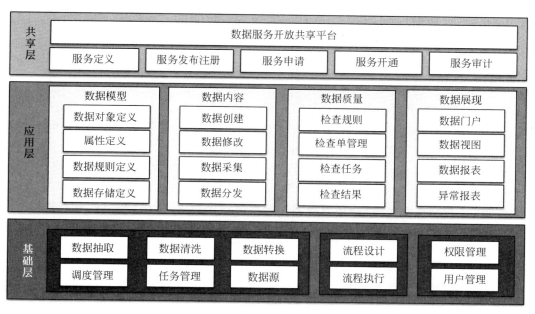

图 4.15　主数据管理平台功能架构

1）基础层

基础层主要实现最基本的底层技术能力,主要包括:

（1）实现主数据的收集、清洗和整合功能,需要用到 ETL 引擎的数据集成能力;

（2）应具备标准的工作流引擎技术组件,实现主数据内容管理过程中的可视化流程设计和建模;

（3）支持系统管理基础能力,如 4A、权限管理等方面的能力,对于组织、用户、权限的统一也是一个完整的工作流引擎所需要具备的能力。

2）应用层

任何主数据的管理都会涉及两个维度的内容,一个是静态数据模型维度,一个是动态流程维度。

（1）静态数据模型维度。

在进行主数据项目实施的时候，首先要进行主数据的识别和定义，具体方法可基于标准企业架构，特别是数据架构规划方法，先进行流程分析，通过流程找到关键的数据域，依据主数据是跨域多个系统使用且各业务系统之间没有代表同样业务实体的数据这一关键特征来识别数据对象，最后进行完整的概念模型、逻辑模型和物理模型的设计。

对于主数据管理平台而言，数据建模的能力都将体现在元数据管理模块中，包括了数据目录定义、数据对象定义、子对象定义、数据层次和关联关系定义、数据对象中每一个详细的数据项和属性的定义、数据校验规则的定义、数据源定义、数据收集和分发规则定义等。在进行主数据对象建模时这些内容通过可配置的方式进行灵活定义。简单来讲，只要定义了完整的主数据模型，那么就可以自动生成后台完整的数据库对象和结构，也能以自动可配置的方式实现数据采集、匹配和清洗等各种操作。

（2）动态流程维度。

这方面内容主要包括主数据内容管理，即主数据的创建、变更、废弃和编码申请等各种主数据管理流程。这部分流程首先是要在业务上清晰定义所包括的业务组织和岗位、数据产生者、使用者和认责者等内容，然后便可通过流程引擎实现流程的可视化设计和配置。

对于上层应用的表单部分，有部分主数据产品会提供完整的主数据界面建模能力，这类似 BPM 业务系统提供的能力。但是我们并不建议采取此种方式，核心原因是对于界面建模和设计，它不是简单的一个界面生成，而是涉及大量的复杂业务规则实现，这部分很难通过类似快速开发平台方式完全实现自动化生成和零编码。

对于数据的收集和集成功能，主数据管理平台需要具备灵活的配置能力支持数据采集任务的配置和调度，实现数据的自动化采集和清洗。如图 4.16 所示，主数据采集主要涉及两个方面：①数据初始化采集，此场景下一般数据量比较大，可借助 ETL 等工具来完成；②数据增量采集，此场景下一般数据量较小，可借助 ESB 总线接口服务来完成，确保采集数据的实时性。

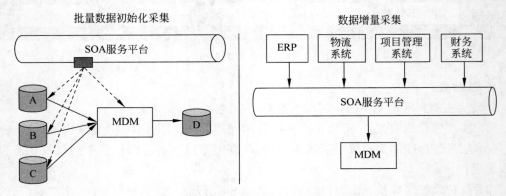

图 4.16　主数据管理平台数据采集机制

从以上描述可以看到，在初始化阶段通过 ETL 工具完成初始化数据采集和导入。而在正式上线后，由于主数据变动频率不高，因此可以通过服务接口进行服务采集，产生数据源的系统在主数据变更时通过实时调用服务接口将数据导入到主数据管理平台。

数据质量管理是主数据管理平台另外一个重要的功能,可以说它覆盖到数据的全生命周期管理,而最为常见的阶段是主数据的采集和整合阶段,以及日常的数据检查和稽核阶段。其数据质量管理的手段可以参考大数据平台的相关内容。

3)共享层

在主数据管理形成了完整的主数据视图后,更加重要的是能够快速灵活地将已有的主数据进行开放,共享给上层业务系统使用。便涉及将主数据快速发布为数据接口服务的能力,同时也涉及第三方业务系统查看和申请主数据服务的服务开通和管控能力。

在企业私有云平台体系内,主数据管理平台可以借助 IPaaS 能力支持将一个主数据对象发表为一个 Web Service 服务接口,该接口可以灵活配置输入参数和输出数据项,同时也应支持发布为 SOAP WebService 或 Http WebService 等多种服务接口模式。

为了实现服务接口的发布,需要从服务元数据的数据对象定义→服务定义,从数据集成接口定义→服务接口定义,并在数据对象和服务接口间进行完整的映射,最终形成一套从服务全生命周期管理到数据服务能力快速开放共享的完整解决方案。

3. 架构约束

主数据管理平台设计,需要注意以下架构设计约束和关键要点。

(1)元数据驱动的快速建模。主数据平台建设思路应围绕基于元数据驱的数据模型这一关键点进行建设,从数据建模再延伸到业务规则建模、流程建模和界面建模等内容,最后扩展到外围的接口服务集成能力。建模能力是否强大,是否灵活和可扩展,直接影响到一个主数据平台的易用性和扩展性。

(2)数据一致性。平台构建需要考虑各业务系统之间的主数据实时更新和有效集成,保证各系统中主数据的统一性和一致性。

(3)灵活可配置的架构能力。平台构建需要覆盖整个企业范围的数据域,支持多领域的主数据管理和扩展能力,应当具备良好的易用性、安全性、可扩展性和可配置性。

(4)ESB+主数据管理的双中心建设模式。在企业总体应用集成架构中,建议采取主数据管理和 ESB 平台同时建设,即双中心的建设模式。主数据管理重点是解决数据不一致,提供完整数据视图的能力;而 ESB 服务总线则重点解决业务实时服务集成和协同。两者之间密切关联和协同,形成一个完整的数据服务能力整体。

(5)能力复用设计。主数据管理平台偏重业务数据管理,其核心应以主数据模型驱动为主,功能上所涉及的工作流引擎、4A、数据质量管理、数据收集及数据共享等能力,应充分复用 PaaS 平台已有能力。

4.2.6　BPaaS 服务平台设计

1. 需求和设计目标

企业私有云 PaaS 平台参考架构中的 BPaaS 除了包括传统的人工工作流引擎外,还包括了 BPM 部分的内容。在此仅讨论工作流引擎部分的内容。

流程平台的设计目标是将传统业务系统中的工作流引擎进行剥离,统一放到 PaaS 平台层集中规划和建设。即集中化的流程平台只要满足基本的多租户建设要求和标准,就能够满足上层多个业务组件和应用的使用需求。

　　流程平台的集中化建设不仅仅降低了业务应用的构建成本,更加重要的是实现了业务组件采用统一标准的流程设计建模标准和方法,流程执行和管控机制。这将为后续基于工作流引擎平台实现端到端的流程整合和监控、流程绩效分析打下坚实的基础。

　　对于流程平台的建设目标,主要包括以下几点。

　　(1)统一流程设计平台,支持多应用系统在统一流程平台上进行流程建模和设计,支持流程"即调即用"。

　　(2)统一流程运行平台,支持多应用系统对应的流程在统一流程平台上统一运行,系统间隔离。

　　(3)统一流程监控平台,可在统一流程平台上统一监控所有流程,支持手动干预流程运行及流程效率分析。

2. 架构设计

　　流程引擎平台已相对成熟,在此仅给出抽象后的最简单的流程引擎平台的功能架构,如图 4.17 所示。

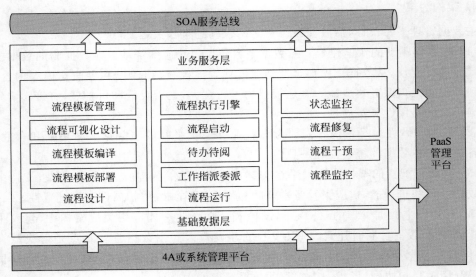

图 4.17　流程引擎平台功能架构

　　(1)4A 或系统管理平台:提供统一流程平台所需要的一些系统管理功能。主要是给统一流程平台管理员使用,包括基础数据管理、登录管理、权限管理、日志管理等功能。

　　(2)流程设计:统一流程平台的核心功能模块,用于设计流程。主要包括流程模板管理、可视化设计、流程模板编译及流程模板部署。

　　(3)流程执行:统一流程平台的核心功能模块,用于支持流程的运行。主要包括流程执行引擎、流程触发器、待办待阅处理器、工作委派处理器、任务指派处理器等。此模块在设计时要充分考虑并发能力、异步处理能力、稳定性、大数据量处理能力。

　　(4)流程监控:统一流程平台的核心功能模块,用于管理统一流程平台运行及对各流程运行情况进行统计分析。包括统一流程平台自身的状态监控及其中运行的流程的状态监控,主要包括状态监控、流程修复、流程干预、统计分析等功能点。

3．架构约束

统一流程平台设计，需要注意以下架构设计约束和关键要点。

（1）多租户设计：流程平台必须要满足最基本的多租户设计要求，对于每个业务组件或系统即是流程平台的最终租户，各个租户之间的流程建模信息和执行信息需要保证能够隔离。

（2）集中化设计：流程建模、执行和监控等各种流程信息都只能在流程平台进行统一的存储和管理。

（3）简单化设计：流程平台不同于业界常规的基于流程的快速开发平台（如提供数据建模和表单设计等工具），此处的流程平台仅仅存储流程建模和状态流转信息，不存储任何的业务表单信息和数据。

（4）集成化设计：由于流程平台和4A平台关系紧密，最好的方式是两者共享数据库和数据存储，以避免4A和权限数据在两个平台之间的数据同步。如果进行了拆分设计，则必须保证流程平台的底层用户与权限模型和4A平台的权限模型保持一致。

4．流程引擎

在分布式架构中，流程引擎和权限引擎也不适合分离构建，两者之间的耦合度相当高。一个好的流程引擎首先要依赖于一个完善的权限模型和架构，其中包括了细粒度的数据权限控制。

流程引擎中会产生动态权限控制。动态权限和静态权限有所区别，静态权限是固定的，而动态权限跟随流程节点的执行动态变化。当处理到某个流程节点的时候，对某个工单有查看权限，但是一旦审核或处理完成后，该权限将被自动回收。这是对静态权限的一个重要扩展。

流程引擎的活动节点需要参与人。参与人可以是具体的人，可以是岗位，可以是角色，也可以是直接上级的某个角色。参与人往往是一个抽象的概念，在最终流程执行的过程中会最终定位到一个或多个人。在处理静态功能和操作级权限的时候，往往定义到具体的角色和角色组就足够用了。但是在考虑和流程引擎结合的时候，需要进一步定义用户组。用户组是多维度累加后的一个概念。例如，项目管理员是角色的概念，而某个组织某类产品的项目管理员就要定位到具体的用户组，如市场部消费类产品项目管理员。

在流程执行过程中，映射到具体的参与人一般有两种做法：一种是活动节点只配置到角色，即只配置到当前节点由项目管理员处理。在实际的工单中有具体的组织信息和产品线信息，因此根据映射关系可以明确某个工单需要定位到哪个组织哪个产品的项目管理员（即用户组），在这个用户组里可以定位到具体的一个人。如果需定位到多个人则可以处理为流程抢先处理机制。如果某个流程只涉及根据组织进行划分，则有第二种不需要用户组的做法，即所有的人全部放到角色里面，流程在执行过程中首先映射出具体的人员，然后根据组织ID或上级组织ID对人员进一步筛选，这种方法的可行之处主要在于人员信息属性中就带有所属组织信息。

工单和流程模块是一种完全的松耦合关系。一个工单根据类型的不同挂多个不同的流程模板，而多个工单也可以同时挂接同一个流程模板。因此工单和流程模板之间需要有一种支撑这种松耦合的关系表，即实现工单和流程之间的一种映射。对于流程模型而言，关键的内容是流程模板、活动节点、连接弧和路由信息,活动节点对应参与人、路由事件(前+后)等相关信息。这些信息在流程启动后又涉及具体的实例信息,如流程实例信息、活动节点产生的任务实例信息等。

有别于快速开发平台产品的流程引擎,企业私有云流程引擎构建最好的方式是只管流程,而不管任何和表单相关的数据,包括在流程处理环节中可能涉及的需要新补充填写的扩展字段等,最好的方式是这些内容都放给应用侧来处理。流程引擎可以提供调用接口,但是不去建模、存储和处理这些数据。

企业私有云 PaaS 平台中的流程引擎和应用完全松耦合,体现流程即服务的思想。流程引擎必须要支撑内部的多租户,而租户就是外部的多个业务系统或应用模块。在多个业务系统之间需要考虑流程引擎自身数据、权限等各方面内容的隔离性。

流程引擎需要有完善的条件节点和表达式节点的定义,涉及工单中的任何属性都可以作为表达式节点的计算条件参与到具体的计算和路由分支的选择。对于复杂的场景,在路由发生前和发生后还需要支持对外部服务接口的调用。外部接口服务是一个完整的业务逻辑触发,在这种情况下一个工作流引擎已经实现了部分 BPM 服务编排的内容。BPM 在工作流引擎之上,更加强调的是端到端流程整合、业务流处理和服务自动编排,顶层的 BPM 流程下钻后才是具体的审批流处理。

4.2.7 TPaaS 服务平台设计

1. 总体设计要求

提供技术服务能力的单元是一个个松耦合的技术组件,技术组件自身是没有前台展现界面的小应用,因此技术组件能够在 PaaS 技术平台进行托管。

(1) 技术服务为了满足高性能和高并发要求,建议统一采用轻量的 RestFul Service 服务接口来实现。

(2) 技术服务需要纳入到 PaaS 管理平台统一管理,能够实现统一的服务注册、服务开通、服务访问控制和服务运行分析。

(3) 技术服务应具备分布式设计和弹性扩展能力,如对于文件、缓存等技术服务都可以采用当前成熟的分布式技术来实现。

(4) 技术服务需要满足高可靠性的要求,由于技术服务是高并发访问的基础服务,技术服务中断往往对所有上层业务应用造成影响,因此必须考虑技术服务的高可靠性和稳定性。

2. 缓存服务设计

缓存服务设计可以借鉴当前比较成熟的开源分布式缓存产品(如 Memcached)来进行。在进行缓存组件和服务开发的时候,需要考虑将缓存服务纳入统一的 PaaS 平台服务管理范畴,实现服务的鉴权,服务的运行分析等。缓存服务参考架构如图 4.18 所示。

如图 4.18 所示,客户端通过管理代理进行封装后的缓存 Restful API 服务接口调用缓存服务代理,在调用时首先通过管理代理进行服务的鉴权操作。在调用缓存 API 时候,首先通过缓存管理平台获取到具体缓存存放或读取的缓存物理节点信息。根据返回的缓存物理节点,对缓存进行存储或读取操作。缓存管理节点实时采集各个缓存物理节点的性能指标数据。

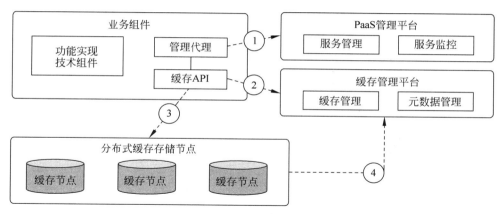

图 4.18　缓存服务参考架构

缓存服务自身是一个高性能的分布式 Key-Value 对象内存存储系统。对于任何可以序列化的对象,包括图像、视频、文件、结构化数据集等都可以在缓存中进行存放。对于一个高可靠和高性能的缓存系统,在进行架构设计的时候需要考虑如下内容:

(1) 缓存的多副本设计以保证缓存服务的高可靠性;

(2) 缓存管理节点的冗余设计以避免单点故障;

(3) 缓存分布策略设计以保证缓存数据在多个缓存节点均衡分布;

(4) 缓存对象的优先级和刷新策略数据以保证及时的清空缓存进行内存回收等。

对于缓存服务需要向外部提供的服务接口主要包括:缓存对象的存储和读取接口服务,缓存对象的清除和刷新服务接口,缓存对象的缓存时效性设置接口等。

3. 日志服务设计

在企业私有云平台中将传统的业务系统日志管理功能抽象为日志服务后,同样需要具备常规的日志存储和读取、日志分级管理、日志多方式输出、日志类型配置及日志检索等基本功能。由于在 PaaS 平台托管环境下,数据库和应用中间件都不再受开发者控制而随时查看,因此对于中间件日志、业务组件运行日志和业务功能操作日志等都需要考虑采用日志服务进行统一管理、存取和检索。

日志服务具备高并发下的高性能和可靠性要求,所有的前端业务操作都可能涉及日志数据的存储。鉴于日志的数据类型以半结构化为主,为了日志服务的水平扩展性,最好的方式是采用类似 HBase 或 MongoDB 等 NoSQL 数据库进行日志的分布式存储和集中化管理。具体的功能架构图和缓存服务类似,如图 4.19 所示。

为了满足日志服务在高并发访问下的高性能需求,在日志服务的设计中还需要考虑通过异步的方式进行日志数据文件的持久化操作。这个是类似邮件服务、短信通知服务等在高并发下通常也会采用的设计方法。

日志服务需要向外部提供的服务接口主要包括:日志创建、日志读取、日志等级和配置信息设置、日志检索、日志输出、日志预警、日志启用或关闭设置接口等。

根据私有云建设和实践,应用服务器中的应用中间件也会产生大量的日志信息。这些信息是业务应用进行问题分析和诊断的基础。对于 PaaS 平台而言,应考虑这部分数据的日志采集和集中化分析功能,如通过开源的 Flume 等工具结合 NoSQL 数据库存储来实现

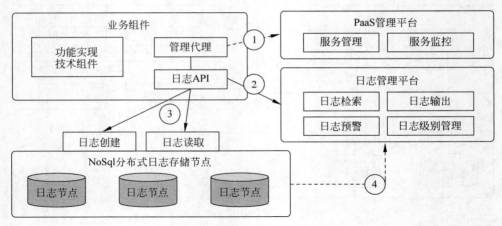

图 4.19　日志服务功能架构

集中化的日志采集和日志分析管控。

4. 文件服务设计

在企业上层业务应用的构建中,往往存在大量的办公文档、图像、视频和音频等非结构化文件信息的存储。为了应对大规模数据增长、数据存储可靠性、高并发性能、自动伸缩性、集群存储等要求,同时降低应用系统开发难度,PaaS 平台应提供统一的文件存储服务。

随着云计算分布式存储技术的发展和日趋成熟,对于非结构化文件存储服务最适合采用类似 HDFS 分布式文件系统。基于 HDFS 分布式文件系统搭建的文件存储服务具有冗余备份、负载均衡、弹性水平扩展、高扩展性和高可用等多方面的优点。特别是对于单个大容量的非结构化文件,还可以利用 Hadoop 平台的 MapReduce 特性对文件进行拆分后并行处理和合并。文件服务功能架构如图 4.20 所示。

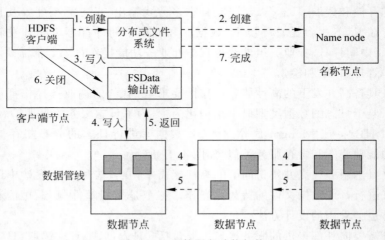

图 4.20　文件服务功能架构

HDFS 分布式文件系统有三个重要角色:名称节点、数据节点和客户端。名称节点可以看作是分布式文件系统中的管理者,主要负责管理文件系统的命名空间、集群配置信息和存储块的复制等。名称节点会将文件系统的元数据存储在内存中,这些信息主要包括了文件信息,每一个文件对应的文件块的信息和每一个文件块在数据节点的信息等。数据节点是文件存储的基本单元,它将数据块存储在本地文件系统中,保存了数据块的元数据,同时周期性地将所有存在的数据块信息发送给名称节点。客户端就是需要获取分布式文件、系统文件的应用程序。

在基于 HDFS 架构下以文件写入为例,具体流程为:

(1) 客户端向名称节点发起文件写入的请求。

(2) 名称节点根据文件大小和文件块配置情况,返回给客户端所管理部分数据节点的信息。

(3) 客户端节点将文件划分为多个数据块,根据数据节点的地址信息,按顺序写入到每一数据节点块中。

如果企业 PaaS 平台中非结构化文件的存储需求仅仅是大量的单个容量不大的办公文件和业务单据的存储,还可以采用类似 NoSQL 数据库来进行分布式存储和处理,如通过 MongoDB 数据库的 GRIDFS 来实现非结构化文件存储等。

文件服务需要提供的接口主要包括了文件上传、文件下载、文件更新、文件删除及获取文件信息等基本服务接口能力。

5. 消息服务设计

消息服务主要是指将传统的消息中间件的能力以技术服务的方式暴露给上层业务应用使用。消息中间件(message oriented middleware)是指支持与保障分布式应用程序之间同步/异步收发消息的中间件。消息是分布式应用间进行数据交换的基本信息单位,分布式应用程序之间的通信接口由消息中间件提供。其中,异步方式指消息发送方在发送消息时不必知道接收方的状态,更无须等待接收方的回复。而接收方在收到消息时也不必知道发送方的目前状态,更无须进行同步的消息处理。它们之间的连接完全是松耦合的,通信是非阻塞的。这种异步通信方式是由消息中间件中的消息队列及其服务机制保障的。一般来说,实时性要求较高的业务采用同步方式处理,实时性要求不高的业务采用异步方式进行处理。

传统的点对点消息中间件通常由消息队列服务、消息传递服务、消息队列和消息应用程序接口 API 组成,其典型的结构如图 4.21 所示。

消息中间件的基本工作原理为:消息发送者调用发送消息的 API 函数,将需要发送的

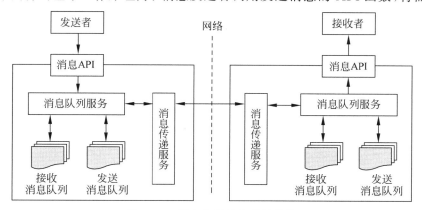

图 4.21　消息中间件典型的结构

消息经消息队列服务存储到发送消息队列中。通过双方消息传递服务之间的交互,经消息队列服务将需要发送的消息从发送队列取出,并送到接收方。接收方再经它的消息队列服务将接收到的消息存放到它的接收消息队列中。消息接收者调用接收消息的 API 函数,同样经过消息队列服务,将需要的消息从接收队列中取出,并进行处理。在发送或接收消息成功后,消息队列服务将对相应的消息队列进行管理。

消息队列服务可以基于业界成熟主流的开源消息中间件进行封装后实现。如 Apache 的 Active MQ,是最为流行的、能力强劲的开源消息总线。Active MQ 是一个完全支持 JMS 1.1 和 J2EE 1.4 规范的 JMS Provider 实现。

PaaS 平台中的消息服务主要应用于各种消息的高可靠性传输,多个业务组件间的消息发布和订阅等。消息服务需要暴露的接口主要包括了消息发送接口、消息监听和订阅接口、消息查询接口等。

6. 系统管理平台设计

系统管理平台的设计目标是将传统的业务系统中的系统管理模块移出,统一下沉到平台层集中化建设。所有的业务组件和系统共享一个系统管理模块。系统管理平台可以在传统的 4A 平台基础上进行功能延伸,也可以单独进行建设再和 4A 平台进行集成。

系统管理模块的设计目标主要包括:

(1)统一的用户管理,实现对用户和账号的统一管理;

(2)统一的组织管理,实现对组织的统一管理和维护;

(3)统一的权限和资源管理,基于标准的 RBAC 模型,实现对资源的管理,以及用户账号对资源的授权;

(4)数据字典管理,实现常规系统管理模块中的基本数据字典和配置管理功能。

对于系统管理平台中的权限管理 RBAC 模型,如图 4.22 所示。

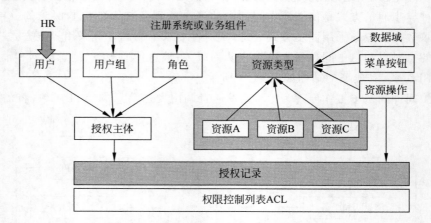

图 4.22　权限管理 RBAC 模型

权限管理的核心功能包括授权对象管理和授权资源管理。授权对象可以是用户、用户组、角色等任何一种类型。授权资源则更加灵活,对于业务应用中的菜单、按钮甚至某种类型的数据集合等都可以作为被授权的资源对象。

系统管理平台应该暴露的服务接口主要包括用户和组织信息查询、角色和用户组信息查询、数据字典和枚举值信息查询。

由于系统管理模块在传统的业务系统开发和设计中已经相当成熟，以下是系统管理组件上升为 PaaS 平台层共享能力时需要注意的问题。

（1）在多租户设计过程中，要考虑系统管理涉及的基础数据可能存在全局级、业务系统级、业务组件级三个级别，需要在基础数据维护时增加该控制。

（2）区分角色和用户组。用户组在角色的基础上增加组织部门或产品线等垂直特性，比如项目经理是角色，而采购部项目经理则是用户组信息。区分这个的关键意义在于系统管理需要和流程平台集成。标准的流程引擎平台设计中流程建模阶段选择的是角色，而在流程执行阶段则会根据垂直关系映射到具体的用户组以确定唯一或更小范围的流程参与者。

（3）系统管理模块最好和 4A 平台总体一起设计和实现，或者共享一个数据库存储。如果是独立设计必须考虑两者之间的数据集成时效性和一致性。

（4）因为数据权限部分难以抽象和建模，所以对于这部分数据权限设计和管理功能仍然可以放在业务组件内部自行实现。

4.2.8 PaaS 开发框架和环境设计

开发框架和环境是完整的 PaaS 平台架构体系的另外一个重要内容。其建设的主要目标是各个开发厂家基于同样的开发语言、技术架构和开发过程进行系统开发，以保证各业务模块能够顺利完成后续集成，同时实现传统的开发和已有 PaaS 平台的衔接。一方面是 PaaS 平台能力和接入规范要求固化到开发框架中，另一方面是保证基于开发框架开发的应用能够成功部署和托管到 PaaS 平台。开发框架和环境需要严格实现基于 SOA 和组件化的开发模型和过程管理。

下面将从架构集成、开发过程管理、标准规范集成三个层面来描述开发框架和环境需要包括的内容。

1. 架构集成层面

这个层面需要固化标准的软件开发技术架构和标准，实现对 PaaS 平台暴露的各种能力的引入和集成。需要同时支持在线开发和离线开发，支持快速开发，如模型设计、表单设计、开发模板的引入和支持。最后，实现对开发态到运行态无缝迁移的支持。

2. 开发过程管理层面

这个层面需要考虑对需求管理和变更管理的集成；对单元测试、各种业务和异常模拟测试的支持；需要能够和持续集成及发布管理集成。

3. 标准规范层面

此层面重点是在开发框架和环境中对应用系统组件化设计和开发规范的融入，对用户界面标准和规范的融入，对服务提供和服务调用规范的集成等。

对于开发框架和环境的具体功能架构可以参考图 4.23。

对于当前业界主流的企业 PaaS 平台统一开发框架和环境的详细功能可以参考表 4.1。

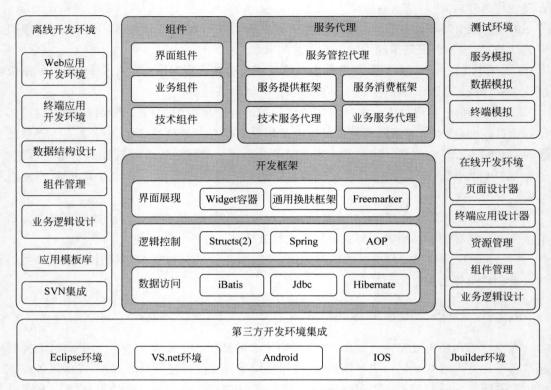

图 4.23 开发框架和环境功能架构

表 4.1 PaaS 平台统一开发框架和环境功能说明

模 块	功 能	功 能 描 述
离 线 开 发 工 具	插件式开发工具	基于 Eclipse 插件,升级安装方便,可以方便地集成其他功能插件
	模板支持	在模板中可定制开发框架和权限模型等,不同的模板代表不同的开发框架
	开发方式支持	支持代码方式;支持可视化拖拽设计
	领域对象模型设计	支持领域对象可视化建模;支持从数据库/PDM 逆向导入领域对象
	工作流表单设计	支持工作流表单可视化设计
	表单设计	支持表单设计和表单代码生成
	自动生成代码	支持根据领域对象生成增、删、改及查代码
	服务组件管理	定义组件规范,支持组件注册、编排和引入外部 webservice 组件
	业务流程图形化设计	支持业务流程图形化设计
	多种通信方式	支持 http 方式、rest 方式和 webservice 方式调用
	单步调试	支持单步调试
	业务仿真测试	提供开放式服务模拟测试环境,模拟各种能力组件
	集成敏捷开发模式	支持代码检入检出,每日构建等

模　块	功　能	功　能　描　述
在 线 开 发 工 具	多种类型的应用开发	支持 Web/WAP 门户类、终端应用、短彩类应用设计、生成和部署,分别提供不同的在线开发工具
	可视化页面组装	零编码,可视化设计页面、主题换肤和应用预览等
	业务流程图形化设计	零编码,可视化设计业务流程
	服务组件管理	定义组件规范,支持组件注册、编排和引入外部 webservice 组件
	业务仿真测试	提供开放式服务模拟测试环境,模拟各种能力组件
统 一 开 发 框 架 与 执 行 环 境	应用服务器	提供安全过滤、会话管理、单击登录、应用监控与管理、异常保护、自动巡检和二级监控等功能
	支持容器隔离的中间件	支持多个应用共用一个虚拟机
	分权分域的权限模型	在多个大型项目中经过验证的权限模型
	通用组件	线程池、FTP 连接池、数据库连接池、分布式通信、告警、事务管理、加解密和定时器等组件
	规则引擎	规则解析引擎,支持灵活定制各种规章
	工作流引擎	工作流解析引擎,支持主流工作流模型
	数据库服务多租户访问代理	包括读写分离、负载均衡、SQL 过滤和资源控制
	云支撑组件	分布式缓存、分布式文件系统
	开发者社区	提供资源下载、项目协作与管理和技术交流等

除了标准的离线开发环境、在线开发配置环境、测试环境和开发框架植入外,对于私有云 PaaS 平台的开发框架和环境重点增加了服务代理部分内容,即 PaaS 平台相关的架构约束,PaaS 平台层提供的服务能力都将通过服务代理层封装后提供给开发厂商使用,比如将技术服务能力进一步封装为本地的 Java、API、SDK 包的方式等。同时服务代理层内置了 PaaS 管理平台的管理代理端,主要实现对服务的鉴权、监控和告警管理等。

4.2.9　PaaS 管控平台设计

PaaS 管控平台的总体功能架构可以参考图 4.24,主要包括了集成层、服务生命周期管理和门户层三层的内容。PaaS 管控平台的构建目标是形成一个衔接开发商和合作伙伴、平台商、集成商和 IT 运维管理者多方之间的沟通桥梁,构建企业内私有云 PaaS 平台的生态环境,而不是简单地实现服务和资源的后台管控。

1. 集成层

集成层包括了和 IaaS 资源层的集成,PaaS 平台通过调用 IaaS 层提供的标准接口实现对 IaaS 资源池中资源的动态创建和分配,资源的运行管理,资源的回收等。对于组件集成,则是通过组件或应用容器中的内置管控代理实时地管理和监控组件的运行健康状况。服务集成包括了技术服务集成和业务服务集成,最终目标是需要在管控平台实现服务的全生命周期管理。

2. 服务全生命周期

这一层包括了服务目录管理、服务交付管理、服务运行管理和资源管理等方面的内容。PaaS 平台层提供的技术或业务能力都将以服务的方式注册到服务目录库。开发商可以通

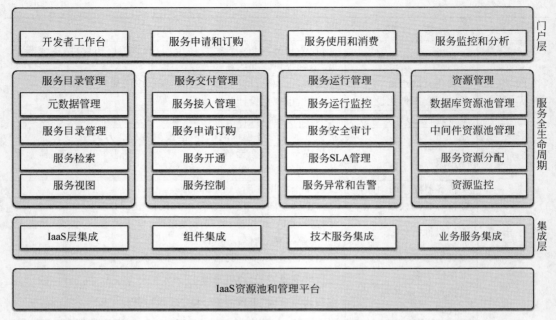

图 4.24　PaaS 管控平台功能架构

过服务目录库和检索功能对服务进行申请和订购,在服务开通后则可以对服务进行使用和消费。在具体服务使用过程中,PaaS 平台通过服务管控代理实时地对鉴权服务,分析服务运行,分析和监控服务所涉及承载的资源性能等。

3. 门户层

门户层是开发商和 PaaS 管控平台交互的一个关键点,重点是需要实现云计算的自服务特性,具体还可以分为管理门户、开发商门户、服务提供商门户等。对于门户层,除了需要提供标准的服务申请、订购、服务运行监控等功能外,还需要提供 PaaS 管理平台具体的接入规范,开发框架环境下载,服务使用样例等供开发商使用。

4.3　服务层架构设计

4.3.1　服务总线功能架构

1. 总体功能架构设计

在私有云 PaaS 平台总体架构下,服务总线的概念已经超越了传统的 ESB。为了进一步满足对大数据服务和集成、技术服务、业务服务等不同服务类型的高性能和高可靠性支持,SOA 服务总线必须要整合原有的 ESB、数据集成和交换平台、轻量服务总线等各种总线能力,并通过服务目录库和统一的服务治理和管控平台,形成一个完整的 SOA 服务总线架构体系。基于企业私有云 PaaS 平台的项目建设实践,给出 SOA 服务总线的总体功能架构,如图 4.25 所示。

由图 4.25 中可以看到,整个 SOA 服务总线架构包括了服务总线(业务服务总线、数据

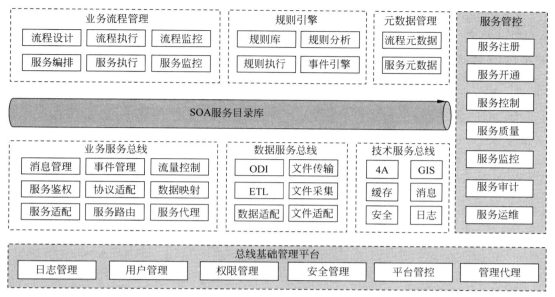

图 4.25 基于企业私有云的 SOA 服务总线功能架构

服务总线、技术服务总线)、业务流程管理、规则引擎、元数据管理、SOA 服务目录库、总线基础管理及服务管控等几个方面的核心内容。

(1) 业务服务总线。由传统的 ESB 承担业务服务的注册和接入、服务能力的共享。其中包括了服务鉴权、服务路由、服务代理、消息事件管理、消息数据映射等基本功能。为了方便遗留业务系统的接入,增加了各种消息转换及协议适配等功能。

(2) 数据服务总线实现数据服务能力开放和数据集成,对于数据服务总线的实现需要借助 ETL 数据交换与集成能力以及 ESB 业务服务代理能力来实现。数据服务既包括了结构化的数据库数据交换和集成,也包括了跨业务系统的大文件传输和集成。

(3) 技术服务总线实现 PaaS 平台的各种技术服务能力的注册和接入。由于技术服务本身的大数据量及高并发特性,在整个总线功能架构中需要采用一种轻量的服务总线模式来实现和管控。

(4) 业务流程管理和规则引擎实现端到端的业务流程建模、执行和监控。其中既包括了传统的人工工作流引擎的能力,也包括了业务自动化工作流通过服务组合和编排的能力。在 BPM 实际的业务建模和设计过程中,对于比较复杂的业务规则实现可以进一步借助规则引擎的能力。

(5) 元数据管理。服务总线的元数据管理包括了服务元数据、流程元数据等多方面内容。元数据包括了服务定义的详细结构化数据信息,也包括了整个服务目录元数据信息。

(6) 基础管理和服务管控。基础管理主要实现 SOA 总线平台的基础管理功能,包括系统权限管理、日志管理、安全管理、平台管控等。服务管控则是对服务注册、服务开通、服务控制、服务监控、服务运维等服务全生命周期进行管理。

(7) SOA 服务目录库。虽然在整个 SOA 总线功能架构中涉及数据总线、业务总线和技术服务总线等多方面的总线能力,但是最终都需要通过 SOA 服务目录库进行统一的服务发布。

2. 业务服务总线设计

业务服务总线即传统的企业服务总线(Enterprise Service Bus,ESB)。企业服务总线是实现 SOA 基础架构的关键组件,它为 SOA 提供了一个底层的通信架构,用于实现服务请求者和服务调用者之间交互。其功能架构如图 4.26 所示。

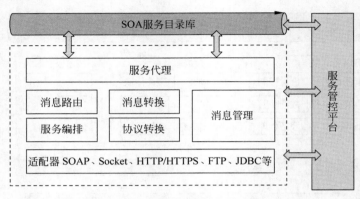

图 4.26　业务服务总线功能架构

企业服务总线在 SOA 架构中实现服务间的智能化集成与管理中介,它提供了服务管理的方法和在分布式异构环境中进行服务交互的功能。它支持异构环境中的服务、消息以及基于事件的交互,并且具有适当的服务级别和可管理性。SOA 将应用程序的不同功能单元(称为服务)通过这些服务之间定义良好的接口联系起来。接口是采用中立方式进行定义的,它独立于实现服务的硬件平台、操作系统和编程语言,这使得构建在各种这样系统中的服务可以以一种统一和通用的方式进行交互。

ESB 提供了一种开放的基于标准的消息机制,通过标准的适配器和接口,来完成服务之间的互操作。ESB 提供了多协议的服务调用接入、服务路由、服务访问控制和服务适配器等核心功能。ESB 是服务提供者和服务消费者之间的一个中介,避免了点对点的集成,是实现 SOA 服务松耦合的重要机制。例如,服务消费者可以不关心服务提供者的接口(消息格式的不同)、地域(服务部署位置的变化)、调用方式(同步/异步)、传输协议(服务提供者和消费者可以使用不同的通信协议)、技术实现(编程语言/部署环境)等内容。ESB 服务总线功能架构具体说明如下。

(1)服务适配主要实现应用适配、数据库适配和技术适配等。应用适配包括和各种商业套件 Oracle、SAP 的适配,EAI 中间件产品的适配;数据库适配包括了和各种主流数据库如 Oracle、DB2、SQLServer 的适配;技术适配包括了和 JMS、FTP、Socket、MQ、HTTP/HTTPS、Socket 的适配等。

(2)服务代理。通过服务代理将接入的服务统一发布为标准的服务地址和通信协议,服务代理真正实现了服务的访问透明特点。服务代理是任何 ESB 总线必须实现的基本功能。

(3)消息路由。消息路由是基于一定的规则将数据或消息发送到合适的目标系统,是一种寻址功能。路由的规则存放在配置表中。动态路由通过条件转移语句(或服务调用)分析消息,从而检索某个数据元素或多个数据元素的数值。不同的业务服务目的地被赋予这个条件检查的不同数值组合,允许将消息动态发送到多项业务服务。根据业务服务需求,转换可用于一个或多个此类目的地。ESB 平台必须为输入消息提供路由功能,以实现在多消息接收目标间的路由。消息路由实现原理如图 4.27 所示。

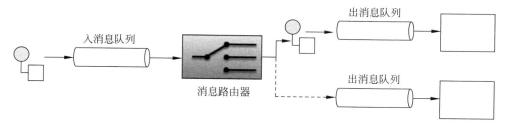

图 4.27　ESB 平台消息路由实现原理

消息路由按方式大致可分为静态路由与动态路由。静态路由是指消息在传输过程中,经过某一组件时,其路由的目标已经事先被确定,且在运行时不能更改。动态路由是指消息在传输过程中,经过某一组件时,其路由目标是可以依据消息自身特性或者通过独立配置予以变更,其路由的目标可变。

（4）消息管理实现基本的异步消息管理、消息发布和订阅管理、基于事件驱动的消息和事件链管理等。消息管理是传统消息中间件的功能,也是 ESB 服务总线的核心。通过消息管理实现消息传输的安全和高可靠性等。

（5）消息转换。ESB 平台必须向接入系统提供消息转换的功能,这样不同系统间通过 ESB 平台进行消息/交换才能成为可能。它负责 ESB 内部通信协议与被调用的服务使用的通信协议之间的转换,并调用服务,获得服务返回结果。

（6）服务编排。ESB 往往会实现轻量的服务编排能力,通过服务编排往往能够更好地实现服务的鉴权和控制,服务路由,服务运行日志的采集和分析等。

（7）协议转换。在现实环境中,服务消费方与服务提供方可能会使用不同的技术协议。在这类场景下,ESB 必须提供不同的端点间实现协议转换的能力。这一核心功能被称为传输协议转换。例如通过协议转换将 JMS 消息转换为 SOAP Web Service 等。

3. 数据服务总线设计

数据服务总线可以理解为企业传统的数据交换平台的演进,即在传统的数据交换能力的基础上,结合 ESB 的能力实现数据能力的服务化共享。数据服务总线首先要解决的是数据集成和交换问题,其次才是数据服务能力的共享问题。类似 Oracle 等厂商 SOA 套件都推出有类似 ODI 数据服务总线等专门的产品,其核心仍然是 ETL 技术和 Web Service 服务的集成。数据服务总线功能架构设计如图 4.28 所示。

数据服务总线的核心能力是在 ETL 和数据交换平台的数据转换、数据传输、任务调度能力上的加强。其中核心增强能力主要体现在以下方面。

（1）数据路由。根据路由规则的不同,一份数据可以路由到不同的数据目标节点,同时也增加了类似 ESB 的消息发布订阅机制。即同一份数据源可以有多个数据需求方进行订阅,数据路由将对所有的数据需求方进行分发,为达到这个能力也要求数据服务总线具备数据存储和管理的功能。

（2）服务代理。服务代理接口是数据服务总线和 ESB 总线集成的关键,也是对传统数

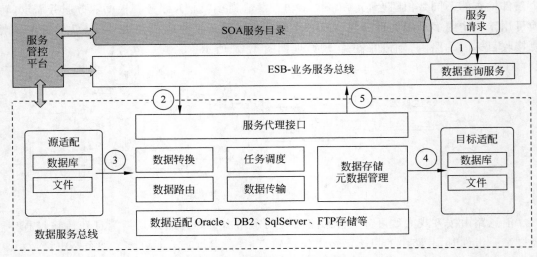

图 4.28　数据服务总线功能架构设计

据交换平台增加服务能力的基础。通过服务代理接口可以将 ETL 定时调度任务发布为带条件参数的数据查询服务并注册到 ESB 服务总线。这样数据需求方可以实时调用数据查询服务，按需从数据源获取特定数据。

对于数据服务的具体运行机制说明如下：数据需求方调用注册在 ESB 服务触发数据查询请求；ESB 服务将服务请求数据转发到数据服务平台；数据服务平台对请求条件进行解析后转源端进行数据抽取；数据服务平台进行数据的 ETL 处理和传输；数据传输完毕后，数据服务平台返回结果消息给 ESB，ESB 再将消息返回请求方。

4. 技术服务总线设计

技术服务总线设计的初衷主要是针对大数据量、大并发的技术服务能力提供一种更加轻量的总线管理模式。既能够实现服务鉴权、路由及服务代理等基本总线功能；又能够避免在大数据并发下的总线本身性能瓶颈。基于以上思想指导，技术服务总线的重点是服务管控而非消息数据的传输。对于技术服务总线的参考功能架构如图 4.29 所示。

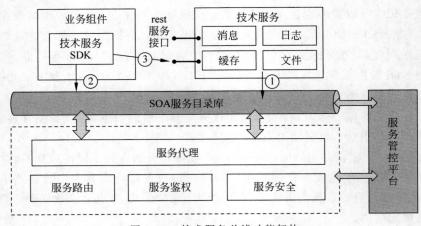

图 4.29　技术服务总线功能架构

由图 4.29 中可以看到,对于开发完成的 PaaS 平台技术服务能力将接入到技术服务总线并发布到统一的 SOA 服务目录库。业务组件内部会内置一个技术服务 SDK 包,业务组件通过访问 SDK 包中的 Java API 接口来实现技术服务的访问。

具体访问过程说明如下:首先是 SDK 包解析要调用的技术服务请求,将请求者和要调用的具体技术服务名称、请求参数等信息传递给技术服务总线,技术服务进行统一的鉴权。在鉴权通过后将相应的路由地址信息返回给请求端的 SDK 包,SDK 包根据返回的信息直接调用目标端的 Restful 接口的技术服务,可以避免使用服务总线传递技术服务大并发数据的问题。

5. SOA 服务目录库

SOA 服务目录库提供统一的服务元数据管理、服务注册和服务发布功能,包括服务的提供方、服务地址、服务类型、服务发布人和发布时间、同步/异步服务、服务消息头、服务详细的输入/输出参数信息及服务控制信息等内容。

对于开发和实现完成的服务能力,最终通过服务注册的方式接入到服务总线目录库。不论是业务服务总线、数据服务总线还是技术服务总线提供的服务,最终的服务信息和元数据都需要在服务目录库进行统一管理。

在服务注册完成后,服务目录库将统一的服务目录库信息进行发布。也可以将服务目录库查询实现为一个服务,方便消费者使用。在管控平台中服务目录库还需要提供相应的服务查询和服务检索功能,即服务目录信息的检索和单个具体服务的详细消息头、输入/输出等元数据信息的检索功能。

6. BPM 业务流程管理

BPM 业务流程管理不同于传统的 HWF 工作流引擎平台,一个完整的 BPM 业务流程跨越了业务系统和多个业务单据,需要处理不同的业务规则和逻辑。而工作流软件活动节点往往仅处理审批和会签任务,和外界交互相对较少。业务流程建模中会出现业务规则,常规的工作流软件处理方式一般支持利用脚本代码进行简单业务规则的处理。而发展到 BPM 后,为了保证规则本身的复用性和独立维护性,引入了规则引擎,规则引擎形成统一的规则创建和维护库,BPM 不再负责规则的创建和维护,而仅仅是按需消费。一个完整的 BPM 产品的核心引擎包括了业务工作流引擎、人工工作流引擎和规则引擎三部分的内容,如图 4.30 所示。

一个完整的 BPM 业务流程管理既涉及通过 BPEL 工具进行业务流的编排,也涉及用传统的工作流引擎工具进行人工审批流的建模和设计。BPMN2.0 规范很好地将两者进行了统一建模和设计。

人工工作流引擎是现在大多数应用系统都必须具备的基本业务管理功能。因此,若每个系统都单独建设必然带来重复的成本投入,同时带来了各个业务系统间的工作流交互标准语言不统一。

在企业级 PaaS 平台参考架构中,可以将 BPM 平台集中化独立建设,形成 BPaaS 平台能力。但是由于业务流程建模和自动化服务组装编排当前在国内的应用仍不太成熟,本文所涉及公共流程平台的内容也仅限于工作流引擎平台。

企业内部的统一流程平台建设,不仅仅是功能的迁移,更加重要的是数据的迁移。对于

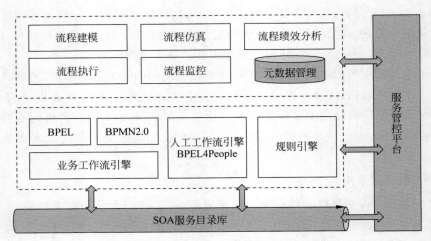

图 4.30　BPM 业务流程管理功能架构

流程来讲,我们所说的数据是流程建模数据和流程执行数据的迁移。在统一流程建模和统一流程执行的基础上,提供统一的流程监控和流程绩效管理。

流程建模在统一流程平台上进行,因此 BPM 需要有统一的组织、人员和权限数据,这是各个系统能够完全互通的基础。在流程建模时,不仅仅涉及常用工作流模型中的串行、并行、条件分支、聚合、子流程和回退等基本流程功能,也涉及流程活动节点和组织权限内容的结合,否则流程很难适应组织权限调整带来的影响和变化。

统一流程平台需要实现的是统一流程建模、统一执行和统一监控。只要是涉及流程建模和执行的数据都不在原有的各个业务系统中,而是全部集中到统一流程管理平台进行管理。

一个 BPM 产品应提供的核心功能可简要描述如下。

1）流程基本功能

流程中各个部分的基本功能如下所述。

（1）分支：流程应该支持任意数量的分支,并且直观地展示出来;分支的判断条件应该足够灵活,支持各种类型的函数调用,以充分满足业务要求。

（2）循环：流程应当支持设定循环,可以设定丰富的循环条件。

（3）委托：流程应该支持任务的委托,当某项活动的负责人不在时,可以根据事先设定的规则发送给被委托人。

（4）回退：流程中的活动不仅可以顺序执行,而且可以根据条件完成任意级别的回退处理。

（5）调用：任意流程都应该可以被其他流程调用,从而实现流程级的复用。通过多级调用,可以实现复杂、嵌套的流程,建立 BPM 模型的层次结构。复用体现在流程中的业务逻辑,形成不同级别的流程建模视图。

（6）递归：流程应该支持递归调用,即一个流程调用自身,对于多级审批处理之类的流程,这可以提炼出很好的抽象模型,以异常简洁的流程表达复杂的业务。

BPM 应可以一致地处理自动化活动和人工活动,从而在建立完整的流程模型的基础上,完成业务流程的优化和重组。根据人工活动的性质不同,BPM 应该支持通知型的活动和任务型的活动。产品应该提供方便高效的待处理事务界面,并且支持高度灵活的客户界面定制。

定制界面应该使用所见即所得的开发模式,BPM 应该可以和定制界面无缝集成,支持用拖曳的方式把界面集成到流程中,支持界面中人工输入的数据与流程参数的双向映射。

2）任务调度

对于人工处理的流程环节,BPM 产品应该提供完善的流程任务调度控制能力。首先,产品应支持面向用户和面向角色的任务分派。对于人工活动,流程既可以直接分派执行用户,也可以分派执行角色。如果分派了角色,那么,所有该角色相关的用户都应该收到该任务/消息。其次,产品还应该支持根据不同的业务逻辑进行用户任务调度,如将任务分派给当前任务最少的用户,或根据用户自定义的业务逻辑进行更加灵活的任务分派等。

3）流程监控

BPM 产品应当能够提供灵活多样的监控功能,以图形化视图、列表视图或树状视图等不同方式展现流程当前的运行情况。对于普通的流程,产品应能够提供与设计时一致的监控视图。对于跨部门跨角色的较为复杂的流程,产品应能够通过恰当的方式(如树状方式)进行监控。此外,产品还应能够通过深入查看被监控流程详情的方式,获得流程及其各级子流程运行时信息。

BPM 产品应当允许用户对流程进行运行控制,可以启动、停止、暂停和恢复执行流程实例,可以通过图形化的方式实时调试流程或修改运行数据。

4）规则引擎

BPM 产品应当具有规则引擎,从而充分利用规则引擎所具有的规则建模、动态配置和执行能力,实现更大的业务灵活性。规则引擎应当具有以下功能特性:与流程引擎紧密集成;易于被流程设计模型调用;支持规则建模与高性能执行引擎;业务对象行为可配置;支持动态行为变更;多种规则类型(约束、业务、定时器、订阅等);丰富的活动类型,包括Web 服务调用和人机交互;丰富的表达式支持,提供从简单到高级的各种常用函数,可以使用通用编程语言进行逻辑扩展等。

7. SOA 平台管理和管控

SOA 平台管控负责对服务总线、BPM、服务目录以及系统自身配置参数的管理,提供了权限管理、安全管理、平台监控、日志管理及分析报告等功能。SOA 服务总线能为业务和代理服务设置服务等级协议(Service Level Agreement,SLA)。这些 SLA 定义了业务和代理服务所期望的精确级别和质量。用户可以根据 SLA 的指标配置触发提示的规则。提示可以配置多级严重性,包括正常、提示、轻微、重大、危险和严重。

SOA 服务总线应该提供符合 SOA 技术标准规范的各种服务安全管理工具和手段,包括服务访问安全、服务数据传输安全、服务数据加密、权限管理及日志审计等各个方面的安全管控能力。

平台监控则主要是对服务总线平台的运行健康状况进行实时监控和预警,其中包括了硬件和中间件资源环境的监控,JVM 内存使用的监控,也包括了对服务本身的运行实例监控和流量监控等。

在 SOA 基础平台管理功能上,还需要构建基于 SOA 全生命周期的 SOA 管控管理,其中包括了服务注册、服务申请、服务开通、服务控制、服务中止、服务运行分析、服务目录和元数据管理的服务全生命周期管控和治理能力。

4.3.2 服务集成架构设计

1. 服务集成架构

在前面已经谈到基于服务的集成主要包括业务组件和平台的纵向集成,也包括了业务组件之间的横向服务集成。服务集成架构如图4.31所示。

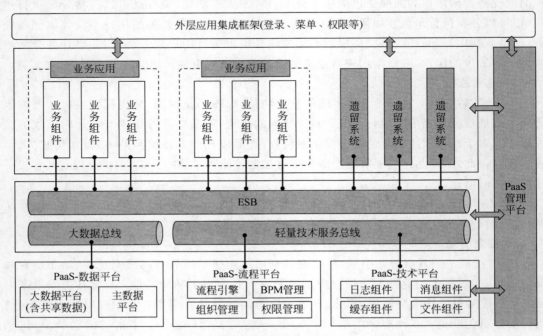

图 4.31　服务集成架构

当前私有云 PaaS 平台环境的集成需求主要包括技术服务集成、业务服务集成和大数据集成三个方面的内容,而这三方面服务集成具备了不同的业务特性。

（1）技术服务:数据量和并发量大,实时要求高;

（2）业务服务:数据量小,并发量大,实时要求高;

（3）数据服务:数据量大,并发量小,实时要求低。

根据以上三种服务的技术特点,可以将服务总线分为 ESB、大数据总线和轻量技术服务总线三种服务总线集成模式,对于三类服务总线最终都归集到统一的服务目录进行管理。

传统的 ESB 主要用于业务服务集成,业务服务自身对消息可靠性、数据和事务一致性要求高,路由规则复杂,服务运行数据审计要求严格,同时还存在和企业内部遗留业务系统的适配和转换。因此业务服务本身最适合采用 ESB 或传统的消息中间件进行集成。

对于技术服务,则建议采用 Restful Web Service 的服务方式进行开发和服务能力开放。技术服务自身的数据和并发量都很大,而管控的重点是服务的鉴权和服务运行监控管控,因此适合采用一种轻量的能够实现服务鉴权、路由和运行安全审计的总线来进行接入和统一管控。

对于大数据服务集成,虽然对数据服务的实时性要求不高,但是每次传输的数据量都很大。如果仍然使用传统的 ESB 接入和集成,将对 ESB 的性能和内存消耗造成巨大的影响。因此对于大数据服务集成,建议采用 ETL 集成和 Web Service 结合的模式来实现。对于服务层只实现服务请求发起和服务代理管控,而数据的传输仍然采用 ETL 集成模式完成。

2. 服务集成关系

在 SOA 服务层功能规划完成后,可以进一步分析业务应用群和 PaaS 平台之间通过服务层的集成关系,如图 4.32 所示。

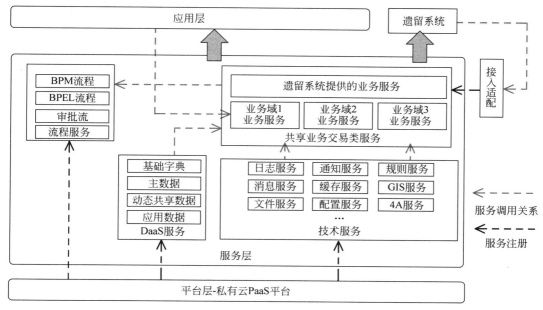

图 4.32　服务集成关系设计

其中 PaaS 技术平台层提供的流程服务、DaaS 服务、技术服务(消息、日志、安全、文件、配置、通知)等服务能力都统一注册和接入到服务总线。实现纵向的平台层能力向上的能力开放和服务共享。

对于业务系统而言,业务系统被划分为多个松耦合的业务组件,业务组件向外暴露相应的业务服务能力,这些业务服务能力最终也注册和接入到服务总线,以实现横向的业务组件协同和端到端业务流程的整合。

4.3.3　服务技术架构体系

服务技术架构设计将参考标准的 SOA 参考架构和组件化开发。首先需要参考组件化和平台化开发的思想,将传统的 IT 应用架构分解为多个高内聚的技术组件和业务组件,同时识别可以复用的原子服务能力并将其共享发布,然后基于原子服务能力进一步进行组合服务设计、服务编排和流程组装。其架构体系如图 4.33 所示。

私有云 PaaS 平台中的服务总线,已经从传统单纯的 SOA 集成平台转化为服务能力共享平台、服务和流程编排平台。其核心是共享服务能力的开放而不是跨系统或组件的数据集成和交换。当然对于传统的历史遗留系统仍然可以采用数据交换和集成的方式进行集成和接入。

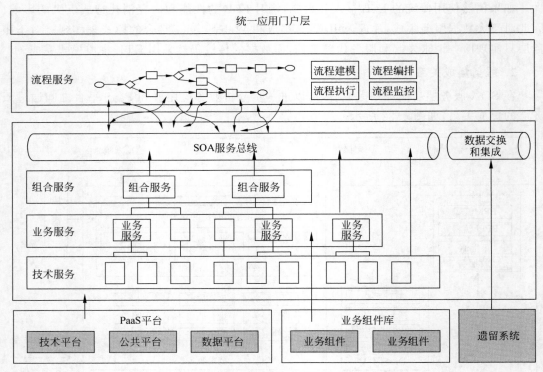

图 4.33　服务技术架构体系

服务技术架构设计一方面参考 SOA 标准技术规范体系,另一方面参考 SCA/SDO 组件化设计模型和规范。在服务层设计时前期的重点是可复用技术和业务原子服务的识别、开发和共享。后期重点则是针对原子服务的组合服务,基于原子和组合服务的服务编排和流程组装。正是因为业务流程或功能通过底层的各种服务灵活组装和编排,才使得这种服务化架构能够通过配置或重新编排的方式快速适应业务的变化。

4.3.4　服务管控平台设计

1. 服务管控总体架构

通过对业界标准的 SOA 治理架构的参考,结合多年大型项目的 SOA 咨询和实施成功经验,给出了 SOA 治理和管控参考架构,如图 4.34 所示。

SOA 治理和管控是一个覆盖服务全生命周期,涉及业务域、服务域和支撑域 3 个方面的完整治理框架和模型。

(1) 业务域:涉及 SOA 咨询实施全流程和业务的具体衔接点。

(2) 服务域:涉及 SOA 服务识别、分析、设计、开发、测试、部署及运维全生命周期。

(3) 支撑域:涉及 SOA 治理和管控的底层过程支撑和质量保证流程。

在图 4.34 中,SOA 治理和管控的包括了三大核心价值,即服务目录库管理、服务全生命周期管理和服务运行监控管理。服务目录库管理的重点是形成 SOA 能力提供中心和可复用的 IT 核心资产库,服务生命周期管理的重点是使基于 SOA 服务化的咨询和实施方法全程可视化,而服务运行监控则是满足 SOA 服务总线高可用性的关键内容。

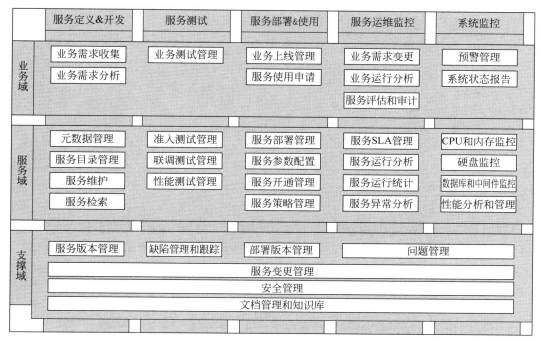

图 4.34　SOA 治理和管控参考架构

2. 服务目录库管理

SOA 提供的服务本身就是一种能力,能力提供中心的意义就是将服务转化为一种能力进行提供,达到业务组件化和组件能力化的目标,以更好地推进服务的重用、服务的编排和整合,其过程如图 4.35 所示。

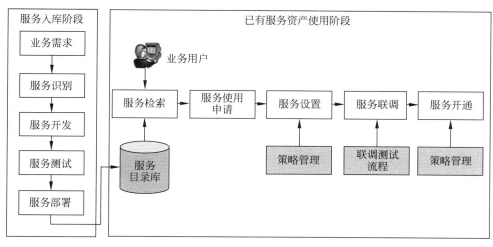

图 4.35　服务目录管理过程

能力提供中心支持服务全生命周期管理,可以实现服务的入库(包括服务的接入申请和服务的注册),服务入库后即转变为服务的能力提供,形成 SOA 服务资产库。对于需求方可以对服务资产库进行检索,查看自身需要使用的能力,然后进行服务申请,服务开通和使用。

1）能力入库

SOA 是一个集成平台,是服务的集成和服务的重新组合和编排。SOA 自身并不产生能力而是集成能力,这是 SOA 和云计算提供能力的一个差别。因此 SOA 服务目录提供的能力是需要各个能力提供商按照 SOA 标准规范进行开发后,将能力注册入库,形成服务目录资产库。

能力提供商可提供的能力包括了数据服务、业务服务和流程服务。也包括了技术服务和平台层服务,延伸到 CT 领域则包括短信、彩信、语音等 CT 能力的提供和汇聚。这些能力的开发需要遵从 SOA 标准的服务识别、服务定义、服务开发和服务测试等方法和步骤,按标准来构造能力单元,最后通过服务注册入库。

2）能力中心

SOA 是一个能力中心。SOA 本身即是一个提供各种能力的能力提供者,提供能力的方式是通过 SOA 服务目录库,对于 SOA 提供的能力包括了多个方面的内容,有直接可以使用的流程服务或 UI 组件,也可以是数据服务或业务服务。能够最终入库的能力首先需要满足的条件是服务粒度和可重用性。

建设 SOA 服务目录库,形成能力提供和发布中心是 SOA 建设的一个关键点,没有服务视图或快捷的能力搜索和查找机制,就很难推动消费者来查找和使用能力。那么自然就谈不上服务能够很好的复用。

3）能力出库

对于能力出库,则是能力的使用和消费阶段。各个能力使用方在有新的需求的时候,都可以首先查询 SOA 提供的服务目录和服务视图,查看详细的服务契约、服务接口和服务元数据定义,最终确定现有的服务能力是否能够满足自己的需求。

当服务目录库提供的能力能够满足自己的需求的时候,则可以走服务申请流程。服务申请则是申请具体要使用的能力或服务。能力管理者对服务申请进行受理,开发能力使用和消费权限。消费方最终使用 SOA 能力中心的能力用于构建自身的新的业务系统。

对于已经是界面集成层的 portlet 等小应用,能力使用方一般可以直接使用和集成。如果提供的是数据服务或业务服务,则需要进行服务的组装或编排。这一方面是可以借助 BPEL 服务和流程编排的能力,也可以将这部分工作放到能力使用方各自的系统进行处理。

3. 服务全生命周期管理

SOA 治理和管控要求实现对服务需求、服务识别和分析、服务设计、服务开发、服务测试、服务部署上线全生命周期的管理,如图 4.36 所示。

SOA 治理和管控平台支持 SOA 服务实施全流程的可视化和闭环管理,可提升 SOA 实施过程的透明性和规范化。SOA 全生命周期管理所包含的内容如下所述。

（1）SOA 服务识别和分析阶段。实现 SOA 服务元数据管理,支持服务的输入、输出、数据、业务规则等详细定义,支持服务目录浏览和服务视图检索。实现对 SOA 服务需求文档和 SOA 服务规范的管理,支持 SOA 服务规范在线浏览。

（2）SOA 服务设计阶段。在服务设计阶段实现对 SOA 服务契约设计和服务接口设计。可以根据 SOA 服务定义自动生成 SOA 服务契约和 SOA 服务接口,包括 WSDL 文件

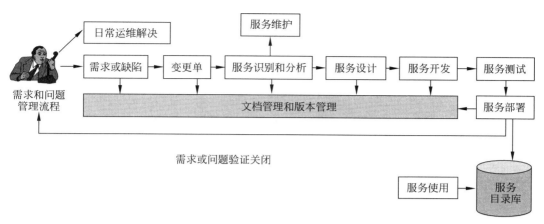

图 4.36　服务全生命周期管理

和 XSD 文件等。

（3）SOA 服务开发阶段。此阶段主要是实现 SOA 服务开发过程的管理。

（4）SOA 服务测试阶段。SOA 服务测试包括了服务准入测试和服务组件间联调测试。测试包括了测试计划、测试需求分析、测试用例、测试执行、测试验证和关闭等环节。SOA 服务测试管理可以实现对 SOA 准入测试和联调测试全流程的可视化管理和监控。

（5）SOA 服务接入和部署。SOA 服务接入包括了 SOA 服务正式注册入库的流程，通过 SOA 服务接入申请，在服务经过准入测试后，SOA 可以正式接入入库，SOA 服务目录库也可以向外部提供该服务能力。SOA 管控和治理提供对接入服务的部署管理和版本管理等。

（6）SOA 服务开通和访问控制。当业务需求方需要使用 SOA 服务目录库中的服务时，需要提供 SOA 服务使用申请。SOA 管控和治理平台对 SOA 服务进行服务开通，在服务开通后 SOA 服务正式进行服务访问控制授权，业务需求方才能够通过鉴权消费服务。

（7）SOA 过程支撑流程。过程支撑流程包括问题管理、配置管理、变更管理、协同管理、版本管理等。该部分内容属于基础支撑过程，目的是配合 SOA 实施全过程规范化和标准化。

4. 服务运行监控管理

SOA 服务运行监控目的在于保障 SOA 平台的高可用性。高可用性的建设涉及 SOA 平台规划建设阶段，也涉及后续的服务上线运维阶段，如图 4.37 所示。

（1）平台规划建设阶段。在该阶段重点是根据业务需求预测和 SOA 的业务测算模型，进行 SOA 平台的 TPMC 计算和存储需求计算，形成 SOA 软件平台和硬件平台规划，并指导完成 SOA 软硬件平台和环境的搭建。

（2）服务上线运维阶段。在该阶段包括了服务的运行监控、SOA 中间件平台和硬件环境的监控。通过分析监控采集的数据对 SOA 服务分析设计、硬件平台、服务控制策略等进行调整，以满足 SOA 平台的高可用性要求。如可以根据硬件监控预警追溯到中间件环境并进一步追溯异常服务的调用，也可以根据异常服务调用分析服务的实现策略是否合理，调整服务 SLA 等级。

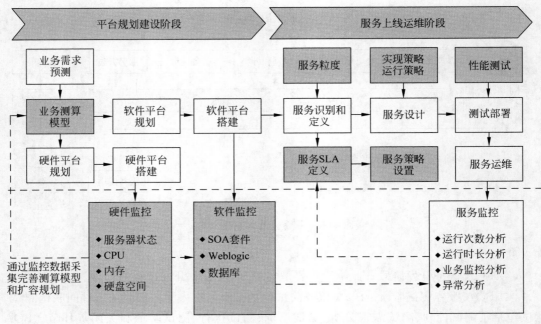

图 4.37　服务运行监控管理

4.4　应用层架构设计

4.4.1　架构设计概述

1. 平台化思想

平台化思想是云计算和 SOA 融合思想的一个集中体现。首先,平台化思想的核心是将原有烟囱式系统建设中共性和可复用的建设内容都下沉到平台层集中化统一建设,同时将建设完成的平台层能力以服务化的方式暴露给上层业务系统使用。其次,由于平台层共性能力的建设,将彻底打破原有业务系统内部各个业务组件模块的紧耦合,业务系统的建设将转换为多个业务组件能力的建设和集成,业务组件之间也通过标准的服务方式进行交互和协同。

在传统的业务系统开发过程中可以看到,对于系统管理、工作流引擎、技术组件(包括日志、缓存、消息、文件)、技术框架、UI 组件库等都是各个业务系统自行建设。一方面是增加了重复建设的工作量,另一方面也导致业务系统建设的技术标准和接口不统一,对业务系统间的协同造成影响。

传统的业务系统建设模式如图 4.38 所示。

通过图 4.38 可以看到,各原有系统所存在共性的系统管理、流程引擎和技术组件等模块没有进行复用建设,业务系统内部的各个业务模块紧耦合无法拆分,虽然可能已经实施了基于 SOA 理念的服务总线,但是仍然停留在数据集成和接口平台层面。

基于图 4.38,在平台化思想建设指引下,整体的架构模式将转换为平台+应用的建设模式,如图 4.39 所示。

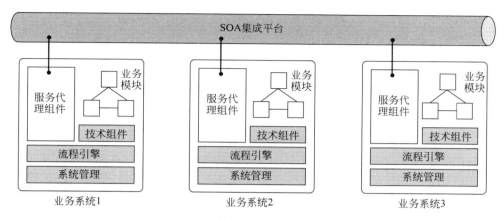

图 4.38　传统业务系统建设模式

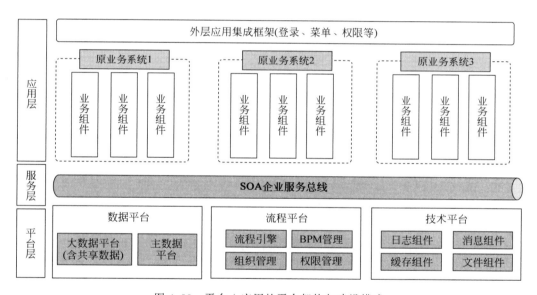

图 4.39　平台＋应用的平台架构与建设模式

如图 4.39 所示,原有业务系统中的共性组件都下沉到平台层进行统一集中化构建,对于构建完成的各种技术能力通过服务总线以服务的方式暴露给上层使用。原有的业务系统开发将变化为多个业务组件的开发以及业务组件之间的集成。在这种模式下,原有的业务系统边界也会逐步模糊,业务系统转变为了多个业务组件,和平台层能够组合完成一个逻辑单位,在这种模式下松耦合的业务组件也能够更加方便快捷地组合出满足业务流程和场景需求的新业务系统。

在平台化的建设模式下,可以看到原有的业务系统交付已经转变为了多个独立高内聚的、能够实现核心业务价值的业务组件的交付。而业务组件在交付和实现过程中只需要考虑业务组件本身和平台层的纵向集成,业务组件和上下游业务组件间的横向集成。由于共性技术能力的下沉,业务组件在开发和实现中真正回归到关注核心业务功能和规则逻辑的实现,而不是各种技术问题的解决。

为了实现业务组件之间的灵活集成和组装,在业务组件上层还需要实现一个具备 RIA 特性的动态界面装载框架,可以灵活地装载不同的业务组件形成一个逻辑意义完整的业务系统。外层应用框架主要包括了统一认证、单独登录、菜单资源和用户信息的加载、业务组件的动态加载、全局信息配置等基本功能。

2. 组件化思想

组件化思想的核心是将传统的业务系统开发转化为多个业务组件能力的开发和组件间的集成。一个独立的业务组件是指一个高内聚的能够实现核心业务价值的软件应用单元。该业务组件既实现某个业务流程或业务域中的核心业务功能,同时又暴露相应的业务服务实现和其他业务组件的集成和协同。一个业务组件可以独立进行需求分析、设计开发、测试和部署上线。业务组件并不包括类似原有业务系统中的系统管理、流程引擎等技术模块功能,只有核心业务功能和规则逻辑的实现。在组件化架构设计中可参照组件化业务模型(Component Business Model,CBM)和服务组件框架(Service Component Architecture,SCA)。

CBM 是一个 IBM 关于 SOA 构建的方法论。通过将组织活动重新分组到数量可管理的离散、模块化和可重用的业务组件中,从而确定改进和创新机会,把业务从领导、控制和执行三个方面进行模块化分析,从而有效地实现业务能有组织的提供服务能力。CBM 的价值是提供一个可以推广的框架,创造顺应组织战略的可以运营的指导方向,同时 CBM 按照业务和资源的优先级别和相互关联的程度来构建和顺应战略的发展方向,建立一个沟通机制来理解整个业务发展的方向。

SCA 服务组件框架是由 BEA、IBM、Oracle 等中间件厂商联合制定的一套符合 SOA 思想的规范。服务组件框架提供了一套可构建基于面向服务的应用系统的编程模型,它的核心概念是服务及其相关实现。SCA 组件组成程序集是服务级的应用程序,它是服务的集合。这些服务被连接在一起,并进行了正确的配置。

根据业务组件的作用不同,可以将业务组件分成公共业务组件和普通业务组件。公共业务组件包含统一用户组件、统一认证组件、门户组件、流程组件、报表组件、BI 组件及 GIS 组件等。这些组件的共同特点是多个业务组件或者系统会用到这些业务组件。

基于组件化架构的思想,一个传统的完整业务系统转变成多个技术组件和业务组件在服务总线集成下逻辑组成并高度协同的一个抽象单位,如图 4.40 所示。

在完整的组件化架构下,原有烟囱式的多个业务系统概念将逐步消失。可以把整个企业的所有软件称之为系统,即一个企业只有一个系统。系统下面划分成若干应用,每个应用完成一个相对独立的业务功能,比如财务管理和人力资源管理等,由一个厂商独立完成。应用下面划分成若干业务组件,业务组件是相对独立的功能,其可以进一步划分成若干模块,从而形成了系统→应用→业务组件→模块四个层次的应用模型。

3. 领域设计思想

对于 SOA 参考架构中的服务,重点是粗粒度建模并实现业务价值。在领域建模过程中,首先是将传统的数据库表转换为有业务含义的业务对象;其次是构建领域服务层,将领域对象的能力以粗粒度的方式暴露给上层业务组件使用。其模型如图 4.41 所示。

对于贫血的领域服务层,就是一个 DAL 层封装的服务化,即只提供数据库表 CRUD 能

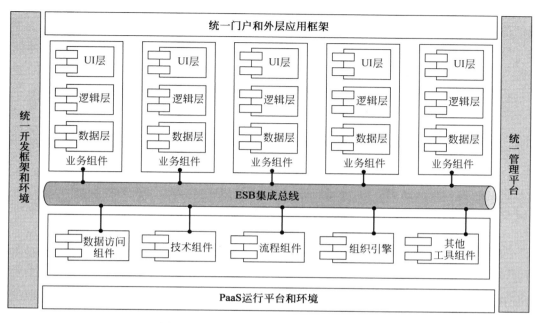

图 4.40　基于组件化思想的应用架构设计

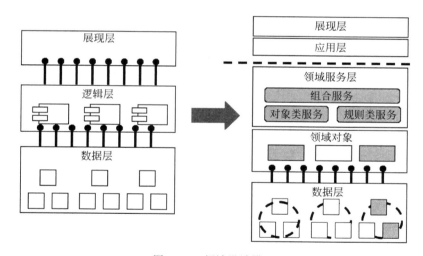

图 4.41　领域设计模型

力的服务化,基本满足所有的业务处理和应用需求。但是领域服务层没有任何领域逻辑,也没有领域对象的转换。领域服务主要包括 3 个方面的内容:其一是领域对象识别,然后将领域对象的类似 CRUD 操作暴露为服务;其二是对于核心业务规则的识别,将业务规则识别为业务服务;其三是组合服务,根据业务场景需要将几个原子服务组合为一个更大的服务。

　　领域对象是具有完整相同的生命周期的对象体系。领域对象中的各个子对象不能脱离主对象独立存在,如经常提到的订单、合同、供应商都是领域对象。但是这些领域对象在数据库中往往存在多张一对多的数据表,如订单至少包括了订单头和订购明细信息等。在领域对象识别中必须要首先识别核心的实体对象,再根据实体对象的属性需求来识别对象,领域对象识别清楚后再根据业务场景的需求考虑领域对象的能力暴露。

领域对象的一个核心任务就是将数据库表对象转化为领域对象,并将领域对象的能力暴露为粗粒度的服务,即数据库的 CRUD 能力转换为对象的生命周期操作能力。在这种分析模式下容易遗漏业务规则转换为业务服务部分的能力需求,这类业务服务往往需要在对象关联依赖、真实业务场景和用例活动中才能够识别。举例来说,供应商领域对象开始只识别了供应商的增删改查的对象处理能力,但是在做采购订单和合同的时候,有一个业务规则是需要校验供应商是否有效。这种场景下需要将这种独立可复用的业务规则转化为业务服务。这种业务服务相当多,也可复用,属于粗粒度服务范畴。还有一类是组合服务,跟业务流程中的子流程或活动相挂钩,如银行转账、资产调拨、供应商合并及单据提交(单据保存+流程启动)等,都是典型的组合服务,往往需要调用多个原子服务或原子 API 操作才能够完成。这种组合服务能力可以进一步在领域服务层进行封装。

在引入了领域对象层和领域服务层后,需要对传统的分层架构进行调整。首先是引入领域对象,对原有的数据库表对象进行第一层抽象,数据接口转换为对象接口;其次是对原有的展现层和逻辑层进行解耦,引入领域服务层,在领域服务层需要承载业务逻辑,但是又不是完全承载。领域服务层贫血很多时候可以追溯到原有分层架构中本身的业务逻辑层就贫血,业务逻辑层逻辑都放到应用层和数据库存储过程中,自然转换到领域建模中也存在贫血的问题。

领域对象服务中的领域对象本身就是多个数据表的汇聚,所有对象服务可以解决对象级的事务问题,如订单保存这一业务操作中订单头和订单明细的操作严格控制在一个事务里面。但是对于领域服务层的组合服务仍可能存在分布式事务的问题,在这里还是建议基于 BASE 模式的思路进行操作。对于组合服务而言,还有一个方式就是不用直接对原子服务进行组合,而是对原子服务下层的对象级操作 API 进行组合,这样方便启用数据库层或逻辑层的事务进行事务控制。

4. 架构设计内容

从对平台化、组件化思想的描述可以看到,应用架构的设计将转变为业务组件的设计、业务组件数据存储的设计和组件集成设计三个方面的内容。其余传统应用架构设计的内容将在平台层和服务层架构设计中统一进行描述。

业务组件设计类似于传统的业务功能模块的设计,一个业务组件本身也是高度独立并体现业务域价值的业务子应用系统。对于业务组件设计的重点是业务架构设计、逻辑架构设计、技术架构设计和集成架构设计四个方面的内容。

数据存储设计重点是在海量数据和高并发访问的业务场景下对数据进行拆分和冗余等设计。由于数据存储设计采用拆分和分布式的处理,所以业务组件在访问数据存储时候需要通过平台层提供的 DaaS 服务层能力进行。

组件集成设计将详细描述业务组件和 PaaS 平台层的技术服务能力之间的纵向集成,以及上下游业务组件提供的业务服务能力的横向集成。单个业务组件纵向集成后形成一个完整意义上的业务子系统或模块,多个业务组件之间横向集成后形成一个完整意义上的业务应用或系统。

4.4.2　业务组件设计

1. 组件开发概述

基于组件化开发所能带来以下优势。

（1）原有到系统级的粗粒度控制细化到了组件级别的细粒度控制,一个复杂系统的构建就是组件最终集成后的一个结果。每个组件都自己独立的版本,组件可以独立编译、打包和部署。

（2）产品组件化后可以真正实现完整意义上的按组件进行产品配置和销售,用户可以选择购买哪些组件,组件之间可以灵活地进行组装。

（3）配置管理、开发、测试、打包、发布完全控制到组件层面,这样所带来的好处显然易见,即如果一个组件进行小版本升级,提供给外部的接口没有任何变动,其他组件完全可以不用做任何测试。

在 SOA 之前已经有成熟的组件化开发方法。在 SOA 出现后,SOA 咨询、需求分析及设计实现方法论等内容进一步融入到组件化开发中。各种底层基础技术框架的发展和完善,为组件化开发提供了更为完整的支持,推动组件化开发的发展,特别是在 B(Browser)/S(Server)架构下的组件化开发。回到软件生命周期,我们再来阐述组件化开发的核心思路和逻辑。

1）业务建模和业务组件阶段

流程驱动 IT 以及 SOA 思想的进一步融合,改变原有组件开发过多关注技术组件层面问题的局面。业务建模阶段重点包括了业务架构和数据架构,其导入点仍然是端到端流程分析为主线导入。业务架构分析重点就是形成业务组件,也可以叫业务模块。

最为重点的是业务组件的形成,业务组件来源于流程分析和流程分解。业务组件本身是高度内聚的多个业务功能的一个集合,业务组件之间为松耦合,业务组件通过交互和集成可以完成一个更大的端到端流程。业务组件的识别将采用传统流程分析以及面向结构的CRUD 矩阵分析等方法来分析高内聚性。矩阵分析包括了业务功能和业务数据之间的CRUD 关系,也包括了业务功能和业务功能之间的关联和依赖性分析。

把粗粒度的数据建模划归到业务建模阶段,该阶段的数据建模偏概念模型,后续在设计阶段再转化到逻辑模型、物理模型和数据实体组件。同时该阶段的数据建模需要梳理出业务和流程中核心的基础主数据和核心业务单据,分析业务单据关联映射关系,协助前面谈到的 CRUD 矩阵分析。

在这个阶段最终需要输出的涉及组件层面的产出物包括软件系统的业务组件,每个业务组件包含的业务功能或业务用例,整个业务系统中的业务实体,业务实体关系图等。

2）软件需求阶段

这个阶段的描述将重点放在对其逻辑关系的梳理。首先形成业务组件,业务组件是大的业务模块。业务组件下有业务用例,业务用例通过进一步的需求分析和开发,将业务用例转换为系统用例,然后对每一个系统用例进行详细的描述。业务流程→业务组件→系统用例是一个从顶向下,逐层展开的分析过程。

传统的用例建模没太关注用例之间的交互,而将其延后到设计和实现阶段去完成。从全系统来看,首先完成对业务组件之间交互的描述,对交互点和交互场景进行详细说明。在细化进入到一个业务组件内部后,需要对系统用例之间的相互调用进行描述。

对于数据层面则在软件需求阶段进一步细化,从概念模型阶段过渡到逻辑模型阶段,进一步细化业务功能为系统操作、分析系统操作和数据对象之间的关系。

3)系统建模和技术组件阶段

这个阶段即传统的架构设计阶段,仍然是组件化开发的一个重点,这里的系统建模和架构设计重点都变化为功能性架构。但是前面业务建模阶段已经有一定的积累。如果业务建模阶段是系统分析的话,那么系统建模阶段是系统设计。

系统建模阶段第一个重点是要实现从业务组件到技术组件的细化。对 SOA 的分析中提到业务组件、服务组件和技术组件。这里只谈业务组件和技术组件,并弱化服务组件的概念。首先,进入了架构分层后,一个业务组件可能需要拆分为多个技术组件,包括数据层组件、逻辑层组件、UI 层组件和数据实体组件等。其次,在该阶段会引入很多的纯技术层面的组件,这些技术层面组件和业务完全无关,但和平台非功能性架构有关,如安全、异常、日志等相关组件。

业务组件本身符合高内聚性,转换到技术组件后仍然需要符合高内聚性,技术组件之间不允许出现相互交叉调用,同时整个调用关系应该是从上层往下层调用。纵向看是 UI 组件→逻辑层组件→数据层组件调用关系;而横向看则是同层之间的各个技术组件之间存在相互调用关系。按照组件最大化复用原则,优先考虑 UI 组件复用,其次考虑逻辑层复用,最后才考虑数据层复用。

根据前面分析可以很明显地看到,在系统建模阶段关于组件分析和设计的几个重点内容。

(1)业务组件转换为技术组件,并按层分解。

(2)根据业务交互及用例交互分析组件之间的调用关系。这些调用关系就是组件间的接口,通过业务和流程分析的方法来找到接口,转到相关组件的接口设计上,组件之间的调用只能通过接口,组件内部完全黑盒。

(3)数据建模和设计,将前面数据建模分析内容转换为数据实体组件,数据实体组件只含数据实体,实现控制类和实体类的分离。这样数据实体类容易变化为下层可以被多个逻辑层技术组件引用的组件。

这个阶段需要输出的内容包括了业务组件→技术组件的对应清单、组件调用关系和依赖关系图、组件接口设计文档和接口清单、可复用组件抽取和分析、组件包视图和部署视图、应用系统组件化后的产品结构视图和配置项清单等。

4)实现阶段

实现阶段关注的问题是一个技术平台或框架能支持组件化开发、测试和部署。传统的 B/S 架构开发中难以解决的问题是 UI 层内容的独立打包和部署,而现在类似 T5 框架可以做到更好的支持。T5 框架再叠加 OSGi 则能较好地实现需要的组件式开发、动态发布部署、组件热插拔等基本需求。

可以单独对组件进行自动化单元测试,当某个组件有变化的时候,可以单独对变化的组件进行版本升级,单独对变化组件进行部署。

2. 业务架构设计

业务架构设计是定义和识别业务组件的基础。对于业务架构的设计需要遵循企业架构方法论中业务流程分析思路,以及借鉴 IBM 的 CBM 组件化的业务模型建模思路。

业务架构是一个纯粹意义上的业务概念,只关心具体的业务域和业务功能。业务架构可以看作由多个高内聚、低耦合的业务组件构成,因此在业务架构完成后基本就确定了业务组件的划分方法和粒度等问题。

业务组件的划分需要和业务架构图对应,可以将业务架构图中的每个业务模块识别和定义为一个业务组件,也可以根据高内聚、低耦合准则将多个业务模块合并为一个业务组件。以采购管理业务域为例,经过前期的流程分析和业务交互矩阵分析,得出如图 4.42 所示的业务架构图。

图 4.42　业务架构设计示例

进一步基于业务高内聚的思想,可以将采购管理业务划分为招投标管理、采购管理、基础数据管理及采购绩效分析等多个业务组件并指导后续的组件设计和开发。

3. 逻辑架构设计

对于应用层的逻辑架构仍然参考"平台＋服务＋应用"分层的思路,如图 4.43 所示。在新平台架构下,应用必须结合平台层和服务能力才能组装成为一个完整的应用。应用层采用数据层、业务逻辑层和展现层的三层架构模式。

(1)数据层主要包括了主数据等共享数据的访问和读取,也包括了对业务组件模块私有数据的 CRUD 操作。数据层可以直接调用 DaaS 服务层能力操作底层数据库,也可以直接调用封装后的领域数据服务能力查询和访问数据。

(2)业务逻辑层和传统业务逻辑层的最大区别是体现了 SOA 服务化的思想。即业务流程和功能业务是通过平台层提供的技术服务和业务服务能力进行组合和组装实现的。这既可以通过传统的代码开发和服务调用来实现,也可以通过类似 BPEL 设计和建模工具等可视化的进行灵活配置和实现。

(3)展现层主要是各种前端和界面实现技术,包括了 JSP、HTML 和现在的一些富客户端 AJAX 框架,如 ExtJS、JQuery 等。展现层通过调用逻辑层的服务能力进行数据的存取和业务规则的实现,同时也包括了界面集成技术实现多个业务组件的界面集成。

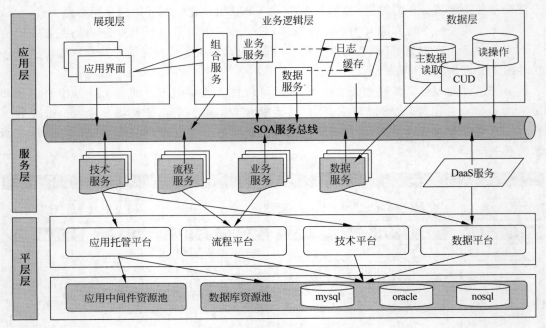

图 4.43　业务组件逻辑架构设计

4. 技术架构设计

对于应用层技术架构设计,主要参考传统的分层架构模式,如图 4.44 所示。

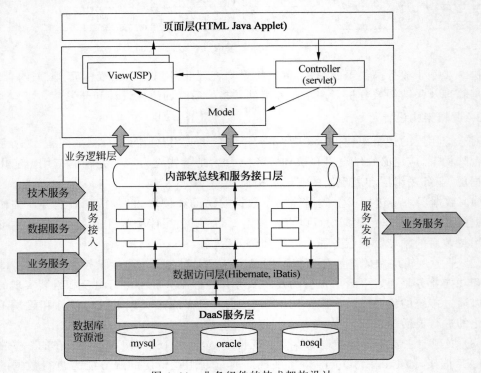

图 4.44　业务组件的技术架构设计

结合 SOA 和组件化思想进行调整,其中重点是业务逻辑层和 Web 层两方面内容的细化。

(1)业务逻辑层本质是提供业务服务能力的服务组件层,其中包括了数据访问层、内部的技术组件,内部的服务接入软总线,外部的服务代理实现服务接入和服务发布。业务逻辑层最终的业务能力将以内部软总线的方式提供给 Web 层使用。

(2)Web 容器层和界面展现的重点是实现标准的 MVC 模式。对于来自前端界面应用的请求信息先经过控制器处理后转给模型处理再进行视图层面输出,以实现界面显示和数据处理的分离。如通过 Java 的 Struts 框架来实现标准的 MVC 模式等。

5. 集成架构设计

业务组件以 Web 服务的方式提供接口,通过企业服务总线连接。业务组件内部为了实现高可复用性和高效性,采用基于 OSGi 内部软总线标准进行构建模块,实现内部模块之间的松耦合。即在业务组件内部基于 OSGi 标准进行模块化设计,将业务组件进一步分解为松耦合的模块(Bundle),使得业务组件本身更加灵活。其架构设计如图 4.45 所示。

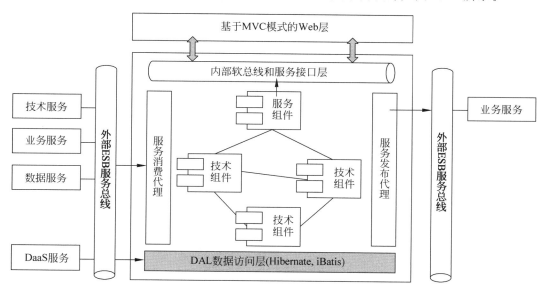

图 4.45　业务组件集成架构设计

基于 OSGi 标准,业务组件内部的模块通过一个具有动态加载类功能的微内核连接,统一管理各个模块。为了便于管理,将不同模块之间的类接口采用服务注册的方式进行管理,具有类动态加载功能的微内核和类接口管理组成类总线(JCB)的基本功能。为了更好地实现重用,有些模块是共用的,比如数据访问模块、日志管理模块等。

(1)内部软总线和服务接口层。实现一个业务组件内部的服务注册、调用和服务管理,一般采用比较轻量的如 OSGi 标准来实现。软总线机制可以保证业务组件内部的进一步松耦合设计。

(2)服务组件和技术组件。服务组件是业务组件中唯一和外部进行交互的接口组件,包括服务消费和服务调用均在服务组件完成。技术组件是服务组件的具体实现及内部功能的业务规则实现等。

（3）服务代理。服务代理包括了服务消费代理和服务发布代理。业务组件本身要消费外部的服务，包括技术服务、流程服务和其他业务组件提供的业务服务，这些通过服务消费代理来完成。同时业务组件也需要向外部其他业务组件提供可复用的业务服务能力，因此需要将内部的服务接口进一步通过服务发布代理，发布为外部可访问的业务服务并注册到外部 ESB 服务总线上。

4.4.3 数据存储设计

1. 共享数据设计

一个完整的业务组件不仅仅是实现相应的业务规则和业务功能，更加重要的是需要完成业务组件自身的数据存储。因此松耦合的业务组件不仅仅是在应用中间件层部署包隔离，还包括了在数据库层面的严格资源隔离。

业务系统主要分为两种主要的形态：一种是以核心数据主导的业务系统；一种是以工单流程主导的业务系统。前一种典型形态如资产系统、资源系统等，其中资产和资源都是核心数据，所有业务功能都围绕核心业务数据展开，改变核心数据的属性状态或关联关系。而对于 OA、电子运维等系统则是工单流程驱动型系统，这种系统往往并没有一个全局的核心数据层，不同业务类型下的单据之间相对独立。

因此对于以数据主导的业务系统来看，多个业务模块会共享一个全局的共享核心数据层，所有上层业务模块都可能产生、变更或消费这些共享数据。那么这类数据放在单独的业务模块里面实现已经不合适，必须要抽象和提取出来放到公共的共享数据库进行存储，然后共享数据的能力以领域服务的方式暴露给上层业务模块使用。对于业务组件自身的私有数据，由于不存在共享和交互的需求，仍然可以放在业务组件自己的数据库中进行设计和管理。如图 4.46 所示。

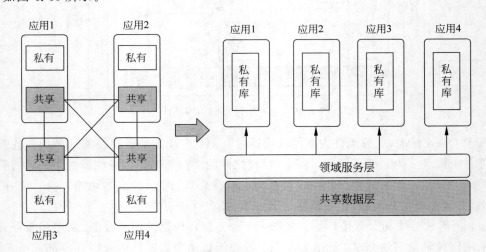

图 4.46　共享数据架构设计

要注意 SID 共享数据不是简单传统的主数据，主数据只是跨多个业务系统共享的基础静态数据，而对于一些动态数据如项目、合同、订单等仍然存在跨多个业务系统或业务模块共享的问题，因此也属于共享数据的范畴。

2. 数据冗余设计

前面章节谈到了共享数据设计,其设计的核心目标是减少业务组件间的横向交互,同时通过数据只有一套不冗余的方式来保证数据的一致性和完整性。在共享数据设计模式下,具体的数据库参考架构如图 4.47 所示。

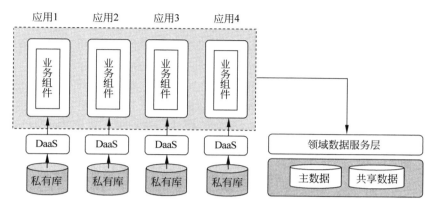

图 4.47 业务组件数据存储架构

在这种情况下,4 个应用的所有 SID 共享数据全部集中到共享数据库,然后以领域服务的模式提供共享数据能力。而对于每个应用中只保留私有数据库。在这种模式下,虽然达到了共享数据只保留一份数据备份,不会有任何数据不一致和数据实时性问题,但是却带来了单个业务组件开发复杂度的增加。在传统模式下一个数据库内部能够解决的问题,都转换成了跨库问题和分布式事务处理问题,这是在共享数据架构设计中不可回避的关键问题。

鉴于上面的问题,需要探索一种在共享数据和非共享数据设计两种方案之间的一种折中设计方案,这种方案的核心要求就是既可以解决共享数据能力提供和数据一致性问题,又可以尽量减少对上层业务组件设计开发带来的跨库和分布式事务影响。在该思想的指导下可以采用数据冗余和数据复制技术来实现,具体的数据架构参考图 4.48。

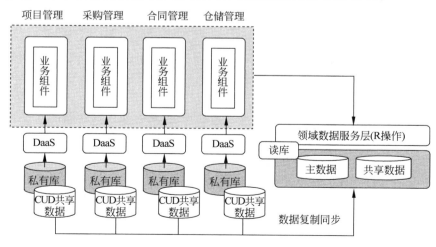

图 4.48 数据冗余架构设计

该架构参考数据库读写分离的思路,即首先识别各个业务数据中需要共享的共享数据,对于这部分共享数据通过数据库日志复制技术准实时的同步到 SID 共享库中。全局共享库通过领域服务层提供数据的读取服务。

举例来讲,如项目管理系统产生项目信息数据,这部分数据是各个业务系统都会消费和使用的共享数据。对于项目信息的产生和 CUD 操作仍然在原来的项目管理数据库中完成,在数据产生或变更后则实时的通过数据复制同步到共享的读数据库。对于采购、合同、仓储等业务系统在需要项目信息的时候不再访问项目管理数据库,也不再同步项目管理信息数据,而是直接通过共享数据库提供的"项目管理信息查询服务"实时查询。

在该场景下,共享数据库仅仅是读库,由于数据复制可能存在一定的延迟或发生脏读,但是本身不会对业务操作类事务的一致性造成影响。对于共享数据的产生源头单元,非完全实时性要求的场景下都可以使用该种数据冗余模式。这种模式既解决了业务系统间大量的数据复制和相互交叉调用,同时也解决了业务系统在实际的 CUD 操作中进行跨库操作和分布式事务处理的问题。

在这种模式下可以看到和传统的 MySQL 数据库的读写分离思路相当类似。SID 库仅仅是一个读库,供所有的应用读,同时为了保证性能读库自身可以扩展为多个读库集群。进行 CUD 操作的写库还是在原有应用中,可以大量地避免分布式事务的处理问题。

在这种模式下的实时性和一致性也较容易保持,例如对于本地应用库中的 SID 数据可以采用类似读写分离集群中的 BinLog 日志复制技术,这样可以基本保证 SID 库的准实时性。虽然不是完全高度实时和一致,但是由于是数据读,本身问题不大。

3. 数据集中设计

在区分完共享数据和私有数据后,需要考虑共享数据和私有数据的集中化问题。在基于私有云的大集中化建设模型下,识别出的 SID 共享数据库存储规模可能超过百 TB 甚至更大,那么就必须考虑一个集中化的数据库能否支持大数据的存储和数据性能访问要求。数据集中设计主要包括了物理集中和逻辑集中两个方面的内容。

(1) 物理集中。只使用一个大数据库进行数据存储并提供数据访问能力,在这种模式下往往需要考虑的是类似以 SAN 为模式的集中数据存储,并采用 Oracle 公司的 ExaData 和 RAC 集群的数据库方案。只有这类方案能够提供海量数据存储下的数据库高性能并发要求。

(2) 逻辑集中。类似分布式数据库集群方案,底层采用多个物理数据库节点提供数据存储和访问能力,然后通过 DaaS 数据库服务层进行逻辑集中和统一访问。特别是在互联网企业如淘宝的去 IOE 运动下,这种模式已经逐步被 IT 业界的企业所认识和采用。

在基于 DaaS 的逻辑集中下,会带来两个关键问题,其一是数据存储的水平和垂直拆分问题,只有通过拆分后数据才能够进入到数据库的底层物理分片库;其二是 DaaS 层当前很难真正做到底层数据库的完全透明,通过 DaaS 层访问数据库将对业务组件和模块的开发造成新的约束和限制,类似分布式事务的处理、跨分片库查询、标准 SQL 语句的支持等。

(3) 分布式数据库。在结构化数据存储和处理领域,支持高性能 OLTP 操作的分布式数据库发展缓慢。尽管 MySQL 也推出了 MySQL Cluster 分布式数据库集群技术,但是经过实际测试,在应对海量数据的复杂业务处理和查询的时候,仍然存在无法解决的性能瓶颈问题。在 OLAP 领域,可以看到基于 MPP＋ShareNothing 思想的商用和开源数据库都发展迅速,这个也是在企业私有云平台建设后期,面对 OLAP 数据分析需求可以借鉴和采用的解决方案。

4. 数据拆分设计

在面对海量数据的大并发要求场景下,如果数据库采用物理和逻辑双集中设计,则需要类似 IOE 的高性能数据库和存储解决方案。而在去 IOE 思想下为了达到同样的高性能和并发要求,则需要对数据进行水平或垂直切分。通过数据库的切分后将对数据库的并发访问分散到不同的数据节点进行处理,以降低单数据库节点的压力。

(1)垂直切分。将传统的一个业务系统垂直的划分为多个业务组件,每个业务组件对应一个自己的数据库。在技术层面实现了传统的一个大数据库中的物理表根据业务组件划分后的分离。在垂直切分模式下需要考虑共享数据库的抽取问题,需要考虑业务操作本身的跨库问题。

(2)水平切分。将企业内部的业务根据组织,产品线等各种维度进行切分,分别在不同的数据库中进行存放。在这种模式下每个数据库中的表结构完全相同,只是将企业业务数据水平分散到了不同的数据库节点存放。水平切分时需要使用表中某个非空列作为分片的片键,并为片键指定分片规则。水平切分可能存在跨库事务、跨库连接、跨库分组、跨库排序、全局序列、全局唯一性校验、以及对某些数据库对象(存储过程、函数、触发器等)的支持等问题。

如图 4.49 所示,企业内业务系统包括两种类型:一种是以核心数据为中心的应用;一种是以纯粹的流程工单为核心的应用。前者如资产管理,主数据管理等相关应用。后者如运维工单管理,OA 办公管理等应用。

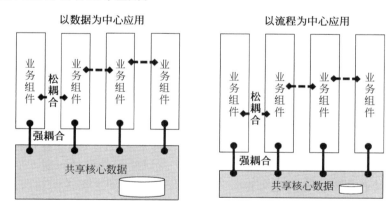

图 4.49　企业业务系统应用类型

对于以数据为中心的应用,往往存在一个较厚的底层数据共享层。这个底层数据将为上层的所有业务组件和模块提供相应的数据支撑能力。在这种模式下可以看到,不论哪种方式的垂直切分都将带来上层业务组件和底层数据组件之间的强耦合关系。

因此在这种业务场景下建议首先考虑水平切分。这种类型的应用在集中化建设模式下核心的业务场景仍然是在一个子组织中需要保持高内聚和完整性,因此可以将总公司和子公司等通过水平切分拆分为不同的数据库。在这种切分后唯一需要考虑的就是跨多子公司的业务操作场景的处理问题。水平拆分更加类似于一个集团型企业内部的支撑多组织的

SaaS 应用,只是需要考虑集团到下属子公司,子公司到各个分支机构的业务协同问题。

如果在进行水平切分后数据库能力仍然无法达到要求,则必须再考虑进行组件的垂直切分操作。这种垂直切分需要采用粗粒度的切分方式,因为切分的越细往往带来的交互访问和并发越大。在进行了垂直切分后,需要基于底层的共享数据库构建统一的领域对象层,然后将领域对象以服务化的方式暴露给上层的业务组件和模块使用。

由于上层的业务组件模块对底层领域服务对象的高并发访问,因此需要考虑领域服务以一种轻量化的服务方式进行实现和管控,而不是将这些服务也接入到重量级的 ESB 上。对于系统内部的 SOA 服务化是否彻底的问题,在整个服务化架构设计上也不适合走极端,进而影响到整个业务系统的性能。对于跨业务系统的场景,底层数据支撑则必须要通过共享服务的方式进行调用,但是在这种场景下要注意到调用轻量数据传送的是领域业务服务,而不是大量的领域对象服务。

在 SOA 参考架构和业务组件化背景下,更为强调业务组件自身向外部提供业务服务能力。业务组件间的相互调用必须走业务组件提供的业务服务,即业务组件横向之间彻底解耦。但是对于单个应用模块而言,其展现层、应用层到底层业务组件间更多强调的是业务逻辑层 API 能力的梳理和定义。这些 API 业务能力在纵向调用时候完全可以采用轻量的 API,只有在跨业务组件调用的时候才需要通过代理对外发布为轻量的业务服务。

对于是采用垂直切分,或是水平切分,再或是"垂直+水平"的混合切分,判断的关键原则是拆分后对业务实现的影响,特别是拆分后会带来多少跨库操作和分布式事务问题。切分粒度和切分方式都需要围绕这个原则,尽量减少跨库和分布式事务处理操作。

以流程为中心的工单型应用,其各个业务组件之间的耦合性非常低,需要共享的底层基础数据也相当少,因此这类应用最适合进行垂直切分,对于垂直切分的粒度也没有必然的限制,如有 20 类工单流程完全可以垂直切分为 20 个不同的业务组件模块。

由于一个完整的端到端流程往往会涉及从总公司到子公司再到各个分支结构的流程流转,因此在这种业务模式下往往并不建议再进行相应的水平切分操作,因水平切分反而会引入大量的业务跨库操作问题。

对于以数据为核心的应用系统,可以先考虑水平拆分的问题。在水平拆分后仍然按照DDD 的核心思想来建立共享的领域服务层,再对上层的应用功能模块进行垂直拆分。在这种模式下达到领域对象层的完整能力而没有丝毫被拆解或破坏。但是在这种拆分模式下必须考虑扩容的问题,即对于跨各个水平拆分的业务流协同和共享的问题。垂直拆分下我们更多考虑的是跨业务模块的协同和共享;而水平拆分下则更多考虑的是跨地域,业务组织单位下的协同和共享。

对于以流程为中心的业务应用,建议的方式是直接进行细粒度的垂直切分,不用过多考虑水平拆分的问题。而这种模式下的扩容只是模块的进一步垂直切割。

不论是哪种场景,都建议应尽量少进行垂直+水平模式的混合切分。在这种混合切分场景下将极大的增加应用设计和开发的复杂度,加大对事务一致性控制的难度。数据虽然比较容易满足分布式水平扩展的需求,但是应用开发复杂度和业务一致性的要求却大大降低,往往得不偿失。

5. 数据拆分后的应用开发

本节以采购订单的创建和查询场景为例进行说明。为了简化模型,在考虑了数据共享设计后,SID 共享数据库中包括了供应商信息、物料信息、数据字典信息、人员组织信息。SID 库为纯读库。而采购模块的私有库中包括了采购订单头和采购订单行信息,如图 4.50 所示。

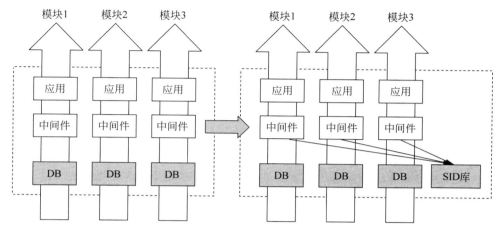

图 4.50　数据拆分后的应用开发

基于以上数据模型和假设,首先分析采购订单创建流程的功能实现过程:

(1) 进入创建界面后的初始化,直接取 Session 信息,Session 信息应该在一登录时候就获取 SID 库人员,权限信息进行初始化。

(2) 订单头选择供应商,直接查询 SID 库供应商查询服务,获取供应商 ID、名称和关键熟悉信息。

(3) 确定采购订单类型,付款方式等。直接查询 SID 库,在第一次查询后该部分数据直接进行缓存,不再重复调用。

(4) 录入订单明细的时候,选择物料调用 SID 库物料信息查询服务,取回物料 ID 和相关属性信息。

(5) 订单保存时,直接调用 ADB 库自己的保存方法,和 SID 库不再有关系。

对于采购订单查看流程,具体的实现过程可以描述如下:

(1) 从本地 ADB 库获取到订单头和订单明细信息。

(2) 根据订单头中的供应商 ID 信息,查询 SID 库供应商查询服务,获取供应商名称和其他属性。

(3) 根据订单头中订单类型,付款方式的 ID 信息查询数据字典服务,获取显示值信息,或者直接从缓存获取。

(4) 对于订单明细查看,注意一般是分页查询操作,具体为:对当前页显示的订单明细条目的物料 ID 信息进行组合,形成字符串;根据组合字符串,调用物料信息查询服务,获取所有的相关物料的属性信息集合;逻辑层进一步组合,将返回的详细物料属性和订单明细属性组合实现到订单明细表格。

可以看到在 SID 库不通过数据复制到本地,调用服务方式仍然是比较容易实现的。在这种模式下,传统实现中在一个大库中简单的关联查询结果集操作,将转换为应用逻辑层多次调用后的组装。这或许给应用开发带来一定的工作量,但程度可控。只要不出现在分库后业务模块操作所需要的跨库 CUD 操作,则不会带来分布式事务的场景和问题。

6. 数据拆分后的关键问题

本节从分布式事务处理,跨库查询和数据统计分析 3 个方面来谈下数据拆分后的关键问题的解决思路。

1）分布式事务问题

对于分布式事务的问题,前面已经多次提及。在 DaaS 环境下,针对逻辑库(一个逻辑库下面存在多个物理库节点)的操作是可以通过标准的 XA 两阶段提交协议来实现分布式事务的。但是这里不仅仅是可靠性的问题,更加关键的是性能问题,特别是在高并发场景下的性能问题。因此在应用实现的过程中需要尽量避免使用分布式事务,仅仅在需要使用分布式事务的少数特殊场景通过显性声明的方式使用分布式事务。对于能够采用事务最终一致性 BASE 的场景,尽量是结合消息中间件的能力,采用最终一致性的方式;对于不能接受最终一致性的场景尽量采用事务补偿的方式来弥补事务失败造成的影响。

基于上面的业务,考虑一个最简单的分布式事务场景,即在最终订单生效的时候,一方面是更新订单的生效状态;另一方面是需要向配送模块触发生成一张配送单。这涉及CRUD 的跨库操作。对于这种场景,建议是能够用 BASE 模式解决的则尽量使用。

（1）更新订单最终生效状态,同时发送生成配送单消息(可以是本地的临时队列表以避免分布式事务),消息发送基于消息中间件模式,只需发送到 MQ 即可。

（2）消息中间件对接收到的消息进行处理和分发,如果失败的话进行重试。

（3）如果多次失败,则需要进行手工处理或手工对订单进行回滚。在这里关键是思考除非出现技术故障,否则不可能出现配送单无法发送成功和生成出来的可能。

2）跨库查询问题

在数据拆分中,由原有的一个单库多表关联查询操作,往往会转变为一个跨库的 Join查询操作,而现在针对 MySQL 的 DaaS 方案很难真正的支撑这种类型的操作,即使能支撑较难达到一个高性能的状态。在我们原来的设想中这些问题都应简单地转化为应用层来解决,但这势必增加应用层开发的复杂度和难度。针对这种情况最好的方法是构建一个统一的领域服务层来解决,即最终的上层或顶层关注的是领域服务能力,虽然跨库的问题在DaaS 层很难解决,但是在领域服务层却比较容易定制开发相应的服务来解决。

举例来说,一个采购订单查询,采购订单头和明细信息在一个逻辑库,而对于物料和供应商主数据在另外一个物理库,但是对于应用来说关注的是一个完整的采购订单信息。因此可在领域服务层提供一个采购订单查询的服务,在服务内部进行多次的 DaaS 层服务调用和组装来完成内部的复杂性。这也是我们常说的,在进行数据库拆分后,务必需要引入更加强壮的领域服务层的原因。

3）数据统计分析问题

在数据拆分后还有一个比较难以解决的问题,是对于业务系统的大量查询分析和统计功能的处理。由于我们的数据库进行了切分,导致这些功能已经类似于传统 BI 里面的OLAP 层的功能特性。对于这种业务场景和需求,往往并没有完全的实时性需求,我们能够满足准实时性就可以了。因此对于这类功能推荐的方法仍然是需要将当前的各个分库里面的数据整合到 NewSQL 数据库里面进行处理(如 Hive、infobright、impala),这些数据库需要满足的特性就是 MPP＋Share nothing 架构特性。在这种架构下可以看到,对于海量

数据的分析和统计可以保证业务需要的准实时性要求。唯一需要考虑的是当前很多的
NewSQL 数据库都是一个读库，很难进行 CUD 等各种操作。因此转化后需要解决的问题
就是对于业务库中的增量数据如何实时的更新到 NewSQL 数据库里，需要注意的是，此处
是增量更新而不是类似当前很多方案里面的全库重新导入和生成，这也是在解决查询统计
功能的一个难点。

对于 MySQL 的读写分离集群，随着从节点的增加，为了保证主节点和从节点之间的一
致性，将会出现明显的延迟，也直接影响到应用 CUD 操作的性能。对于这个问题，当前可
以考虑的解决方案是要拆分为两级的读写分离集群，第一级的读节点保证高一致性和性能，
第二级允许有较大的延迟，仅仅用于查询分析等。

4.4.4　组件集成设计

业务组件自身是一个能够提供独立业务价值能力的小应用系统，基本结构如图 4.51 所
示。组件的集成包括了组件的纵向集成和横向集成。组件的纵向集成即和 PaaS 平台技术
服务能力的集成，通过集成后形成一个完整的应用。横向集成则是流程驱动的业务组件之
间通过业务服务的横向协同和集成，通过横向集成叠加外层应用框架和门户集成后，多个业
务组件将构成传统的完整业务系统。

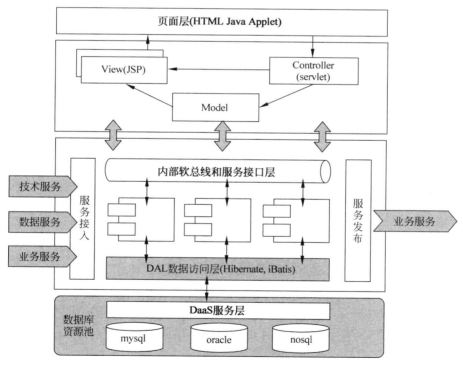

图 4.51　业务组件集成框架

1. 内部软总线

内部软总线采用的主要技术是 OSGi。

（1）支持模块化的动态部署。基于 OSGi 而构建的系统可以以模块化的方式（例如 jar

文件等）动态地部署至框架中，从而增加、扩展或改变系统的功能。要以模块化的方式部署到 OSGi 中，必须遵循 OSGi 的规范要求。

（2）支持模块化的封装和交互。OSGi 支持模块化的部署，因此可以将系统按照模块或其他方式划分为不同的 Java 工程，这和以往做 Java 系统时逻辑上的模块化是有很大不同的，这样做使得模块从物理级别上隔离，也就不可能从这个模块直接调用另外模块的接口或类。

（3）支持模块的动态配置。OSGi 通过提供 Configuration Admin 服务来实现模块的动态配置和统一管理。基于此服务各模块的配置可在运行期间进行增加、修改和删除，所有对于模块配置的管理统一调用 Configuration Admin 服务接口来实现。

（4）支持模块的动态扩展。基于 OSGi 提供的面向服务的组件模型的设计方法，以及 OSGi 实现框架提供的扩展点方法可实现模块的动态扩展。

（5）模块化设计已是做系统设计时遵循的基本设计原则。OSGi 中的模块化是物理隔离的，不基于 OSGi 则难以做到物理隔离方式的模块化实现，也就很难使系统真正做到模块化。

（6）面向服务的组件模型的设计。面向服务的组件模型（Service-Oriented Component Model）的设计思想是 OSGi 的核心设计思想。OSGi 推崇系统采用 Bundle 的方式来划分，Bundle 由多个组件（Component）来实现，Component 通过对外提供服务接口和引用其他 Bundle 的服务接口来实现 Component 间的交互。从这个核心的设计思想上可以看出，基于 OSGi 实现的系统自然是符合 SOA 体系架构的。在 OSGi 中 Component 以 POJO 的方式编写，通过 DI 的方式注入其所引用的服务，以一个标准格式的 XML 描述 Component 引用服务的方式、对外提供的服务及服务的属性。

（7）动态化的设计。动态化设计是指系统中所有的模块均须支持动态的插拔和修改，系统的模块要遵循对具体实现的零依赖和配置的统一维护、安装、更新、卸载、启动、停止相应的 Bundle。为保持系统的动态性，在设计时要遵循的原则是不要静态化地依赖任何服务，避免服务不可用时造成系统的崩溃，从而保证系统的"即插即用，即删即无"。

（8）可扩展的设计。OSGi 在设计时提倡采用可扩展式的设计，即可通过系统中预设的扩展点来扩充系统的功能，有两种方式来实现：①一种是引用服务的方式，通过在组件中允许引用服务接口的多个实现来实现组件功能的不断扩展；②另一种是定义扩展点的方式，按照 Eclipse 推荐的扩展点插件的标准格式定义 Bundle 中的扩展点，其他要扩展的 Bundle 可通过实现相应的扩展点来扩展该 Bundle 的功能。

2. DaaS 服务集成

数据库即服务提供一个统一的数据库访问服务，它屏蔽了底层的异构数据库，为上层应用提供了标准的 JDBC 数据库访问接口，将应用和数据库隔离开来，降低了耦合度，增强了系统的灵活性和健壮性，对于和 DaaS 服务的集成可以简化描述如图 4.52 所示。

其中，DaaS 本地服务访问代理端集成在开发框架和环境中，主要功能是为应用建立数据库连接池并注册数据源供应用使用，从而屏蔽了数据库连接的物理细节。DaaS 服务端主要功能是提供统一的 JDBC 访问接口，执行数据路由、SQL 分拆执行和结果合并等。

使用数据库即服务时，应用无须维护数据源信息。在应用初始化时，PaaS 管理平台会将数据源信息推送给应用框架中的 DaaS 客户端，DaaS 客户端进行数据库连接池的建立并

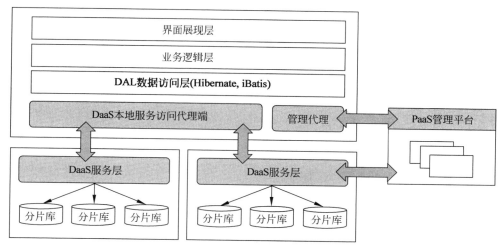

图 4.52　DaaS 服务集成框架

动态更新应用框架中配置的 datasource,应用需要通过调用应用框架中的相应方法获取数据库连接,通过 JDBC 方式访问数据库。

DaaS 数据库即服务的使用可简化描述如下:

(1) 在 PaaS 管理平台订购 DaaS 技术服务,并设置相应的基础参数配置信息。如数据库的容量申请,数据库的分区分片信息配置等。

(2) 和传统方法一样在本地配置相应的数据库连接池信息。

(3) 调用 DaaS 技术服务获取数据库连接实例信息,如果没有进行订购将鉴权失败。

(4) 根据返回的数据库连接实例信息对数据库进行 CRUD 操作。

(5) 对数据库连接进行关闭。

3. 技术服务集成

前面已经谈到过技术服务建议统一采用 Restful Web Service 的方式来实现。为了方便开发厂商对技术服务的调用,以及在技术服务使用过程中加入鉴权和服务性能管控等功能,可以将技术服务进一步封装为本地化的 Java API SDK 包,并将该包植入到 PaaS 开发框架和环境,供开发商使用,如图 4.53 所示。

对于技术服务的具体使用,首先需要在 PaaS 管理平台对相应的技术服务进行订购,管理平台再进行服务开通后才可以进行服务的消费和调用。技术服务的使用过程可以简化描述如下:

(1) 在 PaaS 管理平台订购技术服务,并设置相应的基础参数配置信息。如订购缓存服务可以设置申请的缓存容量,缓存的默认失效时间等。

(2) PaaS 管理平台对技术服务进行开通和授权。

(3) 通过本地的管理代理对环境和配置信息进行初始化,根据组件或应用 APPID 获取技术服务实例信息,如果没有进行订购将鉴权失败。

(4) 根据获取的技术服务实例调用接口方法对技术服务进行消费。

对于各个技术服务提供的管理端界面同样需要实现基本的多租户管理功能,为了方便对单个业务应用的管理,可以将技术服务的管理和监控界面再集成回传统的业务系统中。

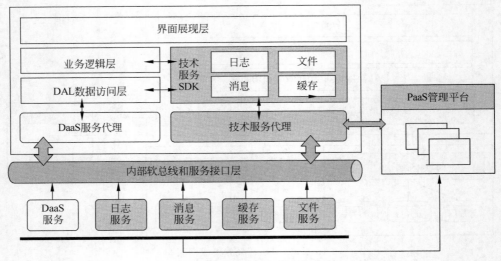

图 4.53　技术服务集成框架

如对于日志查看功能,可以将技术服务提供的查询界面集成回业务系统内部,而不是需要进入 PaaS 管理平台进行相应的查询操作。

4. 系统管理集成

在系统管理模块已经下沉到 PaaS 平台层统一构建后,业务组件在实现的过程中需要考虑和系统管理模块的集成。具体的集成点主要包括:

(1) 查询用户的基本信息。

(2) 查询用户的角色和用户组信息。

(3) 查询用户的资源权限信息。

(4) 查询用户对某个特定资源的权限信息。

(5) 查询数据字典和枚举项信息。

在系统管理集成过程中,对于部分只涉及系统管理模块基础数据查询的功能还可以考虑结合 SSO 单击登录和统一认证安全来实现界面集成。即由系统管理模块统一实现组织查询,用户查询等功能界面,再集成到各个业务组件中使用。

PaaS 平台层的系统管理模块同样需要满足基本的多租户设计要求,而这个租户不是已经细分的业务组件模块,而是传统的业务系统的概念。要注意虽然在 PaaS 平台设计和开发实施过程中已经弱化了业务系统的概念,但是对于最终用户来说这个概念仍然存在,只是这个业务系统是通过 PaaS 平台和应用层能力抽象和整合在一起的一个逻辑意义上的业务系统。

5. 流程平台集成

业务组件和工作流的集成包括了服务集成和界面集成两部分的内容。服务集成是将工作流平台组件提供的工作流管理能力服务统一接入到 SOA 服务总线,并供业务组件在使用时候调用。界面集成主要是对于工作流平台实现的可复用界面直接通过单击登录的方式进行集成,如图 4.54 所示。

对于服务集成,主要包括的接口服务有:

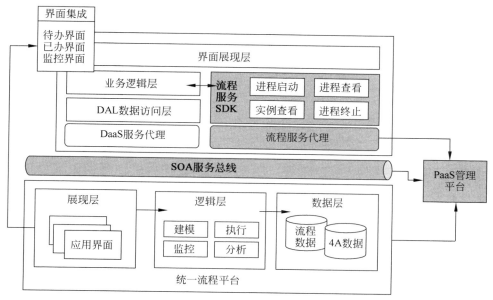

图 4.54　业务组件和工作流集成框架

（1）启动进程（startProcessInstanceByQueue）；

（2）获取实例信息（getProcessInstance）；

（3）静态启动工作流（createProcessInstance）；

（4）进程查询（listProcessInstance）；

（5）删除进程实例（deleteProcessInstance）。

在与流程平台的集成中，一方面是通过流程平台暴露的服务接口进行程序集成；另一方面是通过流程平台提供的标准 UI 组件进行界面集成。可以看到，对于待办、已办、流程监控等核心界面不适合下放到各个业务组件自行开发，而是应该通过抽象后统一由流程平台来实现，业务组件在使用过程中通过界面集成的方式进行嵌入。

具体可以考虑的界面集成内容主要包括：

（1）我的待办和我的已办功能集成。

（2）图形化流程查看界面集成。

（3）流程监控界面集成（暂停、重启、终止、完成）。

（4）流程流转和处理信息界面集成。

（5）任务处理信息界面集成。

6. 应用框架集成

在企业私有云 PaaS 平台的建设过程中，虽然基于平台＋应用和 SOA 组件化架构思想真正实现了高复用和对业务的灵活应变能力，但是一个传统完整的业务系统已经被分解到了平台，服务和应用多个层面的技术组件，业务组件和服务中。因此这些分散的组件如何最终集成和还原为一个传统意义上完整的业务系统将成为应用集成必须考虑的重点内容。

结合实践经验，最好方式是通过门户＋外层应用框架来实现总体的集成，如图 4.55 所示。

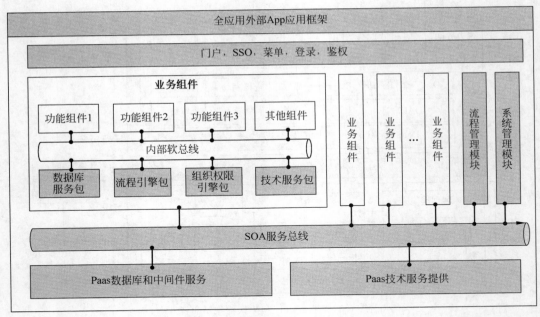

图 4.55 业务组件的应用框架集成

以图 4.55 为例来看一个完整的业务系统。除了白色部分外,其余的组成部分都应该由平台层统一规划建设和提供。应用外层框架和组件动态装载是重新还原一个传统意义上的业务系统的关键。应用外层框架首先是需要和门户进行集成,实现基本的统一认证和单击登录;其次是读取系统管理的基本参数和配置信息,实现外层界面和菜单资源等的装载和初始化;最后是根据应用配置文件灵活地对 PaaS 平台层的技术组件(系统管理、流程引擎)以及应用层的业务组件进行动态装载。

应用外层 UI 界面框架需要基于可重用,可配置的思想独立开发,该框架是一个包括了菜单描述文件、页面描述文件、工具栏描述文件、页面布局描述文件等所组成的一个基本页面框架,如表 4.2 所示。

表 4.2 应用层页面功能框架

功 能 列 表	详 细
默认用户登录	集成默认登录认证服务组件,提供默认的登录功能模块
	可配置外观
	登录认证服务组件可替换
主界面装载功能	加载菜单区、导航区、操作区、状态区的 UI 单元,向用户展现主界面的功能
自定义工具栏装载	自定义工具栏命令按钮,在功能窗体中可以响应这些按钮的单击事件
菜单配置管理	通过菜单的资源配置文件进行菜单的层次级别、访问 url 等的管理加载
菜单权限自动过滤	默认集成了菜单权限过滤功能,并可以替换
菜单国际化处理	通过修改资源配置文件即可实现国际化
系统功能导航	提供全系统的三级菜单层次的功能导航页面
版本信息,帮助,问题反馈等模板	资源文件中可配置

4.5　部署架构设计

4.5.1　部署架构设计原则

部署架构在设计时需要充分考虑系统的可靠性、扩展性、安全性等基本原则。

对于可靠性,需要考虑满足相应的国际和国家标准的要求,能够为业务系统和用户提供 $7×24$ 小时的高可用服务,并能够避免任何的硬件基础设施的单击故障,具体包括:

(1) 采用集群或双机冗余设计,不存在单击故障;

(2) 系统组网要求支持网络容灾保护,组网方案中的关键业务部件不存在单击故障;

(3) 故障恢复切换,系统在存在备份点的设备发生故障,短时间(小于切换时间)内无法恢复时能够快速切换,倒换后保证数据完整和一致,保证 $7×24$ 小时不间断运行;

(4) 系统应有良好的备份和恢复策略,系统数据和业务数据可在线备份和恢复,恢复的数据必须保持其完整性和一致性;同时系统应具备自动或手动恢复措施,以便在发生错误时能够快速地恢复正常运行。

可扩展性则是基于云计算思想的 PaaS 平台能够支持动态的在线扩容,在弹性扩展的过程中能够保证提供的服务不出现中断的情况。具体包括:

(1) 系统设备以模块化方式组建,设备的处理能力可以平滑扩容;

(2) 平台通过增加相关的硬件等方式增加业务容量;

(3) 管理平台存储能力可扩容,且不影响业务运行;

(4) 设备根据业务需求的变化通过升级软件等方式扩展业务类型;

(5) 在硬件资源的弹性扩展过程中,不对原有业务运行的影响。

对于安全性,则是在部署架构设计的时候,需要考虑业界标准和规范要求的各类网络安全性,包括网络风险的控制、内外网的隔离、业务网络和管理网络的隔离等内容。在实际的系统设计中,我们将通过逻辑的网络隔离,物理上的独立成网等方式实现各类网络的隔离。

4.5.2　业务模型测算

1. 数据库存储容量测算

数据库容量测算的基础是数据库表,在数据库表的基础上再进行视图、索引和日志等附属信息的存储空间测算。所有的存储需求信息汇总后再考虑 3~5 年的数据库容量增长情况,给出数据库最终容量估算结果。

对于数据库表存储所占的容量,需要首先分析单条记录所占的存储空间大小,而单条记录的存储空间需求与表的字段数和字段类型密切相关。以 Oracle 数据库作为例子来说明:char 类型是多少字节便是多少字节,而 varchar 类型为可变长并可按 2/3 长度折算。number 类型为可变长度,最多占用 22 字节,平均可按 10 字节估算。date 类型占用 7 字节。

有了以上假设,如果有一个客户表 30 个字段,全部是 varchar(100),那么一条客户记录为 2KB;如果客户信息为 10 万条数据,即单表 195MB 数据。考虑 3 年每年 30% 的客户数量增长,则需要的总容量为 $195×1.3×1.3×1.3=428MB$。

根据经验值,索引数据容量至少为表容量的 1/3,因此建议至少按 1/2 来估计索引的容量值,保证后续增加索引有足够的冗余。

以下结合 IBM 的参考案例,给出数据库容量估算的具体例子如下:

XYZ 总行网上银行系统的数据库由 CIF 信息、交易日志、交易流水三部分组成。其中:CIF 信息包括企业客户和个人客户信息,企业客户信息平均大小为 20KB 左右,个人客户信息平均大小为 5KB 左右。每一笔交易都要记交易日志,日志的平均大小为 4KB 左右。每一笔转账交易都要记交易流水,交易流水的大小为 2KB 左右。

这些客户当中,至少有一半是个人客户,另一半是企业客户。企业客户的交易频率比较高,按平均每个企业客户每天做 1.5 笔交易计算。个人客户常用的交易是查询、取款、存款,并且每个月也会交电话费,因此我们假定个人客户平均每个月做 4 次交易。

所有的交易日志和交易流水都要保留三个月。由于个人客户的转账交易非常少,可以忽略不计。假定企业客户的转账交易占总交易量的 70%。我们就可以计算网上银行对存储系统容量的要求:

(1) CIF 信息容量 $=(20KB+5KB)\times(3.4\times10^5\times50\%)\approx4GB$;

(2) 交易日志容量 $=3.4\times10^5\times50\%\times[1.5+(4\div30)]\times4KB\times30\times3\approx95GB$;

(3) 交易流水容量 $=(3.4\times10^5\times50\%\times1.5)\times70\%\times2KB\times30\times3\approx30GB$。

因此 XYZ 网上银行总体数据容量要求:

$$4GB+95GB+30GB=129GB$$

交易数据按要求要保留 3 年,每笔交易记录的大小为 512 字节,总体容量为:

$$(25000\times20\%+15000\times30\%+7000\times50\%)\times37\times12\times3\times0.5KB\approx8.2GB$$

因此,数据库的总数据量为:

$$129GB+8.2GB=137.2GB$$

2. 数据库服务器性能测算

TPC-C 测试基准主要用于测试主机服务器每分钟能够处理的联机交易笔数,测试产生的单位结果是每分钟处理的交易比数值(Transaction Per Minute,TPM)。

TPC-C 虽然客观地反映了各个计算机厂商的系统处理性能,并且测试基准也在不断完善以更加贴近现实应用的交易环境,但是仍然无法与纷繁多样的各类实际应用完全吻合。而且参加 TPC 测试的主机系统都做了适当程度的系统优化。因此,在实际业务应用系统选择主机服务器承载时,必须考虑到多方面的因素,以最大程度的做到适合应用系统的生产需求。

以下计算公式是 IBM 公司在金融综合业务系统的实际应用中总结的经验方法论,基本反映了金融业务对主机处理能力的需求:

$$TPM=TASK\times80\%\times S\times F/(T\times C)$$

其中,TASK 为每日业务统计峰值交易量。T 为每日峰值交易时间,假设每日 80% 交易量集中在每天的 4 小时,即 240 分钟内完成:$T=240$。S 为实际银行业务交易操作相对于标准 TPC-C 测试基准环境交易的复杂程度比例。由于实际的金融业务交易的复杂程度与 TPC-C 标准测试中的交易存在较大的差异,须设定一个合理的对应值。以普通储蓄业务交易为例,一笔交易往往需要同时打开大量数据库表,取出其相关数据进行操作,相对于 TPC-C 标准交易的复杂度,要复杂很多。根据科学的统计结果,每笔交易操作相比较于 TPC 标准测试中的每笔交易的复杂度此值可设定为 $10\sim20$。C 为主机 CPU 处理余量,实际应用经验表明,一台主机服务器的 CPU 利用率高于 80% 则表明 CPU 的利用率过高会产生系统瓶颈,而利用率处于 75% 时,是处于利用率最佳状态。因此,在推算主机性能指标时,必须考虑 CPU 的冗余,设定 $C=75\%$。F 为系统未来 3~5 年的业务量发展冗余预留。

综上所述,为保障联机业务处理性能要求,我们可推算得出主机所需的处理能力,据此得出相应的机型和配置。下面针对 XYZ 行的网上银行业务的需求,我们进行数据库服务器的选型分析。

由于目前 XYZ 行只有 17 个分行开通了网上银行业务,据我们估计,按照目前的客户数量,全部分行都开通网上银行业务后,总的客户数量可以达到 10 万。考虑 INTERNET 在我国的迅猛发展,客户数量的年增长率按照 50% 计算,那么,3 年后的客户数量将达到 $1\times10^5\times(1+50\%)3\approx3.4\times10^5$。这些客户当中,至少有一半是个人客户,另一半是企业客户。企业客户的交易频率比较高,我们按平均每个企业客户每天做 1.5 笔交易计算。个人客户常用的交易是查询、取款、存款,并且每个月还要要交电话费,因此我们假定个人客户平均每个月做 4 次交易。那么,每天的交易量就是:

$$3.4\times10^5\times50\%\times1.5+3.4\times10^5\times50\%\times(4\div30)\approx280000 \text{ 笔}$$

假设网上银行的交易复杂度达到 15,那么,每天的数据库操作数达到 $2.8\times10^5\times15=420$ 万次。

由于诉讼费的增长量不大,按年递增率 5% 计算。根据 XYZ 总行的统计,全国共 37 家分行,缴费量比较大的分行可以达到 25000 笔/月,占分行总数的 20%。缴费量中等的省可达到 15000 笔/月,占分行总数的 30%。缴费量小的省可达到 7000 笔/月,占分行总数的 50%;按一个月 20 个工作日计算。

这样,三年后每天的交易数量可以达到:

$$(25000\times20\%+15000\times30\%+7000\times50\%)\times37\div20\times(1+5\%)3\approx28740 \text{ 笔}$$

假设高法诉讼缴费的交易复杂度达到 13,那么每天的数据库操作达到:$28740\times13=373620$ 次,总的数据库操作次数是:$4200000+373620=4573620$。

假设每天的交易的 80% 集中在 4 小时内发生,那么高峰交易时间内每分钟的数据库联机交易次数为:$4573620\times80\%\div(4\times60)\approx15250$。

要为将来陆续加入的应用预留 40% 的处理能力。另外,考虑到 CPU 的繁忙时间低于 70% 时,系统的性能较好,把这个比例定在 65%。所以系统的 TPC-C 值应达到:$15250\div(1-40\%)\div65\%\approx39000$。

内存容量需求分析:首先根据数据库容量算出所需的数据库缓存大小,再估计出操作系统、系统软件等所需内存,合计即是所需的内存容量。

3. 应用服务器性能测算

对于应用服务器的性能测算,在有比较明确的业务需求或已经有相应的历史数据的情况下,可以确定整个系统在一个长时间范围内,如 1 天、1 周或 1 个月的业务需求。如有 x 人次的真实 OLTP 运算(或者逻辑运算,或者复杂数据挖掘查询响应)。然后把这些长时间内必须完成的宏观真实业务需求,转化某一个特定的时间段内的真实业务需求(如 1 个小时或 1 分钟),目的是为了让这些真实需求和基准测试标准对应起来。

这些真实业务处理请求在具体的信息系统实施中可以折算成若干个具体的计算机应用处理。这些处理根据复杂程度不同,可以和具体的第三方基准测试进行比照,折算成若干个基准测试基本单位。然后把这些子系统分别对应的基准测试单位需求加起来,就可以得到这些真实的应用所需要的基准测试的需求。

这些真实业务需求和具体计算机应用处理需求的转换,还有具体计算机应用处理需求和第三方基准测试标准单位之间的转换,都需要具体的业务开发部门根据自己的应用代码、应用模式和网上公布的基准测试的测试代码或者数学模型进行比较,以得到转换的参数。这样才可以根据不同的业务系统,针对不同的专门基准测试进行比照,得出所需要的以专门基准测试标准单位为单位的服务器处理能力需求。

对于具体的 TPMC 计算,在需要处理的各个业务中,选择一项或几项业务量比较大的业务,假设这些业务占总业务量的 $A\%$。对于这些业务,进行如下假设:

(1) 每天服务器约处理 X 人次的业务;

(2) 每次业务换算成后台业务处理,则大约为 Y 笔交易;

(3) 假设每天业务集中在 B 小时内完成(因早晚业务量较小),而在这段时间内业务量的分布并不均匀,根据经验,确定峰值业务量通常为平均值的 C 倍;

(4) 根据系统设计和实际经验,估算每个交易相当于 D 个基准测试程序;

(5) 考虑系统的扩展性,平常只使用到系统的 $E\%$。

基于以上假设,服务器的 $\text{TPMC} = (X \times Y \times C \times D)/(A\%)/(E\%)/B/60$。

4.5.3　逻辑部署设计

逻辑部署架构主要是对服务器的部署和规划设计。除了基本的 IaaS 基础设施资源池外,可以将服务器的逻辑部署视图分为数据库存储资源池,平台中间件资源池和业务应用中间件资源池三层的内容,如图 4.56 所示。

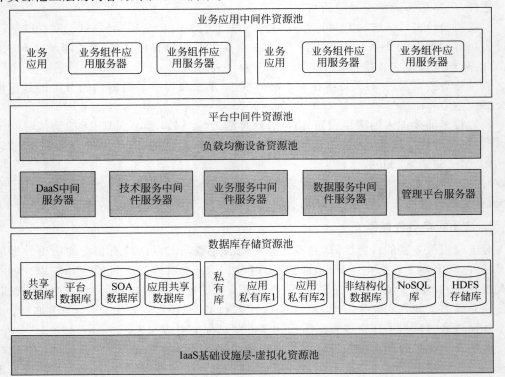

图 4.56　逻辑部署架构

1. 数据库存储资源池

首先需要进行共享数据库、应用私有库和非结构化数据库存储的划分。对于共享数据库又包括了 PaaS 技术平台的数据库、SOA 服务总线的数据库和业务应用的共享主数据库。在共享数据库中,SOA 数据库和业务共享库将承受巨大的数据访问量和并发量,因此在资源规划的时候需要更多的考虑高可靠性,高稳定性和高冗余设计。对于私有数据库主要为单个业务应用或业务组件服务,影响面相对较小,但是在规划设计时仍然需要考虑数据库的弹性扩展能力。对于 NoSQL 数据库和 HDFS 存储等,也需要单独规划硬件设备进行支撑,这类的数据库主要是为 PaaS 技术平台提供的缓存、文件、消息等技术服务提供底层的数据持久化存储支撑。

2. 平台中间件资源池

平台中间件资源池主要包括了对 DaaS 数据库服务,消息缓存的技术服务,业务服务,数据服务,PaaS 管理平台等提供应用中间件容器支持。由于平台中间件资源池的高可靠性要求,建议是该中间件资源池需要单独划分硬件和分区进行管理。

3. 业务应用中间件资源池

此资源池主要用于各个业务应用的业务组件的应用服务器中间件和部署容器。对于业务应用的中间件资源池规划应根据应用服务器的性能测试模型进行,并根据业务应用单独分区进行管理,适当保证各个业务应用之间中间件资源池的隔离。

4.5.4 物理部署设计

本节所列的部署架构为一个参考的物理部署架构图,如图 4.57 所示。

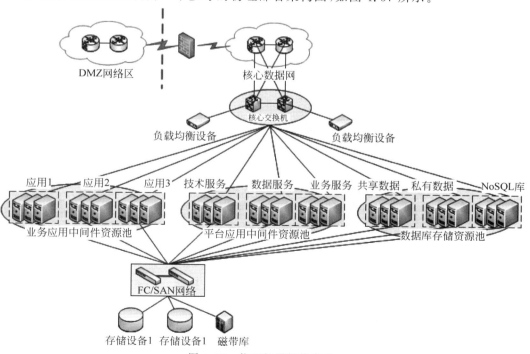

图 4.57 物理部署架构参考

在进行网络和存储部署架构设计时应重点考虑以下 4 点：

（1）服务器需要根据数据和中间件进行虚拟化资源池管理，如果存在小型机资源则单独进行资源池管理。

（2）对于部分高可靠性要求的生产数据库仍然需要采用 SAN 网络存储，对于其他数据库存储可以在本地盘存储解决。

（3）在核心交换机旁路配置负载均衡设备，负责对数据库访问，平台中间件服务访问和应用访问的负载均衡。

（4）单独设置 DMZ 隔离区网络，对于需要隔离的应用或数据均放置在隔离区网络。

4.6 架构机制设计

4.6.1 多租户机制

1. 多租户概述

PaaS 的特性有多租户、弹性（资源动态伸缩）、统一运维、自愈、细粒度资源计量、SLA保障等。这些特性基本也都是云计算的特性。多租户弹性是 PaaS 区别于传统应用平台的本质特性，其实现方式也是用来区别各类 PaaS 的最重要标志。

多租户（Multitenancy）是指一个软件系统可以同时被多个实体所使用，每个实体之间是逻辑隔离、互不影响的。一个租户可以是一个应用，也可以是一个组织。弹性（Elasticity）是指一个软件系统可以根据自身需求动态的增加，释放其所使用的计算资源。多租户弹性（Multitenancy elastic）是指租户或者租户的应用可以根据自身需求动态的增加、释放其所使用的计算资源。如图 4.58 所示。

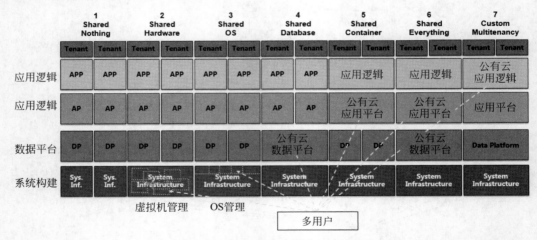

图 4.58 多租户概念示意

技术上来说，多租户有如下 4 种实现方式。

（1）SharedNothing：为每一个租户提供一套和 Onpremise 一样的应用系统，包括应用、应用基础设施和基础设施。SharedNothing 仅在商业模式上实现了多租户。SharedNothing 的好处是整个应用系统栈都不需要改变,隔离非常彻底,但是技术上没有实现资源弹性分配,资源不能共享。

(2) SharedHardware:共享物理机,虚拟机是弹性资源调度和隔离的最小单位,典型例子是 Microsoft Azure。软件巨头如微软和 IBM 等拥有非常广的软件产品线,在 Onpremise 时代占据主导地位后,它们在云时代的策略就是继续将 Onpremise 软件 stack 装到虚拟机中并提供给用户。

(3) SharedOS:共享操作系统,进程是弹性资源调度和隔离的最小单位。相比于 SharedHardware,SharedOS 能实现更小粒度的资源共享,但是安全性方面会差些。

(4) SharedEverything:基于元数据模型以共享一切资源,典型例子是 force.com。SharedEverything 方式能够实现最高效的资源共享,但实现技术难度大,安全和可扩展性方面会面临很大的挑战。

私有云和公用云环境对多租户的理解上是有不同的。在公用云环境中,我们往往谈的是 SaaS 的多租户,租户往往为使用业务系统的一个企业或组织;而在私有云环境中,PaaS 平台提供的往往为平台级应用,平台级应用面对的租户是业务系统本身。

在多租户和云平台结合的情况下,IaaS 基础资源层的共享已经会变化为最基本的要求。那么在 IaaS 层之上主要包括两个方面的内容,即应用是一套还是多套? 数据库是一套还是多套? 最彻底的多租户即图 4.58 中的第 6 种 Share Everything 的模式,在这种模式下数据库和应用都为一套,但是在 PaaS 平台下应满足水平弹性扩展的需要。

多租户场景下,首先考虑的应该是隔离。多租户下的隔离包括了几个方面的内容:

(1) 系统元数据和基础主数据的隔离(用户、角色、权限、数据字典、流程模板);

(2) 系统运行过程中产生的动态数据的隔离;

(3) 业务系统底层所涉及的计算资源和存储资源的隔离。

在应用一套,数据库多套或多 schema 分离情况,比较容易实现计算资源和存储资源的单独分配;但是在完全 Shared Everthing 的情况下,对于计算和存储资源的隔离则需要 PaaS 应用本身去考虑。比如引入实际的中间件容器的概念,可以将计算资源或存储资源分配给中间件容器,各种资源的使用严格区分。

在私有云下的多租户,往往隔离又不是绝对的,在能够完全隔离的情况下又需要支撑跨租户或组织的数据共享,如果存在这种需求,在 Shared Everthing 的情况下是比较容易满足的。

多租户除了隔离外,另外一个重点是能够为各个租户按需要实时的提供各种计算资源和存储资源,而且有清楚定义的数据采集和计费模型。由于资源池是共享的,必须要能够准确地采集到各个租户对实际资源的使用情况,以方便进行多租户的计费。

在公有云下的多租户,如果采用完全共享的模式,还必须考虑数据库的可扩展性,多租户架构服务提供独立数据库、扩展表和大表(保留字段)三种多租户架构,开发者可以通过 API 创建和管理多租户架构。独立数据库模式为每个租户分配一个独立的数据库。扩展表模式将租户的数据保存在扩展表(竖表)中,通过表记录扩展租户的配置信息。大表模式采用大表(横表)保存租户信息,租户的个性化信息保存在大表的保留字段中。

对于共享数据库模式,其多租户架构实现的核心是所有数据库表都需要增加租户 ID 字段对数据进行多租户隔离,以保障某一个租户登录系统只能够看到自己租户下的相关信息。

如果是一个完整的多租户应用,还需要考虑按用户、组织、角色群组等进行第二级的数据隔离,以满足业务系统的使用需求。

2. 系统管理平台多租户设计

系统管理平台多租户设计的目的是所有基于 PaaS 平台构建的业务应用和业务组件能够共用一套系统管理基础数据和权限模型,同时又能够保证不同租户之间的数据隔离。系统管理的多租户设计需考虑如下关键内容。

在整个应用架构体系中分为了全局应用、业务应用和业务组件三个层面。虽然当前的应用设计和开发已经细化到了业务组件的粒度,但是对于系统管理模块仍然是在业务应用级别。举例来说对于原有的采购管理业务系统,在基于私有云 PaaS 平台建设的时候被分为了招投标、采购订单管理和采购协同三个业务组件,而对于系统管理部分的功能则需要下沉到 PaaS 的系统管理平台来提供支撑。

对于系统管理平台存储的数据,有些是在全局级别,类似于用户、人员和组织等信息。有些是在业务应用级别,如用户组、角色权限等信息。还有些数据可能在业务组件级别,如一些配置信息、数据字典信息等。因此对于平台化后的系统管理重点应做好数据等级和隔离管理。对于上层的全局可见信息能够一直继承到最下层,而对于下层细粒度权限控制的数据则在全局层面不可见。

同 SaaS 应用的多租户不同的是,对于系统管理应用中的租户即是全局应用,业务应用和业务组件三个层面的特定信息。这个信息需要在系统管理模块的每一张数据表进行数据存储,并根据该信息做好数据和资源的隔离。

除了数据模型和存储外,还需要考虑到系统管理的应用访问和授权。由于多个业务应用或组件都会用同一套系统管理,原则上要求全局应用系统管理员角色进入后可以对所有应用和组件的系统管理数据进行维护。业务应用的系统管理员角色进入后可以对该业务应用下的所有业务组件的系统管理数据进行维护。而对于业务组件的系统管理员进入后则只能维护和查看最底层的基础数据。

3. 技术服务多租户设计

技术服务的多租户即业务系统(业务应用或更细粒度的业务组件),每个业务系统即为技术服务需要管理的租户信息,多租户的目标则是需要达到所有技术服务订购、消费、使用和监控数据的完全隔离。

基于以上的目标,所有的技术服务元数据表和技术服务自身的运行实例数据表都需要增加 APPID 进行数据层面的隔离。更进一步来说,则需要基于 APPID 隔离的信息对服务进行相应的治理和管控,包括服务 SLA 管理、服务流量控制、服务安全管理、服务运行审计等。

对于技术服务的元数据配置,服务查询和运行监控等界面需要进行相应的隔离操作。即全局的管理员可以查看到所有的技术服务元数据和运行数据信息,而对于某一个 APPID 的管理员用户则只能查看到隔离后的相关数据。

4.6.2　安全机制

传统应用架构设计中的安全机制已经比较成熟,在这里重点谈下基于 SOA 的服务安全和相关问题。

1. 服务访问安全

服务访问安全的一个重点是身份认证。在 SOA 环境下,基于服务的身份认证可以描述为如图 4.59 所示。

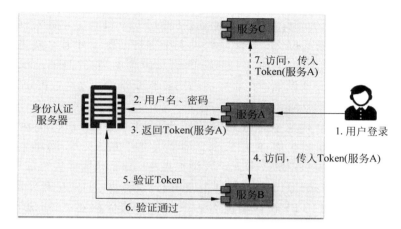

图 4.59 基于服务的身份认证过程

服务使用统一身份认证服务器(Identity Provider)来鉴定用户身份。具备用户接口的服务 A 首先向认证服务器申请进行身份鉴别,鉴别通过后可以获得一个经过鉴别服务签名的有关用户身份信息的 Token,其中包含了服务所需的某些属性。当服务 A 向其他服务发出请求的时候,将从认证服务器获得的 Token 同时发送过去。这样服务 B 就可以根据 Token 判断出用户是否是它所在主域的合法用户,并从 Token 中获得该用户的相关属性甚至权限信息。

在 SOA 体系架构中,基于 SOAP 的 WS-Security 协议支持 Web Service 鉴权,WS-Security 提供的身份认证机制使用安全令牌(Security Token)验证用户并判断客户端在特定上下文中是否合法,客户端可以是终端用户、机器、应用或服务。

在身份认证过程中,安全令牌(Token)被插入到客户端的请求消息中。根据安全令牌类型的不同,某些类型的安全令牌还会被插入到服务器端的响应消息中。

WS-Security 在身份认证中支持多种类型的安全令牌,包括:

(1) 用户名令牌;

(2) 二进制令牌,如 X.509 令牌、Kerbros 令牌、轻量级第 3 方认证(LTPA)令牌;

(3) 自定义令牌,如 XML 令牌和自定义二进制令牌。

2. 服务传输安全

Web Service 所处理的请求/响应消息需要通过网络进行传输,因而网络传输层的安全对 Web Service 至关重要。通常可以采取以下措施来确保传输层的安全。

(1) 防火墙:防火墙是可以对出入数据信息进行筛选的硬件设备或软件,它可以拒绝入侵者访问内部网络,并且防止针对位于非军事区 Web 站点的攻击。

(2) IP 地址限制:针对来自特定 IP 地址服务请求予以限制。

(3) 安全传输协议(SSL 和 IPSec):通常所指的安全传输协议包括 SSL 和 IPSec,可以在传输过程中提供消息完整性和机密性。安全套接字层/传输层安全(SSL/TLS),通常用于保护浏览器和 Web 服务器之间的通道安全。Internet 协议安全提供传输级安全通信解决方案,用于保护两台计算机之间传送的数据安全。

所有需要在传输层作加密传送的组件都应该实现传输层安全(Transport Level Security,TLS)机制。传输层安全机制会对所有传输的数据流进行加密,从而增加了服务器的工作量。如果没有合适的硬件加速方案的话,传输层安全机制应该针对性地使用。在基础设施架构的组件间,只有当网络自身无法提供安全保证前提下才有必要进行传输层安全设置。在服务总线和服务之间,只有当被传输的消息敏感度高、并且消息没有加密的情况下,才有必要进行传输层安全设置。在服务的调用者和服务总线之间情况也类似,只有当被传输的消息敏感度高、才需要对传输层安全进行设置。

SOAP 的传输层安全建立在 HTTPS 协议上,HTTPS(Secure Hypertext Transfer Protocol)是对 HTTP 协议的扩展,使用安全套接字层进行信息交换,简单来说它是 HTTP 的安全版。它是由 Netscape 开发并内置于其浏览器中,用于对数据进行加密和解密操作,并返回网络上传送回的结果。HTTPS 实际上应用了 Netscape 的安全套接字层(SSL)作为 HTTP 应用层的子层。HTTPS 协议是由 SSL+HTTP 协议构建的、可进行加密传输、身份认证的网络协议。如图 4.60 所示。

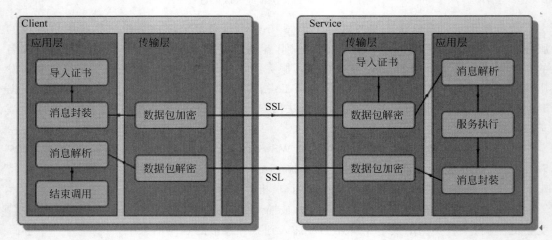

图 4.60　SOAP 服务传输过程

3. 服务消息安全

当传输的消息包含敏感信息,而网络层面无法提供安全保证的情况下,就有需要进行消息级别的安全机制设置。在消息级别加密机制中,消息的发起端会对消息的全部或部分进行加密。相应的,消息接收端对加密后消息进行解密。在消息的传输过程中,其他组件或中介都因为缺乏密钥而无法对消息进行解密,这将保证消息端到端的安全传输。与传输层加密相比,其优点在于这个机制可以只对确实需要加密的消息部分进行加密,无须对所有的数据进行加密,这是一个比较有效率的方法,但却需要调用者和服务双方都支持。鉴于加密是端对端,服务总线是不可以看到已加密的内容。

SOA 消息安全建立在 XML 加密(XML Encryption)上,由于 XML 加密技术无须对全部信息进行加密,因此灵活性更高,如可对银行账号等关键数据进行加密,而敏感度不高的信息和 SOAP 元数据无须加密即可传送。也可给文档的不同部分分配不同的密钥,以使其只能被指定的接收者读取。WS-Security 在现有规范中添加了一个框架,用于将这些机制嵌入到 SOAP 消息中,这是以一种与传输无关的方式完成的。WS-Security 并不指定签名或加密的格式,而是指定如何在 SOAP 消息中嵌入由其他规范定义的安全性信息。WS-Security 是一个用于基于 XML 的安全性元数据容器的规范,如图 4.61 所示。

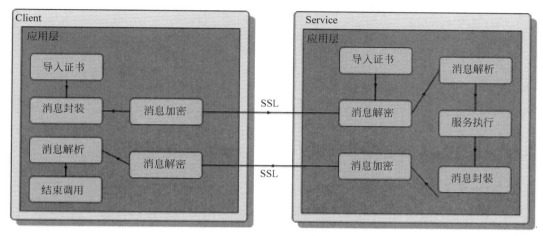

图 4.61　服务消息安全管理

4. 应用层安全

在应用层安全方面,Web 服务通过使用公钥密码技术标准的方法,对照数字证书和签名验证消息的各个部分。

(1) SOAP 安全扩展:SOAP 是一个基于 XML 的协议,它是在分散或分布式的环境中交换信息的简单的协议。SOAP 本身并没有安全性的设定。SOAP 安全扩展是在 XML 文档中包含在 SOAP 消息内的报头,这些报头可以向客户端触发身份验证,或者向客户发送新的身份验证质询。它由一个基本的安全形式组成。在 SOAP 扩展中可以使用两种类型的身份验证协议:基本身份验证和摘要身份验证。

(2) XML 加密(XML Encryption):加密是保护数据安全的重要手段,使用 XML 加密,每一方都可以保持与任何通信方的安全或非安全状态,可以在同一文档中交换安全和非安全的数据。XML 加密能够处理 XML 和非 XML 数据。XML 加密为需要结构化数据安全交换的应用程序提供了一种端到端的安全性。

(3) XML 签名(XML Signature):数字签名用于提供信息,验收接收方收取的数据的完整性,并且还提供发送方的标识。XML 签名可以对任何数字内容进行数字式签署,XML 签名提供了签署文档中特定部分的功能,它可以实现多方在不同时间签署同一个文档。XML 签名规范支持数据对象与 XML 签名之间的多种关联方式:数据对象可以内嵌在 XML 签名中(封装签名),或者数据对象将 XML 签名嵌入其自身(被封装签名),数据对象也可能驻留在包含 XML 签名的 XML 文档中,或者驻留在包含 XML 签名的 XML 文档之外,后两种情况均可被称为分离签名。

利用 XML 可扩展的特性,为 SOAP 消息头加上安全协议,如图 4.62 所示。

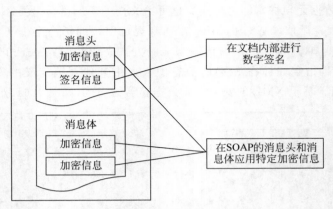

图 4.62　SOAP 消息头安全协议

4.6.3　高可用性设计

1. 高可用性概述

对于软件平台的高可用性,首先需要充分理解客户的高可用性情况和对业务产生的影响。需要对构成系统的每个组件进行失效影响分析,并制定相应对策。对相关系统的架构、可靠性、稳定性及可扩展性进行整体的评估,提出切实可行的合理化建议。如果用平均无故障运行时间(MTTF)计算,高可用性至少达到 99.9% 水平。

对于软件平台的高可用性,首先高可用性是一个系统问题,不仅仅涉及 IT 硬件基础设施架构、软件架构、软件设计和开发。同时还涉及治理和管控体系。而软件平台的高可用性规划更是要以业务需求和目标驱动,标准体系和系统建设并重的思路进行,必须在从系统规划阶段开始就要考虑高可用性,而不是到了运维阶段才考虑。在规划设计阶段重点是软件应用体系架构,运行阶段重点是 IT 基础设施架构体系。

软件平台的高可用性架构规划可以参考 IBM 公司的一个推荐方案,如图 4.63 所示。

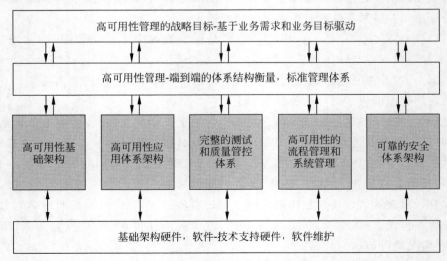

图 4.63　软件平台的高可用性架构规划

首先,要基于业务目标驱动建立高可用性战略目标,不同的业务目标对于软件平台的高可用性要求显然是不一样的。其次,是建立端到端的高可用性管理体系,这个管理体系包括了标准规范、业务流程和约束、管控制度等各个方面的内容,需要覆盖软件平台本身的全生命周期。基于以上两点就很容易对高可用性具体工作进行分解,即包括了 IT 基础架构、应用体系架构、安全架构、管控架构等各个方面的内容。

从流程和动态分析的角度来看,高可用性规划和建设又包括了评估、规划、设计、设施和运行五个阶段:评估期建立符合企业业务目标的系统可用性目标,确定提升系统可用性的机会;规划期制定系统高可用性发展策略并建立实施路线图;设计期设计企业未来 IT 环境及架构,制定详细的实施计划;在保持低成本的前提下,在实施期高效快速地协助客户全面提升可用性水平;通过运行期的实施演练,发现系统风险控制的不足之处,制定进一步的提升方案。五个阶段形成一个闭环的持续改进的高可用性规划和建设的流程。

下面对高可用性规划和建设的五个阶段做一个简单描述。

1)评估期

在评估期的重点是建立符合企业业务目标的系统可用性目标,确定提升系统可用性的机会。评估期需要做如下几件事情:首先是明确业务目标和需求,业务究竟对软件平台的高可用性目标是什么,这个目标是否可以进一步量化。其次是对硬件平台和软件平台的现状进行分析和评估,现有的软硬件平台是否能够满足业务目标,现有软件平台是否能够满足业务未来几年的发展目标,如果软硬件平台相关部件失效会造成什么样的影响(FMEA 分析)。在评估期会用到 TPMC 和业务测算模型,对需要的能力和现有的能力进行评估,并根据具体的高可用性要求确定潜在的风险点并作为规划阶段的重要输入。

2)规划期

规划期的重点是制定系统高可用性发展策略并建立实施路线图。高可用性规划是一个系统规划,包括了 IT 基础设施和硬件平台的规划、中间件平台的规划、软件平台和应用架构体系的规划、软件平台治理和管控体系的规划、安全规划等各个方面的内容。

规划期的重要输入是评估期的业务目标、现状评估和潜在风险输入。硬件平台是否具备高可扩展性,中间件平台是否足够健壮以支撑大数据量和高并发的业务要求,设计的软件是否有足够的容错机制和健壮性保证持续的不停机运行,这些内容都必须在规划的时候就考虑全面。规划完全可以看作是一个高端的设计,如果在规划阶段选型出现失误,很多时候直接影响到架构设计,而且在软件平台正式上线后很难再通过简单的变更进行弥补。

3)设计期

设计期是设计企业未来 IT 环境及架构,制定详细的实施计划。在我看来一个软件系统的高可用性设计包括了 IT 基础架构的设计,即服务器、存储、网络方面的设计。同时也包括了软件方面的设计,一方面是中间件平台的选型和设计,另一方面是基于中间件平台自主研发软件的设计。它类似于软件中的架构设计,其架构设计重点在于业务目标中非功能性需求的满足。要知道,很多时候软件平台可用性或性能出现问题,并不是硬件本身能力不足,而是我们软件本身设计和实现上存在缺陷,如选择了不适合的软件框架、实现方式或算法,或者是没有对问题采取有针对性的设计方案。

如果说到 SOA 平台,设计期更是重点,除了包括高层的 SOA 服务架构设计外,还包括了 SOA 服务识别,服务的粒度把握,对服务的调用频度,数据量的分析,服务究竟是同步还是异步,这些都直接影响到服务本身的高可用性。

4）实施期

实施期重点是在保持低成本的前提下,高效快速地协助客户全面提升可用性水平。如前面所说,若是全新上线的软件系统在一开始则必须考虑高可用性和非功能性需求。而若是对已经上线的软件系统,如何在保持低成本的基础上,提升高可用性水平则是关键问题了。

如果规划和架构阶段本身存在先天的缺陷,可以说很难在实施期显著提升高可用性水平。根据实际的经验,能做的就是加大对系统硬件平台的监控,通过硬件平台的监控反馈的性能消耗数据来查找软件存在具体的性能问题的地方,并逐步地对这些代码进行性能优化和调优。性能问题将涉及中间件平台的基础设施和调优,数据库的基础设施和调优,数据库存储过程和视图的优化,软件代码优化等诸多环节。

已经上线的软件系统不可能进行大改动,这个时候软件的稳定性已经高过一切,如果进行大的架构修改和调整,根本无精力再做全面的系统测试和回归测试,只能是逐步调优。

5）运行期

运行期的重点是运维阶段对高可用性的保障,包括 ITSM、ITIL 等各种运维方面的体系和标准也都是在间接的提升 IT 系统的高可用性。事件管理,问题管理和变更管理都是偏事后的分析和处理,那么对软件平台、硬件基础设施的监控则是一个风险预警机制。

运行期的高可用性的重点一定是要从问题管理转化到风险管理,从报警转化到预警,从日常的运维中不断的收集硬件和软件平台的运行数据,通过数据分析找出潜在的性能问题点并有针对性的进行改进。SLA 服务等级协议是关于网络服务供应商和客户间的一份合同,其中定义了服务类型、服务质量和客户付款等术语。在运行期引入 SLA 就是一种分级的管理策略和报警预警兼顾的高可用性管理方式。

2. 高性能设计

高性能设计主要是考虑在采用去 IOE 架构下的分布式集群环境下的高性能问题。鉴于私有云 PaaS 平台需要满足弹性水平扩展能力的要求,那么采用分布式架构是必须的。本节重点讨论在采用分布式架构后的 DaaS、技术服务、服务总线、应用架构设计、硬件基础设施等几个方面来讨论高性能问题。

1）DaaS 和数据库

鉴于单点的数据库性能约束,需要对数据存储进行水平和垂直切分,将在单点下的海量数据存储和并发转化到多个数据库节点上。

对于拆分后的单个数据库节点可以采用读写分离集群分担读写压力,但要注意的是读节点的数量,随着读节点数量的增加数据库同步延迟会增加,必然会导致一致性或高可用性能力的牺牲。

对于 DaaS 服务层仍然需要考虑高性能问题,常见的方法是对 DaaS 服务层也需要采用负载均衡技术,将 DaaS 层的压力通过负载均衡后分散到多个 DaaS 服务节点上。对于 DaaS 路由规则的获取,全局序列号的计算等则无法真正发布到集群节点上,因此这种操作需要有更好的高性能解决方案。

2）技术服务的高性能

技术服务的高性能基本上是通过分布式技术来实现的，包括日志服务、缓存服务、消息服务和文件服务等都可以采用分布式计算和处理，Hadoop MapReduce 分布式计算框架等来实现技术服务的高性能。由于技术服务涉及的数据结构类似 Key-Value 模式，相对比较简单，因此更加容易实现分布式处理。

3）服务总线的高性能

服务总线的高性能设计，需要考虑服务总线的集群技术，消息中间件和异步写入技术，大数据和文件集成与传输分离技术等。

4）应用架构的高性能

应用架构的高性能设计包括业务逻辑层缓存技术，前端缓存技术，开发技术框架的轻量化技术，数据查询和检索中的分页技术，数据库索引调优和合理的数据库表设计，组件划分和设计的合理性，在高内聚、低耦合原则下减少组件间的数据交互，反规范化数据冗余技术，以及业务和数据处理中的异步消息处理技术等。

5）IT 基础设施和软硬件环境高性能

包括负载均衡设备的采用（类似 SSD 硬盘等高速 I/O 存储技术）；高性能的网络通信技术；中间线程池、JVM 参数优化技术，数据库性能分析和调优技术（计算、存储和网络三方面能力的高性能），数据库和中间件的高性能设计等。

3. 高一致性设计

在一个分布式系统中，由于分区容错性是必须满足的基本要求，因此很多时候都是在高可用性和高一致性之间进行折中处理。分布式系统架构下带来的分布式事务处理问题是高一致性设计必须考虑和解决的问题。

（1）采用 XA 等实现强分布式事务处理。类似 DaaS 数据库服务层同一个逻辑库的多个物理数据库节点之间，我们可以采用 XA 来实现分布式事务。

（2）采用事务补偿机制来实现一致性。对于传统的应用来说，事务属性是一个必不可少的特性。它可以使应用在复杂的环境里的操作要么全部彻底的执行，要么一个也不执行，这种机制保证了被我们访问过的资源状态的一致性以及完整性。一个典型的事务型应用是由事务控制器、资源管理器、后台的系统一起完成的（或是基于 XA 协议）。在流程引擎中，可以包含事务型或非事务型的操作，它们在一起组成了整个流程处理。当流程停下来等待一个人机交互的话，那么前面所做的所有操作都必须被提交，也就是说，所有的信息必须是正确的，以便进行处理。因此，在一个可中断的流程当中，不可能有一个事务上下文是包含在整个流程范围内的。当流程运行失败时，必须有一种机制来保证之前做的一些操作被正确地回退了，这就是补偿（Compensation）。补偿机制可以自动地执行一些预先定义好的回退操作，以达到真正的状态一致，如图 4.64 所示。

流程按照定义好的方式向前执行。但是，每一个向前调用的操作都被记载在一个"补偿列表"中，包括这次调用的输入和输出参数。在任何时候，"补偿列表"都会知道什么操作被用什么参数调用过了。假如流程执行失败了，而且必须被补偿时，"补偿列表"就会被用来执行反向的操作用以重建前面的流程状态。

（3）采用 BASE 来实现最终一致性要求，如图 4.65 所示。

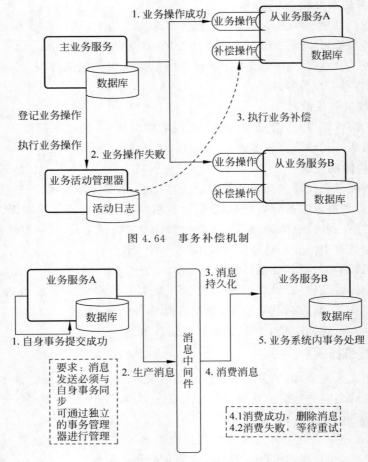

图 4.64 事务补偿机制

图 4.65 基于 BASE 的最终一致性实现

4.7 平台总体应用集成

4.7.1 应用集成概述

大型软件产品的开发可能包含多个新业务系统的开发,同时一个业务系统自身又包含多个业务模块和组件。只要在前期产品规划中存在子系统和模块的分解,那么后续就一定存在产品集成的动作。在架构设计中通过组件分解、识别和定义组件间接口,这有助于降低大系统的复杂度以及推进各模块的并行开发。架构做出一个假设,只要在分解的时候各组件模块按预定的接口契约进行实现,那么后续各个组件一定可以进行集成和组装形成一个完整的产品。所以架构不能只关心解耦,还必须关心集成和装配。解耦后的东西无法集成,那么分解仍然是失败的。

可以看到,在企业私有云平台下应用集成比常规的产品集成更加复杂。一个业务应用或组件首先是要考虑和 PaaS 平台层能力的集成,其次才是考虑组件之间的进一步横向集成。在这种场景下对应用集成的方案、策略和执行等都提出了更高的要求。

1. 应用集成的内容

应用集成的内容主要分为三个方面,首先是单个业务组件和平台层能力的持续集成和发布;其次是组件两两之间上下游通过业务服务接口的服务集成;最后是基于端到端业务场景的跨多个业务组件的集成。

对于单个业务组件的持续集成来说,可以先编写自动化编译脚本代码,如使用 ant 工具完成。然后设置定时作业和任务,开发人员按时 check in 相关代码。使用 CI 持续集成工具根据定时任务点在构建环境自动获取最新代码,自动运行 ant 自动化编译脚本对代码进行编译,编译完成后自动化部署到某个环境。部署完成后运行单元测试自动化脚本对代码进行自动化测试,输出自动化测试结果和报告。如果通过,则测试人员通过 QTP 进行进一步自动化测试或手工执行一遍冒烟测试脚本,完成本次持续集成。在持续集成模式下,一方面是可以尽可能早的发现问题,另一方面测试人员随时都可以有一个可进行详细功能性测试的可用环境。如果对于多环境,涉及开发测试环境→集成测试环境→验收环境等一系列的测试和自动化部署动作,对此称为部署流水线模式,实现跨环境的持续集成管理。

对于组件两两间的横向集成主要是通过组件提供的业务服务集成,因此一方面是组件需要和自身需要消费的上游组件集成以获取输入信息和输出;另一方面组件本身也提供相应的业务服务,需要配合下游的业务组件进行服务集成和联调。对于该步骤的集成重点是保证组件上下游之间能够集成通过,业务和数据能够正常流转,其集成的主要依据是组件概要设计中的服务接口。

在组件两两集成通过后,接着的关键步骤是根据端到端的业务场景进行跨多个业务组件的应用集成。确保端到端的业务流程能够在多个业务组件协同下顺利完成。在这个阶段首先需要保证组件两两集成通过,然后依据相应的业务流程和业务架构文档、总体应用架构设计文档分析相应的业务场景,准备相应的业务数据进行集成。

在整个应用集成过程中,组件间的集成顺序和集成场景是需要重点考虑的问题。

2. 应用集成顺序

应用集成顺序分为两种模式:一种是自顶向下的方式进行集成,另一种是自底向上的方式进行集成。对于自顶向下方式的集成,首先集成最外层或流程最末端的业务模块,业务模块前置依赖用模拟器(桩)实现。然后继续在每一层按宽度或深度优先,用完全实现模块代替模拟器,并建立下层。以这种方式继续直到所有被测系统中的桩已经实现和测试。在这种模式下可以看到整个集成过程完全是顶层需求驱动进行,集成工作可以较早的开始进行,如果产品集成图是正金字塔结构则较为容易,模拟器开发较少;反之同理。

对于自底向上集成,首先集成最底层的业务模块,只在底层模块未实现前使用模拟器(桩)。然后继续再实现并测试上一级模块,这些构件使用已经测试的下级模块。整个系统使用根一级模块测试。对于这种方式模拟器开发较少,同时上次各模块基本可以开始并行测试。如果上次需求变化则可能直接影响到最底层,这是此种集成方式的最大风险。

3. 应用集成场景

集成场景分析目的是为后续的集成测试用例设计提供依据,集成测试用例要覆盖所有场景。对于场景分析输入主要包括跨模块协同业务流程图、系统需求规格说明书、概要设计说明书等。对于集成场景分析可以从静态和动态两个层面进行分析。静态分析主要分析模块依赖关系,分析某一个服务接口影响到的业务模块具体功能点,可以采用模块→模块的矩阵分析方法进行;动态分析主要是根据跨系统或模块流程入手,分析跨模块的流程协同,流程协同中所涉及的所有接口服务。

集成场景的分析将为集成测试用例的设计提供核心输入,集成测试不是简单的接口测试,接口反映的是跨系统或模块的交互流程,需要通过交互流程的贯通来检验接口本身的正确性。

4. 产品集成和持续集成的关系

产品集成强调是的是把所有的组件最终能够组装和集成起来,形成一个完整的系统。Martin Fowler 对持续集成是这样定义的:持续集成是一种软件开发实践,即团队开发成员经常集成它们的工作,通常每个成员每天至少集成一次,也就意味着每天可能会发生多次集成。每次集成都通过自动化的构建(包括编译、发布、自动化测试)来验证,从而尽快地发现集成错误。许多团队发现这个过程可以大大减少集成的问题,让团队能够更快的开发内聚的软件。可见持续集成只能算做产品集成的一个子实践。

持续集成仅是产品集成的一种方式,不论开发过程是瀑布模式、增量模式还是迭代模式,都可以采用持续集成的思路。持续集成的一个核心是将整个开发过程透明化,同时将集成工作提前化。尽可能早的暴露问题和风险,同时纠正在前期系统分析和架构设计中的不足。

对于持续集成我们往往会强调每日构建、冒烟测试、自动化测试等内容,强调开发、测试和生产环境的部署流水线作业。但是对于大型产品集成仍然会包括模块内测试和集成、模块间测试和集成、跨系统间的测试和集成工作。对于单个模块内可以采用每日构建和持续集成策略,但是对于模块间和跨系统可以采取迭代式的集成方式进行集成。

4.7.2 应用集成流程

对于私有云平台下的应用开发,总体集成流程可以参考图 4.66 所示。

在该图上可以看到在集成测试阶段会涉及配置管理和持续集成环境、厂商本地开发环境、开发验证环境、集成测试环境、验收测试环境的准备工作。这些是开始进行完整的应用集成的必要条件。

首先,厂商下载了本地离线开发框架和环境后,根据组件需求规格说明书在本地进行组件功能的开发,在开发过程中可能涉及相应的技术或业务服务模拟器的使用,在开发完成并本地测试通过后需要提交代码到配置管理环境,并申请在开发环境进行和平台技术服务的纵向集成和单元测试工作。

其次,配置管理员根据提交的代码、部署脚本、自动编译脚本和单元测试脚本等借助工具进行自动编译和构建,在编译成功后形成可部署的应用程序包,通过 PaaS 平台提供的应用托管能力将应用程序包部署到开发验证环境。环境就绪后,开发厂商可以根据单元测试脚本进行自动化测试,通过后则进行应用和平台的纵向集成接口测试确保调用平台能力正常,之后可开始对模块进行冒烟测试和详细的功能单元测试。如果在本步骤没有通过,则需要重新在本地环境进行代码修改并提交重新部署,如果测试通过则可以通知配置管理员将应用部署到集成测试环境。

最后,在部署到集成测试环境后,集成测试负责方将启动业务组件的集成测试工作。首先是需要对业务组件自身的功能进行一次完整的功能性测试,接着才是根据集成策略和集

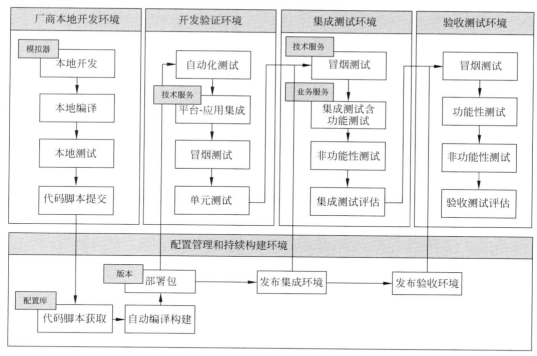

图 4.66　私有云平台应用集成总体流程

成顺序的安排,开始对业务组件上下游的关联依赖组件进行基于业务服务接口的集成测试,确保组件之间能够集成正常。在集成测试通过后,集成测试方可以通知配置管理方将多个业务组件发布到验收环境进行验收测试。

对验收测试而言,首先是对单个业务组件的功能性测试,但更加重要的是基于端到端流程和业务场景,准备相应的业务数据,进行跨多个业务组件模块的全流程测试。以确保最终通过测试的多个业务组件能够高度协同起来完成端到端的业务。

在整个应用集成过程中,配置管理和持续集成环境管理相当重要,在这个环境的构建中可以参考持续集成的方法和策略进行。一方面是持续集成中的自动编译、自动部署和自动化单元测试技术的引入;另一方面是对于源代码和编译后的部署包的版本管理,版本在各个测试环境的一致性追踪等。如参考持续集成的思想,为了保证后续各个阶段测试版本的一致性,各个业务组件的部署包只能够再打包编译一次,然后以同样的版本信息在各个环境进行部署(在这个过程中只能修改部署包相关的配置文件)。

4.7.3　集成测试流程

集成测试是将模块按照设计要求组装起来同时进行测试,主要目标是发现与接口有关的问题:数据穿过接口时可能丢失;一个模块与另一个模块可能由于疏忽的问题而造成有害影响;子功能组合起来可能不产生预期的主功能;个别可以接受的误差可能积累到不能接受的程度;全程数据结构可能有错误等。

对于集成测试阶段的流程可以参考如图 4.67 所示。验收测试阶段的流程和图 4.67 类似,则不再说明。

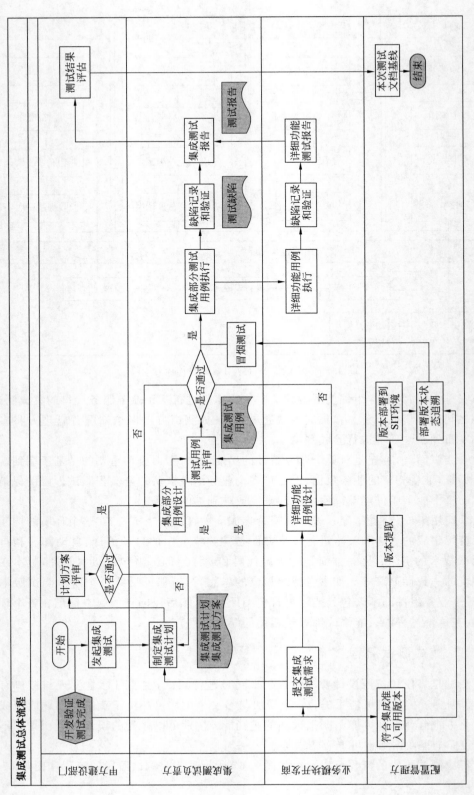

图 4.67　集成测试流程

　　集成测试的负责方在进行集成测试执行前需要制定集成测试计划、集成测试方案和策略,并联同甲方信息化管理部分和开发厂商共同进行计划和方案的评审。在方案评审通过后再开始单个业务组件的集成测试用例的设计、业务组件间的接口和服务测试用例的设计工作。

　　开发厂商在开发验证环境的单元测试通过后将形成一个稳定的可用于集成测试的版本,这个时候可以提交集成测试申请。配置管理方则根据提交的集成测试申请进行待测试版本的提取,并将测试版本部署到集成测试环境,成功部署完成后通知集成测试负责方进行集成测试工作。

　　集成测试方根据设计好的功能测试用例和接口服务测试用例开始进行业务组件的功能测试和上下游的接口服务测试工作,确保单个业务组件功能正确及上下游业务组件之间的衔接正确。这里重点是集成方案中的集成顺序分析。在集成测试执行完成后输出相应的集成测试结果,如果存在相应的缺陷则打回到开发商,开发商在进行缺陷修复和自测通过后再提交第二轮的集成测试。

　　在多轮集成测试缺陷全部关闭后,需要在集成测试环境再进行一次回归测试。回归测试通过后则可以开始输出相应的集成测试评估报告并提交评审。集成测试评估报告在开发商和验收测试商一起评审通过后,相应业务组件可以进入验收测试流程。

4.7.4　集成测试方案策略

　　集成测试通常有以下 3 种方法。

　　(1) 自上而下的集成测试方法。首先测试和集成最高级别的模块,这些高级别的逻辑和数据流可以在过程的早期阶段测试,有助于最大限度地减少对驱动程序的需求。但是,对存根(stub)的需求使测试管理变得复杂,低级别的实用工具在开发周期中则为相对较晚的阶段测试。自上而下的集成测试的另一个缺点是不能很好地支持有限功能的早期发布。

　　(2) 自下而上的方法。首先测试和集成最低级别的单元,这些单元常被称为实用工具模块。通过使用这种方法,实用工具模块在开发过程的早期阶段测试,最大限度地减少了对存根(stub)的需求。但是,不利的方面是对驱动程序的需求使测试管理变得复杂,高级别的逻辑和数据流在晚期测试。与自上而下的方法一样,自下而上的方法也不能很好地支持有限功能的早期发布。

　　(3) 测试沿功能性数据和控制流路径(有时也称为伞形方法)进行。函数的输入以自下而上的模式集成。而每个函数的输出以自上而下的方式集成。这种方法的主要优点是对有限功能的早期发布的支持程度高。它也有助于最大限度地减少对存根(stub)和驱动程序的需求。但是,这种方法的潜在缺点非常明显,因为它的系统性可能比其他两种方法低,会导致对回归测试的更大需求。

　　由于自上而下的测试方式需要建立大量的技术服务和业务服务模拟器,而且底层的需求变化会对上层的业务组件模块造成较大的影响。因此私有云平台中所应用的最好的集成测试方式还是以自下而上的方式进行,在这个过程中为了保证测试工作的尽早开始和并行,可以对少量涉及技术服务集成的场景采用自上而下的方式进行集成。

　　在整个集成测试方案策略中重点是集成依赖关系和集成顺序的分析,如图 4.68 所示。

　　在图 4.68 中可以看到,首先需要分析业务组件模块之间的相互依赖关系,每个模块涉

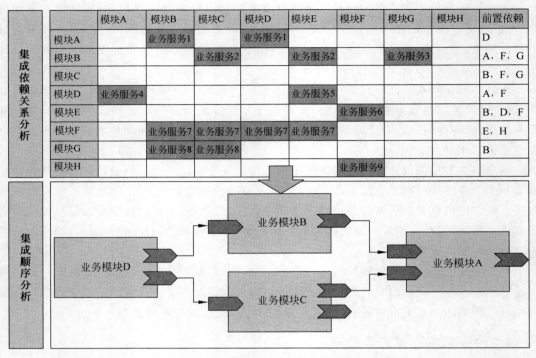

	模块A	模块B	模块C	模块D	模块E	模块F	模块G	模块H	前置依赖
模块A		业务服务1		业务服务1					D
模块B			业务服务2		业务服务2		业务服务3		A, F, G
模块C									B, F, G
模块D	业务服务4				业务服务5				A, F
模块E						业务服务6			B, D, F
模块F		业务服务7	业务服务7	业务服务7	业务服务7				E, H
模块G		业务服务8	业务服务8						B
模块H						业务服务9			

图 4.68　集成依赖关系和集成顺序的分析

及的前置依赖模块,以及和依赖模块之间需要交互的业务服务接口。基于初步的模块依赖关系分析开始考虑业务模块的组装和集成顺序,在集成顺序的分析中可以根据依赖关系按正向和逆向两种方式进行集成测试顺序的分析和梳理。

正向分析主要关注当前业务模块测试完成后可以测试哪些下游的业务模块;而逆向分析则关注当前模块的前置依赖模块是哪些,如果测试当前模块需要首先测试那些上游的业务组件模块。通过这两种方式的梳理基本可以形成一个大框架的组件集成测试流程图。但是由于业务模块集成本身的复杂性,以上的初步集成方案和策略分析仍有欠缺,最好的方式是进一步结合业务场景进行跨模块的业务协同分析,如图 4.69 所示。

从图 4.69 可知,集成场景分析中选择需要集成的业务流程,分析该业务流程中的各个业务活动以及这些业务模块之间的交互和协同点。对于这些交互点需要详细的分析业务功能以及该业务功能涉及的业务服务接口,将这些业务服务接口全部识别出来并进行测试设计和测试数据准备。

基于以上步骤后可以有针对性的对识别出来的业务流程进行跨模块的端到端测试,在这种测试模式下虽然无法保证所有业务模块间的接口全部测试覆盖到,但是可以保证关键的业务流程实现跨模块的业务协同和贯通。

4.7.5　集成测试执行和评估

集成测试执行涉及冒烟测试、业务组件的功能测试、业务组件间接口服务测试、性能测试、易用性测试等多方面的内容,具体可以参考业界标准的测试方法规范体系。集成测试执行和评估的主要工作如图 4.70 所示。

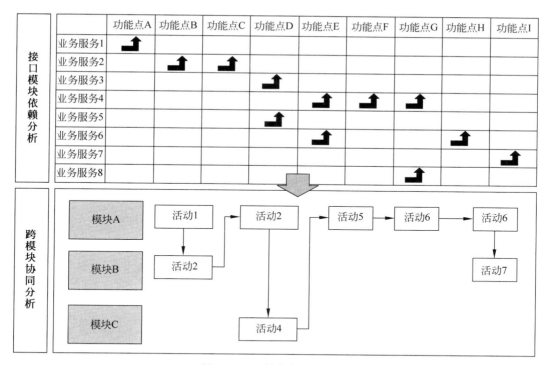

图 4.69　组件集成测试流程

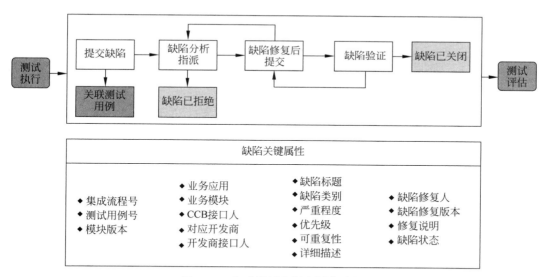

图 4.70　集成测试执行和评估过程

集成测试执行过程中需要有相应的缺陷管理工具和平台对缺陷进行统一的管理和跟踪。如果从更加全面的工程变更角度来说，则需要有完善的需求变更、缺陷管理、版本管理、测试流程管理及发布管理等一系列的研发过程管理工具平台提供支撑。

测试评估则是根据需求设计文档（系统需求、产品集成方案、集成设计文档等）描述经过测试后，哪些组件接口已经实现，哪些组件接口没有实现或存在问题，产品对应系统需求是否通过测试,测试执行是否覆盖到所有集成测试用例。同时需要对集成测试执行结果以及因测试不充分而引起的风险进行评估,说明对系统测试的影响。集成测试评估的主要输出包括:

(1)集成测试清单和测试结果;

(2)集成测试覆盖率分析:接口覆盖率,功能覆盖率;

(3)测试结果统计分析:故障分析,集成次数和成功率,遗留故障分析;

(4)测试结果评估;

(5)测试结论和后续改进建议。

第5章

组件化和服务化

5.1 组件开发和实施

5.1.1 应用开发约束

前文已经谈到,基于企业私有云 PaaS 平台的应用开发,一方面是结合 PaaS 层技术服务能力进行应用开发,另一方面是基于 SOA 组件化架构设计思想进行组件开发和设计。一个基于 SOA 架构的业务系统,应该符合以下基本特征:

业务系统若要具备组件化和模块化的特征,需要在业务系统构建过程中体现 CBM 和业务组件化、组件能力化的思想。一个完整的业务系统可通过业务建模和架构分析并遵循松耦合原则拆分为多个业务组件,业务组件最终转换为应用系统实现中的应用模块(服务组件+技术组件)。每一个组件都相对独立,都可以独立进行设计、开发、测试、部署和后续运维的管理。

在传统应用开发中,经常可以看到一个业务系统划分为多个模块,但各个模块之间往往是混乱的交叉调用,不符合松耦合的思想。这约束了组件的可独立部署和可管理的特性。即使有些时候进行了组件划分,也进行了应用层和逻辑层划分,但数据库却没完全拆分,也会导致组件模块之间无法拆离。

组件以暴露粗粒度服务为原则,能使用组合服务的则应尽量使用,不能使用组合服务的时候才使用更下层的业务和数据的原子服务。这些服务构成一个以组件为核心的领域层。但并非领域层所有的服务都需要向外部暴露,仅仅是涉及跨组件交互的服务才需要向外暴露。需要注意的是,暴露的服务是领域层的能力,不是数据库级别的 CRUD 操作。很多时候为了减少服务的数量,全部暴露为通道形式的 DAL 类服务,这是违背原则的。

服务本身是轻量的 API,因此服务的实现是采用 SOAP Web Service 还是 REST 或其他实现方式并不重要,重要的是服务接口和契约只要保持不变,那么对于消费该服务的模块就不需要重新编译或部署,这是轻量 API 或服务需要达到的一个基本的要求。

服务的目的不仅仅是为了解决组件间的交互,也要体现其可复用性特征。因此,在各个业务模块的基础上,应设计一个更为底层的提供共性能力的基础公共模块,此模块能提供共享的可复用的服务能力。

安全、消息、缓存、文件、日志、异常、4A 以及流程引擎等技术类组件是所有模块都需要复用的内容。在一个业务系统设计中,应将这些组件抽取为独立的技术组件,提供可共享的技术服务。如果在实现过程中再结合 AOP 思想,则业务系统的构建和实现将更为简单。

业务流程的实现或复杂业务逻辑的实现应该体现服务组装或服务编排的思想。这与是否使用 BPM 工具及 BPEL 没有必然的关系。这里不是指工作流引擎自动处理的审批流,更多是指需要程序自动化处理的业务流或复杂业务规则。比如资产调拨是一种最简单的服务组合和编排,但它也可能需要调用多个原子服务来完成,在它的业务逻辑实现过程中,基本都涉及调用各个业务服务、数据服务或技术服务。这种模式下虽然没有可视化的 BPEL 服务编排,但已经体现了通过服务组合来实现业务的思想。

服务本身是无状态的,因此很难通过调用多个服务来控制事务。对于组合服务的实现应尽量下移到领域服务层来完成,在领域服务层通过类似 Spring 事务处理机制来控制事务。或者说组合服务不是去调用原子服务,而是直接调用底层的 API 进行组合,以避免太多的分布式事务处理。服务本身粗粒度,在服务中传递的对象更强调的是一个完整的业务对象,它具有完整的事务属性和生命周期,因此也方便应用于完整的业务对象进行完整的事务控制。

一个业务系统内部可以选择实现一个最简单的服务总线,也叫系统内部轻量总线。实现这个内部轻量总线的目的不是为了实现诸如 UDDI 这样的统一服务目录库,而是业务系统自身服务化后,组件之间会出现大量的服务消费和调用,一个业务系统需要对这些业务访问调用进行统一的管控,包括服务运行监控、安全和鉴权、统一服务地址等。当然,业务系统内部的服务总线也并非必要,一个业务系统服务化后,在一种标准的模块化服务架构下,将很容易实施和接入到 ESB 上,但这并不是基于 SOA 架构业务系统的重点,如 OSGi 框架也并非完全符合轻量 ESB 总线要求。服务总线的实现应避免增加业务系统实现上的复杂性。

5.1.2　组件开发概述

基于组件化的开发能带来较多优势。首先,原有系统级的粗粒度控制细化至组件级别的细粒度控制,一个复杂系统的构建就是组件集成的结果。每个组件都有自己独立的版本,组件可以独立编译、独立打包和部署。其次,产品组件化后可以真正实现完整意义上的按组件进行产品配置和销售,用户可以选择购买哪些组件,组件之间可以灵活地进行组装。此外,包括配置管理、开发、测试、打包和发布等可完全控制在组件层面。假设一个组件进行小版本升级,如果提供给外部的接口没有变动,则其他组件不需做任何的测试。

组件化开发思路在 SOA 之前已经有成熟的开发方法,只是在 SOA 概念出现后,基于 SOA 理念的咨询、需求分析、设计实现方法论进一步融入到组件化开发中。各种底层基础技术框架的发展和完善,为组件化开发提供了完整的支持,推动组件化开发的发展,特别是在 B/S 架构下的组件化开发。以下我们将从软件生命周期的角度来阐述组件化开发的核心思路和逻辑。

1. 业务建模和业务组件阶段

业务建模阶段包括了业务架构和数据架构,以端到端流程分析为主线导入。业务架构分析的重点是识别业务组件,也称为业务模块。

业务组件来源于流程分析和流程分解,它是高度内聚的多个业务功能的集合,业务组件之间则为松耦合,业务组件通过交互和集成可以完成一个更大的端到端流程。业务组件可采用传统的流程分析、面向结构的 CRUD 矩阵分析等方法来分析其内聚性。其中,矩阵分析包括业务功能和业务数据之间的 CRUD 关系,也包括业务功能和业务功能之间的关联和依赖。

把粗粒度的数据建模划归到业务建模阶段,该阶段的数据建模偏概念模型,后续在设计阶段再转化到逻辑模型、物理模型以及数据实体组件。同时该阶段也要梳理出业务和流程中核心的基础主数据和核心业务单据,分析业务单据关联映射关系,协助完成前面谈到的 CRUD 矩阵分析。

此阶段涉及组件层面的产出物包括:软件系统的业务组件,每个业务组件包含的业务功能(或业务用例),业务系统中的业务实体以及业务实体关系图等。

2. 软件需求阶段

软件需求阶段首先要形成业务组件,业务组件可以是大的业务模块。业务组件下有业务用例,通过进一步的需求分析和开发,将业务用例转换为系统用例,然后对每一个系统用例进行详细描述。形成一个自顶向下、逐层展开的分析过程:业务流程→业务组件→系统用例。

在传统的用例建模中,一般较少关注用例之间的交互,往往将其延后到设计和实现阶段来完成。现在看来该工作需要提前,即从全系统角度看,首先完成对业务组件之间交互的描述,对交互点和交互场景进行详细说明。在细化进入到一个业务组件内部后,需要对系统用例之间的相互调用进行描述。

随着软件需求分析的逐步细化,数据层面将从概念模型阶段过渡到逻辑模型阶,从业务功能转化为系统操作,并分析系统操作和数据对象之间的关系。

3. 系统建模和技术组件阶段

这个阶段即传统的架构设计阶段,是组件化开发的重点。这里的系统建模和架构设计重心将转化为功能性架构。若业务建模阶段是系统分析的话,那么系统建模阶段则是系统设计。

系统建模阶段的首要任务是实现从业务组件到技术组件的细化,在前文关于 SOA 的讨论中提到了业务组件、服务组件和技术组件。这里只谈业务组件和技术组件,并弱化服务组件的概念。首先,进入架构分层后,一个业务组件可能需要拆分为多个技术组件,包括:数据层组件、逻辑层组件、UI 层组件、数据实体组件等。其次,在该阶段我们会引入很多纯技术层面的组件,它们和业务完全无关,而与平台非功能性架构有关,如安全、异常、日志等相关组件等。

业务组件符合高内聚性,转换到技术组件后仍然需要符合高内聚性。技术组件之间不允许出现相互交叉调用,且整个调用关系应该是从上层往下层调用。纵向看是 UI 组件→逻辑层组件→数据层组件调用关系。而横向看则是同层之间的各个技术组件之间存在相互调用关系。按照组件最大化复用原则,优先考虑 UI 组件复用,其次考虑逻辑层复用,最后考虑数据层复用。

根据前面分析可知,系统建模阶段关于组件分析和设计的重点包括如下 3 点。

(1)将业务组件转换为技术组件,并按层分解。

(2)根据业务交互,用例交互分析组件之间的调用关系。这些调用关系即是组件间的接口,通过业务和流程分析的方法来找到接口,并转到相关组件的接口设计上。组件之间的调用只能通过接口来完成,组件内部对其他组件而言完全是黑盒。

(3)将数据建模分析内容转换为数据实体组件,数据实体组件只含数据实体,实现控制类和实体类的分离。这样数据实体类容易变化为下层可以被多个逻辑层技术组件引用的组件。

这个阶段需要输出的内容包括:业务组件→技术组件的对应清单,组件调用和依赖关系图,组件接口设计文档和接口清单,可复用组件抽取和分析文档,组件包视图和部署视图,整个应用系统组件化后的产品结构视图和配置项清单等。

4. 实现阶段

实现阶段将主要关注技术平台或框架对组件化开发、测试和部署的支持问题。传统 BS 架构开发较难解决的问题是 UI 层内容的独立打包和部署,而现在类似 T5 框架已做到较好的支持,T5 框架再融合 OSGi 能较好地满足组件式开发、动态发布部署及组件热插拔等基本需求。

技术平台应支持单独对组件进行自动化单元测试。当某个组件有变化的时候,可以单独对该变化的组件进行版本升级,单独对该变化组件进行部署。

5.1.3　组件设计和开发

1. 组件需求分析

组件需求分析可以归纳为以业务和流程建模为驱动,以用例分析为核心,以服务建模为最终目标的 3 个层面的内容。

1)流程分析和业务建模

对于传统的面向结构和面向对象的分析方法,都缺少了流程分析和业务建模这个关键步骤。后续 UML 发展增加了业务建模部分的内容。SOA 一个重要概念就是流程驱动 IT,如果不从最起始的流程和业务建模入手,会造成只见局部而无法看到全貌;只知道有这个功能或服务,而不知道功能或服务产生的业务场景。

流程分析体现了由高端到低端逐层分解的过程。高端流程主要是价值链流程分析,由价值链分析结合业务主题域的情况分解到 1 级和 2 级的业务架构视图。在 SOA 的业务建模里面有个重要概念就是业务组件,业务组件可以是业务域按执行、控制、引导 3 个层面的进一步分解。每个业务组件本身就是由相互关联的业务活动组成,实现独立的业务价值,业务组件是粗粒度的。业务组件之间的交互必须要通过服务进行。业务组件可以从下面 5 个方面进一步进行描述。

(1)业务用途:业务组件在组织内存在目的,表明其提供了业务价值。

(2)业务活动:为实现业务用途,每个业务组件需要实现一系列相互独立的活动。

(3)资源:需要什么样的人员或资产来支持这些活动。

(4)治理方式:每个组件是自治的,以相互独立的方式进行管理。

(5)业务服务:提供或接收业务服务,外界交互的唯一渠道。

业务组件之间的相互关系是高内聚、低耦合,完成一个长流程需要不同业务组件相互协作完成。对于业务组件的识别可以自顶向下或由底向上两个方面进行分析和识别。由底向上可以是根据业务域列出所有核心的业务功能。通过传统的 UC 矩阵分析方法,按照高内聚、低耦合的原则来归类和抽象相应的业务组件;或者是自顶向下,进行高端业务和流程分解,充分考虑业务职能划分和流程阶段分解因素,端到端流程分解中的核心活动就是关键的业务组件。

业务架构图矩阵分为两个维度,一个是业务能力,另一个是责任级别。业务能力可以根据高端业务价值链分解来确定;责任级别包括战略规划、控制和执行 3 个层面。业务组件图是动态活动的静态构图。在业务组件图出来后,针对单个业务组件,可以进一步进行流程分解和流程分析,这个分析通常包括跨职能带的流程图分析和事件驱动的流程链(EPC)流程图分析。在分解到较为底层的流程图的时候,推荐使用 EPC 分析方法,这个方法和 BPM 工具的流程建模方法基本类似,很容易直接过渡到 BPM 流程建模。

2)从业务流程到业务用例分析

对于流程分解和流程分析,到了底层后输出的即是活动,这个活动需要识别和转化为用例。业务用例是可以独立实现一个业务价值的业务过程,可以看作是业务组件进一步的细化分解。在 SERU 分析方法中,强调了以下 3 点。

(1)主题域分解:类似业务建模中的业务组件分析。

(2)流程分析:识别业务用例的关键步骤。

(3)领域建模:建立领域模型,识别关键的业务对象。

业务用例是否是服务?很多时候业务用例已经是流程服务或业务组合服务。因为它是一个实现了业务价值的业务过程。在 SOA 里面强调了业务操作和业务数据的分离,在传统使用 ROSE 工具进行用例建模过程中,可以看到用例分析和建模从前面的流程分析到后面的两个关键模型组件即是用例模型和业务对象模型。

(1)模型部分:用例模型、业务对象模型、序列图活动图。

(2)文档部分:业务场景、基本流、扩展流、业务规则、数据描述、界面原型。

3)从业务用例到服务识别和设计

从用例到服务转化的时候,可以看到一个用例实现可能涉及多个原子服务的识别和设计。这些原子类服务业务人员并不关心,但是却能够较好地应用于服务的组合和流程编排。从用例到服务转化的一个重点是通过序列图来分析用例实现的过程,在这个过程中我们抛弃掉前面用户到界面层的交互,将重点关注逻辑层的所有交互点,这些交互点很可能都是重要的原子类服务。

在没有基于 SOA 前,业务和系统组件是强绑定的,业务变动会带来大量的技术层面的修改。而实施 SOA 后,在业务与 IT 之间会增加一个服务层,服务层实现了业务和 IT 的解耦。业务组件之间交互抽象和暴露为服务,服务用于业务实现时的组合和编排,以增加组件对业务变化应对的灵活性。

这里有一个过程,即通过业务用例的实现分析,可以识别出大部分的原子类服务,继而可以对服务进一步的归类、合并和整理。这些原子类服务里面有些是需要跨组件或跨系统协作的,而有些仅仅是用于内部协作。服务本身的可重用性和管理成本又涉及如何控制服务的粒度,对于仅仅用于内部协作的建议仍然需要保留相应的服务接口,方便后续有需求的时候转化为服务。

2. 业务组件识别

IBM的CBM组件业务模型由来已久,在系统内SOA化的过程中业务组件识别是一个很重要的步骤,系统内SOA化遵循的是流程和功能域→业务组件→业务用例→服务识别的方法和步骤。业务组件之间是高内聚、低耦合的一系列业务活动的集合体,具有明确的业务含义并实现业务价值,业务组件之间的交互通过服务的方式进行,使业务组件之间进一步解耦。业务组件是一个个可以独立部署的单元或小应用。

业务组件比技术组件的粒度更大,也可以比常说的模块粒度更大。对于UI组件、数据访问组件、流程组件、报表组件等,这里不将其划入到业务组件的范畴,业务组件不同于技术组件,业务组件有明确的业务含义,在业务组件识别的时候更加关注的是流程和业务功能域,而不是底层的实现细节。

对于一个应用系统内的分层,更多考虑是转化为业务系统→业务组件→模块→SCA组件这样的层次,这样考虑的意义在于将业务组件作为独立运行的业务子系统。这会为我们后续的快速服务集成和应用组装奠定基础。业务组件关注的是组件最终向用户提供的业务能力,这个业务能力可以通过业务服务的方式提供,也可以通过UI组件服务的方式提供。

传统的技术组件不会过多关注业务,一般采用横向的分层方法,如数据层组件、业务层组件和展现层组件。而业务组件关注业务,采用纵向分层的方法,关注的是业务系统里面实现的具体业务域。

业务组件的识别一定要围绕实际业务系统所涉及的真实业务操作和流程来展开。例如采购管理,可以参考业务部门岗位或科室划分,如可能分为招投标科、供应商管理科、采购科等,这些科室划分就是业务积累的产物,是有一定参考和借鉴价值的。其次可以直接调研业务人员,企业的采购范围工作具体涉及哪几类的工作,有没有企业相关的业务规范和流程可以参考。最后需要从流程分析入手,采购管理端到端全流程是如何的,当分析端到端全流程的时候,就能识别出流程的关键阶段,如采购需求、招投标、订单签订和订单执行这些阶段,那么它们都可能是待选的业务组件。

对于企业现在任何一种类型的业务,业界基本都有可以参考和借鉴的模型,电信领域有eTOM专属模型,eTOM模型本身也分级,模型的最后一级是完全可参考的业务组件。如果说到具体的业务域,研发领域有IPD、PACE、CMMI相关模型可以参考。供应链领域有SCOR模型可以参考。这些模型有具体的业务架构,都是寻找业务组件的参考。

如果是已有的业务系统,则完全可以根据现有业务系统的子系统或模块来分析、讨论和识别业务组件,对于系统模块的划分仍是遵循高内聚和低耦合的原则。对已有业务系统的改造,可以将业务系统的业务模块进一步组合或拆分为业务组件。

前面讲的是自顶向下的识别业务组件的方法,另一种方法是由下而上通过聚合而形成业务组件的方法。此方法中,需要通过业务流程分析或业务调研,将业务系统所涉及的所有业务活动和业务数据都列举出来,采用U/C矩阵法来分析业务活动和业务数据之间的关系,根据高内聚、低耦合的原则来确认哪些业务活动应该归类到一起,将其定义为一个含多个核心业务活动的业务组件。这种分析和识别业务组件的方法最仔细,工作量也比较大,但是这种方法更加符合科学的识别方法,保证了业务组件识别的准确性。

业务组件是高内聚的一类业务活动的集合体,它更加偏向于一个业务流程的组合。遵循这样的关系:高端流程→业务组件→底层流程→用例→服务。业务组件粒度如何把握是其中一个关键问题。首先,业务组件是一个粗粒度的东西,业务组件本身粒度与管理水平和精细化程度关系很大。其次,业务组件粒度需要考虑业务组件自身是可以独立运行和部署的,是可以复用容易管理的单位。业务组件的粒度大小没有一成不变的度量标准,而是根据管理的需要和可复用的需要而定。

举例来说,供应商管理可以是一个业务组件,但是供应商管理中又涉及基础数据管理、供应商认证、供应商关系维持、供应商考核等几个业务域。至于是否该进一步细分到下一层的业务组件,则需要考虑两个方面的内容,首先是再拆分后是否仍然可以保持各个业务组件的高内聚和低耦合,其次拆分是否为了复用。如企业业务系统或组件会经常使用到供应商考核业务组件的内容,而不需要供应商管理其他业务内容,若不拆分可能会导致业务组件粒度粗而无法复用,或者是为了复用导致大量不需要的业务能力外露等问题。

业务组件化是一个趋势,它可以慢慢淡化业务系统的概念,将业务系统下沉到业务组件的颗粒度。业务组件本身是可以独立运行和管理的小业务应用,小业务应用通过服务集成、应用集成和组装来满足业务人员使用业务系统的需求。业务组件之间的交互以服务的方式通过 SOA 总线进行。

3. 组件架构设计

架构设计包括了功能性架构和技术架构设计两个部分,功能性架构解决业务流程和功能问题,而技术架构解决非功能性需求等问题。两种架构都包括了动态和静态两个方面的内容,对于功能性架构中动态部分为业务流程驱动的全局用例,用例驱动的用例实现等。对于技术架构中动态部分则为架构运行机制,而静态部分为框架、分层等方面的内容。

功能性架构包括了全局用例设计,这是用例分析和设计的一个延续,对全局用例分析建议的思路是遵循从业务流程到业务用例建模再到系统用例建模的过程。全局用例分析清楚后可以开始考虑子系统和模块的划分,形成系统的功能架构图。当然在划分过程中一定要通过 CRUD 矩阵等分析方法来分析模块如何划分合理,如何保证模块自身的高内聚和低耦合。

全局用例分析完成后涉及数据模型的设计。数据建模以业务驱动,从最初的业务对象和单据入手,形成最终的概念模型和逻辑模型。架构设计中全局数据模型不一定覆盖所有的数据对象和数据表,但是核心的主数据,核心业务单据数据一定要覆盖到,架构设计阶段分析到逻辑模型即可。如果采用面向对象的分析方法,需要产出的是 UML 建模方法中的概念模型和逻辑模型,体现核心对象和类,以及两者之间的关系。

若将全局用例分析和数据模型建立融合在一起,则将会形成一个系统完整的领域模型层。领域模型思路应该引入到架构设计中,只有领域模型才是真正关注功能性架构,此阶段无须关注具体的技术分层和技术实现。

前两者工作完成后,则可看到一个大系统被分解为多个子系统或模块,接着要考虑模块间的集成架构,完成模块间的集成关系分析后,接口关系基本就清晰了。接口设计是架构设计的一个核心内容,基于架构设计所约定的接口规则,各个模块可以并行开始概要设计、详细设计和编码实现等工作。

接下来需要继续考虑公共可复用组件的抽取和识别,它包括了功能组件和技术组件,需要识别哪些是可复用的,如何进行复用。对组件复用层次又包括了数据层复用、逻辑层组件复用、界面层 UI 组件复用等。复用是架构价值体现的另外一个关键点。

最后一个步骤是对架构设计阶段的输出成果进行模拟验证。前面完成了分解动作，必须通过模拟验证明确所分解的内容能否很好地集成和组装。往往，架构设计的时候缺乏这个步骤，导致架构设计的一些内容变成空中楼阁，无法落地。

架构设计静态部分的内容包括了软件开发的分层架构、开发框架、开发规范约定、技术平台、语言的选择及使用规约等。很多时候谈到的三层或多层架构，仅仅是完整架构设计中面很小的一部分内容。除了分层架构外，也要考虑各种非功能性需求在架构上是如何设计的，里面包括了事务、缓存、异常、日志、安全、性能、可用性及容错能力等。由于这些需求属于一个应用系统中技术平台所要考虑的内容，因此应该设计为较为公用的技术组件供上层的业务组件使用。只有这样去考虑问题，功能性架构设计和非功能性技术架构才能充分解耦，支持进一步的灵活装配。

架构设计视图层面还需要考虑整个应用系统的部署架构，部署架构本身也包括了逻辑视图和物理视图。应用开发出来后如何进行部署，这涉及 IT 基础架构方面的细化，也需要考虑清楚。

4. 组件概要设计

概要设计是根据架构设计内容进一步对某个模块设计的细化。架构设计在系统级，而概要设计在子系统或模块级。拿建筑来比喻，架构设计是把一个建筑的框架结构全部定清楚，包括地基要挖多深，核心框架和承重结构如何，每一层的结构图如何，应该分为几个大套间，每个大套间的水、电、气等管道接入点在哪里等。而概要设计是针对某一个套间，考虑这个套间内部该如何设计，如何划分功能区域，如何将水电气接入点进一步在房间内延伸，哪些地方需要进一步增加非承重的隔断等。

基于以上思路，在架构设计的时候，除了很少部分的核心用例以外，大多数功能都不会涉及具体的用例实现层面。而到了概要设计时则需要进一步地分解每个模块具体要实现的功能点以及考虑如何实现。

严格意义上的概要设计，需要输出模块所涉及的所有核心类以及类关系图。数据库设计也要进一步细化到该模块的数据库物理模型。在用例实现分析过程中，也要识别每个类核心的 public 方法。

针对架构设计的接口，概要设计也需要进一步细化，细化出接口具体的输入输出和使用方法，包括该模块所使用的外部接口，以及对外提供的接口。同时，概要设计也需要理清各模块在整个应用系统架构中的位置，以及与外部的集成关系以及交互点。

概要设计不必细化到详细设计的程度，如类里面的私有方法、public 方法的具体实现步骤、逻辑和伪代码等。但概要设计中核心的业务逻辑、实现机制则需要设计清楚。例如概要设计的 UML 时序图，若里面表达全是跨层的简单交互和调用则显得没有意义，在架构设计中对架构运行机制说清楚即可。涉及多个业务类间的交互调用才是此阶段时序图设计的重点。

架构设计中给出了各种安全、性能、缓存的设计。那么将要考虑这些实现方案和技术在概要设计中是如何选择，如何使用的。比如拿缓存来说，不是所有功能都需要缓存，那么就需要根据分析说清楚哪些功能需要缓存，需要缓存哪些对象，缓存时效性的设置等问题。

概要设计完成后需要达到这样的目标：无论是哪位研发人员接手概要设计进行开发，所实现的功能都不会存在偏差，即使功能模块可能存在性能或易用性等方面的问题，但在实现框架层面上是确定的。

5．组件详设编码

要成为一名优秀的程序员并不容易,很多时候问题不是体现在需求和架构能力的欠缺上,更多是体现在最基础的编码和实现能力的不足上。

编码是一项技术工作,需要大量的脑力活动,但是很多人却把编码作为一项体力工作。若编码是一项重复体力劳动,那么所有工作都可以自动化完成,那么你的工作是没有任何价值的。对于任何从事编码工作的人来说,如果仅仅认为自己的工作是大量"粘贴""复制"这样重复体力劳动,至少说明你不适合做一名程序员,更不可能成为一名优秀的程序员。作为知识工作者的程序员,没有任何理由让自己陷入到简单重复的体力工作当中。只有当你意识到该懒时需要懒,该自动化时需要自动化,你才可能逐步具有抽象和复用的意识,逐步能够真正驾驭你手中的工具和技术,而不是被工具牵着鼻子走。

源代码就是设计,并不是说我们在软件实现过程中没有需求和设计环节,只是更加重点的强调,作为最终交付的源代码,无处不在地体现着你思考的逻辑、设计的思路。一个再好的设计,有的人也可以写出让你没有半点 Review 欲望的垃圾代码。一个没有任何文档介绍的开源软件源代码,往往可以让你读得拍手叫好,促使你如痴如醉地梳理出内在的逻辑结构。

从软件工程学角度,始终都在找寻一种方法来实现编码工作的自动化,包括模型驱动架构方法,各种快速的开发平台和建模平台。这对于一些模式固定的工单流程类应用可能适合,但是对于大型业务系统却不太合适。几年前我们在做快速开发平台,包括界面建模、数据建模、流程建模、规则建模各个方面的设计和实现,但最后发现,为了实现更加复杂的场景,引入了支持各种脚本语句,后续大量的复杂内容都需要通过脚本语句来实现,这种大量的脚本语句的维护和管理反而比原来更加困难。

编码没有速成,需要的是只有不断地练习和积累,不断对各种类型的技术和设计思想的实践练习,到最后你会发现所有的技术最终万法归一,触类旁通。这个过程中不仅仅是量的积累,更多的是量变到质变的转化。在实践中更加重要的是设计思想的消化,自动化和复用的意识,逐步对归纳后抽象的理解等,这些往往才是能否成为一个高水平程序员的关键。各种的软件技术类培训机构和学校,好像在告诉我们做一个编码人员如此的简单,在这里没有复杂的数据结构,没有算法,只有增、删、改、查的一个个功能点。培训机构在一批批的按标准模式生产着代码工人,但是只有少数人能够真正成为一个合格的程序员。

我们需要写出具有良好可读性的代码。代码的可读性不是体现在大量的注释上,而是体现在代码本身的自解释上。代码的自解释体现在类的划分、接口的使用、方法和函数的抽取、逻辑的实现及调用的过程关系和交互。工具和技术不能帮你,很多时候是使用了面向对象的语言和成型的分层开发框架和技术,但是仍然是固有的非结构化和抽象的模式在写程序。该抽象提取接口的就提取,该复用的就复用,该拆分的就拆分,该内聚的规则就内聚,无碍就这些内容和思想,这些都搞不好更谈不上设计模式。

我们需要写出高健壮性的代码。一个功能增、删、改、查的实现仅仅是最基础的部分,为了考虑各种边界和异常,考虑清楚每一个详细规则点的处理和扩展,你需要额外增加至少 1 倍的代码量才可能完成。一个健壮的程序会考虑到各种用户使用的场景,给用户犯错的机会,支持各种错误后的重试而不影响到整体的事务一致性。一个健壮的程序很少需要程序员去后台调整和修复数据。一个健壮的程序应该很好地控制和监控底层计算、内存和物理存储资源的使用。

我们需要写出高可维护性的代码。一个软件产品实现完成和上线不是最终的生命周期,而伴随的运维才是更加重要的一个阶段。在系统运行和使用过程中,随时可能出现某些不可预见的异常,这些异常我们不能完全规避掉,但是更加重要的是当发生异常或错误的时候,我们能够快速地定位到具体的问题点并快速解决,这也是前面所说的异常和日志不可分的道理。另外,一个高维护性的代码必定具有很好的可读性,对于任何业务规则和逻辑的实现,数据的获取和存储可以被快速阅读代码和定位,以方便后面对各种需求变更的处理和实现。

我们需要写出高性能的代码,这并不是将程序的高性能完全交给硬件能力的提升来解决。一个字符串的使用,一个集合类和数据结构的使用,数据库连接管理,各种逻辑实现中的循环,接口的使用,不合理的抽象层次,对内存的管理,缓存和事务一致性,前端 js 脚本优化,业务规则逻辑优化,数据库性能优化等各个方面都涉及性能的提升。性能的问题要踏踏实实地做,从每一个细节做起,在编码过程中绝对不能因为简单省事而对已有的各种编码规则滥用,这才是一个程序员应有的负责任的态度。

6. 组件单元测试

单元测试(Unit Testing)是指对软件中的最小可测试单元进行检查和验证。单元测试中单元的含义,一般来说,要根据实际情况去判定,如 C 语言中单元指一个函数,Java 中单元指一个类,图形化的软件中可以指一个窗口或一个菜单等。总的来说,单元就是人为规定的最小的被测功能模块。单元测试是在软件开发过程中要进行的最低级别的测试活动,软件的独立单元将在与程序的其他部分相隔离的情况下进行测试。

单元测试(模块测试)是开发者编写的一小段代码,用于检验被测代码的一个很小的、很明确的功能是否正确的过程。通常而言,一个单元测试是用于判断某个特定条件(或者场景)下某个特定函数的行为。

单元测试由业务组件的开发和编码人员进行,程序员有责任编写功能代码,同时也就有责任为自己的代码编写单元测试。执行单元测试,就是为了证明这段代码的行为和期望的一致。对于单元测试代码的编写,需要遵循组件单元测试规范,即对于单元测试单独建立测试项目,并在测试项目中增加相应的测试基类,并为业务组件中的每个类建立相应的测试类,对业务组件的每个方法建立相应的测试方法,编写相应的测试代码和测试断言。

严格意义上来讲,单元测试类和测试方法需要 100% 覆盖到所有的功能类和方法,但是单元测试用例的编写工作量巨大,往往是本身功能代码编写量的 2~3 倍以上才能够覆盖所有的业务场景和分支。因此在组件单元测试的使用过程中可以进行相应的裁剪。单元测试的最基本要求是必须覆盖所有接口的测试,覆盖核心用例功能点的测试。虽然在这种模式下无法对所有组件业务功能进行验证,但是通过这种方式建立的单元测试代码可以作为后续的自动化冒烟测试复用。

除了基于测试类和测试代码的单元测试外,单元测试还包括了静态代码测试和基于测试类的自动化测试。对于静态代码测试则包括了代码走读和代码审查,即开发人员自己对代码进行讲解,也可以由他人对编码进行讲解,也可以使用类似各种静态代码检查工具进行单元测试。静态代码测试的关注点在于编码规范的执行情况,资源是否有效释放,数据结构是否完整正确,释放是否存在死循环或死代码等方面。

执行一个单元测试通过三个步骤完成：模拟输入→执行单元→检查验证输出，这就是单元测试的驱动。当采用自顶向下执行单元测试的时候，底层执行单元及其子单元可能根本还没有开发完成，这个时候就需要测试桩（Test Driver & Stub）来模拟一些数据输出来替代实际的单元和子单元。所以打桩既是对单元的模拟，也是对单元的替代。

5.2 服务开发和实施

本节主要依照服务实施规范流程进一步对服务实施全生命周期进行阐述。

5.2.1 轻量服务总线实现

1. 轻量总线背景

在前面的规划和架构设计中谈到，传统的 ESB 核心能力在于遗留系统集成时候所需要的服务适配、消息和协议转换、服务编排和复杂的动态路由等。但是对于全新规划的私有云平台，所有的业务应用都需要遵循统一的接口服务标准和技术框架来开发和实施，在这种场景下对服务总线的要求已从对遗留系统适配和集成转化为核心的服务治理和管控能力上。

核心的服务治理管控能力主要包括了服务目录库的统一管理，服务的注册和接入，服务安全和访问控制，服务运行实例分析和监控，服务路由，高性能服务架构，高弹性的水平扩展能力等。因此有必要在传统的 ESB 服务总线的基础上考虑更加轻量高性能的，能够满足以上需求的，适用于私有云平台统一管控的云服务总线。

当前在开源 ESB 领域有 Apache ServiceMix、JBoss ESB、OpenESB、MuleESB 和 WSO2 等诸多产品。其中类似于 ServiceMix 和 WSO2 等都是基于 JBI 规范设计和实现的，包括对 OSGi 框架和热部署的支持及对大量的消息协议的适配能力等。但是这些开源产品走的仍然是传统的 EAI 集成和消息中间件的老路，其本身的服务治理和管控能力，自服务能力等仍然比较欠缺。特别是在这些开源 ESB 产品上进行定制或扩展仍然是一件很复杂的事情。

从多年采用商用 SOA 和 ESB 产品实施过程中可以看到，虽然商用 ESB 提供了大量的功能，但是真正在一个 SOA 项目实施过程中能够真正用到的功能却很少，有很多功能基本不会使用到。而对于 SOA 实施需要的服务监控，服务流量控制策略，服务实施自动化等功能却比较欠缺，从而出现大量的基于商用产品的二次开发和定制。

服务总线设计的核心主要是围绕服务的全生命周期管理过程而进行的，在这个过程中需要实现基本的服务代理以形成标准的服务目录库，需要实现服务运行日志的记录以实现服务运行实例监控，需要围绕服务实施流程对服务定义、服务设计、服务封装接入、服务测试和服务发布等全流程自服务化处理，这些是服务总线设计和实现的基本目标。

正是基于以上背景和原因，在了解了 SOA 总线需要实现的核心业务和技术管控目标后，可以基于这些需求和目标研发满足私有云平台需求的云服务总线。

2. 功能架构设计

轻量服务总线的功能架构设计，如图 5.1 所示。

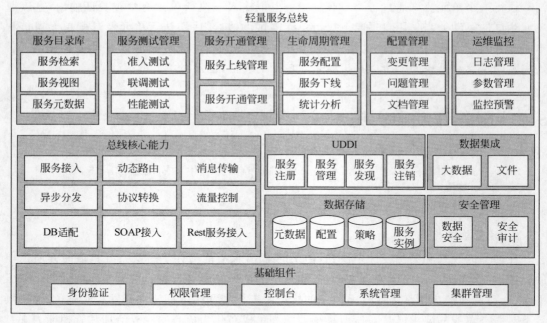

图 5.1　轻量服务总线功能架构设计

在图 5.1 中可以看到,轻量服务总线除了实现传统 ESB 企业服务总线的核心 ESB 能力外,最重要的是实现服务的全生命周期管控能力。总线核心功能描述如下。

(1) 服务接入是服务总线的核心功能之一,通过服务接入功能,可将服务提供方系统开发的服务接入到企业服务总线上并发布出来,供其他业务系统调用。服务接入的重点是通过增加服务代理层实现对外部业务系统消费服务的透明性特点。

(2) 动态路由。服务总线扮演"中介"角色,负责公开服务,并配置、管理和监控服务使用者和服务提供者之间的"请求-响应"消息流,服务使用者不需要知道服务提供者的具体位置。在服务使用者调用服务时,服务总线使用"动态路由"功能从配置中(UDDI)找到具体的服务提供者的位置,从而完成整个交互。在具体实现过程中动态路由需要通过配置表的方式灵活实现和可配置。

(3) 消息传输一方面是实现基于消息的可靠性传输,实现服务提供方和消费方的彻底解耦。另一方面是基于消息中间件的能力来实现基于消息的发布订阅功能,具备基本的EDA(事件驱动架构)能力。即服务总线会统一管理接入的消息,而相关的消息需求方统一在服务总线进行订阅,服务总线根据消息的订阅情况来实时地推送消息。

(4) 协议转换和适配。轻量服务总线仍然需要实现最基本的协议转换能力,以保证一些历史遗留系统能够顺利地接入总线。具体包括 JMS、HTTP(S)、XML、FTP、POP3/SMTP、文件等。而对于适配器,根据 PaaS 平台的规范要求,如果不考虑后期扩展,重点是需要支持对 SOAP 和 Restful 两种消息的接入,对 DB 数据库的适配等。

(5) 流量控制。支持按预定义的规则对服务调用请求进行过滤,对于未允许使用服务(服务开通后允许使用)的调用请求可以过滤,从而保证服务数据安全,支持对服务进行流量控制,支持对服务分配流程配额,对于超出流量配额的调用进行限制,从而避免某些大流量调用(例如对于查询服务,调用时未设置查询条件)影响整个总线平台。

（6）服务全生命周期管控。这是常规商用 ESB 产品也需要根据服务实施和管理需求定制开发的部分内容。轻量服务总线需要实现服务定义、服务设计、服务封装接入、服务测试、服务开通、服务访问控制、服务运行监控等全生命周期管控能力。同时在整个实现过程中充分考虑服务实施工作的自动化和批量化，考虑和 PaaS 管理平台的整体集成等。

（7）服务监控是另外一个服务总线必须具备的能力，重点是对服务运行实例的输入、输出、具体访问和调用日志信息等进行实时的监控，并提供相应的服务预警能力，提供对服务运行异常的快速定位能力等。

3．关键技术实现

轻量服务总线设计中可能涉及的关键技术，具体如下：

（1）基于 AOP 和 OSGi 思想的热插件。在前面服务总线中可以看到，日志、安全和流量控制等都是服务的管理策略，需要进行动态可插拔式的插件设计。在这种设计模式下，服务总线对服务的控制和配置可以细化到每一个具体的服务。同时也方便有新的服务管控需求实现的时候，可按照这种方式灵活扩展。

（2）消息中间件。服务总线的一个核心能力是消息中间件支持的消息管理和传输，消息发布订阅功能。消息中间件是否具备高性能和高可靠性将直接影响到整个产品。对于消息中间件的采用，如当前开源的 ActiveMQ、ZeroMQ 和 RabbitMQ 等都是可以选择的目标。这些消息中间件本身的高性能和高可靠性也应用到了类似 OpenStack、CloudFoundry 等开源的云计算平台中。基于选择的消息中间件，在总线开发过程中需要实现基本的消息发布订阅功能，需要支持多个消息订阅、消息发送的重试机制和消息日志的查看等。同时对于总线本身的日志持久化存储也可以通过消息中间件的异步存储能力实现以支持服务的大并发访问。

（3）分布式架构。服务总线的设计，需要采用全分布式架构以保证整个总线的弹性水平扩展能力，如消息中间件需要采用分布式的消息中间件。对于总线的日志数据库，由于其数据结构简单，采用类似 Redis 高性能数据库集群方案即可。鉴于服务自身的无状态特性可不用进行会话保持，使得服务总线能较容易的实现水平弹性扩展。在这种分布式架构下，为了满足服务总线的集中化管控需求，需要有一个统一的管控节点和元数据存储节点，但是元数据节点仅仅存储服务路由信息而不再存储具体的服务运行日志和实例信息。

5.2.2　服务开发和实施

1．服务识别

基于 SOA 咨询和实施方法论，服务识别的总体流程可参见如图 5.2 所示。

整个 SOA 服务识别过程分为业务建模、用例建模、服务识别和服务评估 4 个方面的内容。

1）业务建模

SOA 服务识别中的业务建模描述项目或业务系统产生的业务背景，制定高端业务流程图和各业务域流程分解图。如分析和描述物流系统所涉及的业务背景和流程的时候，首先可以给出端到端的业务全流程图，然后再分解为采购需求、招投标、采购订单和出入库管理等几个二级子流程。对于招投标二级子流程又可以根据招投标类型不同分解为更细的三级子流程。业务建模的输出包括流程分析说明，全局用例模型和全局数据建模。其中全局用例模型作为第二步骤用例建模的输入，全局数据建模可作为第三步骤数据建模的输入。

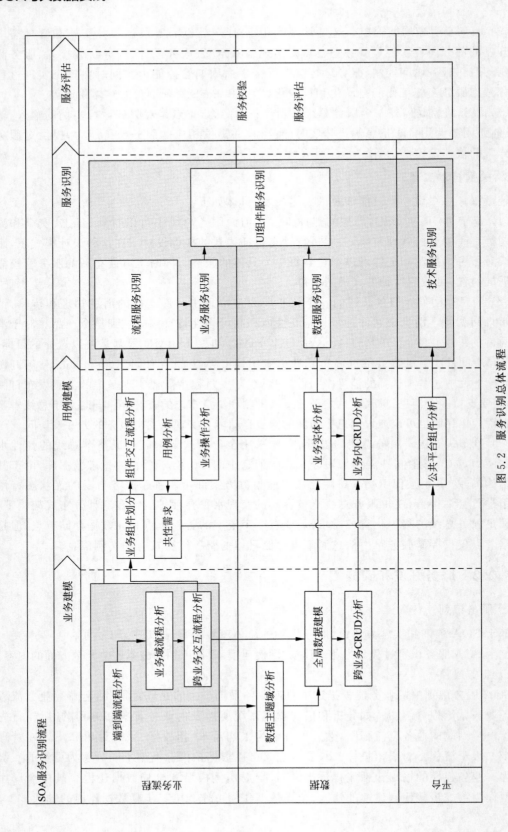

图 5.2 服务识别总体流程

流程分析需遵循端到端流程分析的思路，对流程进行二级或三级分解。流程分析前可以先进行主题域分析，绘制上下文关系图，通过上下文关系图来进一步识别关键业务流程。通过上下文关系图对主题域进行分析后，可以得到主题域中所包含的业务事件，而这些业务事件就是业务流程的起点。

全局用例建模是根据业务域划分和业务流程分析，进行用例的识别。流程中清晰地表达了角色所要执行的业务活动，这正是用例的内容。用例即用户使用系统完成业务活动的场景，在将业务活动及报表转换为用例后，使用 UML 中的用例图对用例建模。用例图不但可以表达出用户是如何使用系统的，还可以表达出用户与用户之间的关系，用例与用例之间的关系。

全局数据建模是根据流程分析和用例建模，抽取流程和用例中的关键业务实体对象进行数据建模分析。全局数据建模只需要分析出关键的业务实体、实体描述和实体之间的关系即可。在业务实体建模环节，进一步对该部分内容进行细化分析。全局数据建模需要输出数据概念模型，数据实体对象清单和实体描述信息。

2）用例建模

用例建模首先是根据业务建模阶段业务流程梳理的结果进行业务组件的划分和识别，并结合端到端流程分析跨业务组件间的交互。在交互流程分析完成后需要将业务建模阶段中的业务活动转换为用例，然后对用例进行详细的分析和设计。

在用例分析中需要参考标准的用例分析设计方法，以对用例所涉及的业务场景、业务角色、用例的基本流、扩展流和业务规则进行分析。此外，基于 SOA 思想的用例分析需要重点关注独立可复用的业务操作及在用例中所涉及的业务实体和数据对象，为后续的业务服务和数据服务识别奠定基础。

业务实体分析中需要对所识别的业务实体详细描述其数据字典信息，包括业务实体中各个数据项的类别长度、完整性规则、业务用途等相关信息。在业务实体识别出来后还需要进行基于业务实体的 CRUD 矩阵分析，详细的分析业务实体和业务组件，业务功能之间的 CRUD 交互关系。

3）服务识别

服务识别主要是根据前期业务建模和用例建模的成果和输出，对各种类型的服务进行识别的过程。

在业务建模和用例建模阶段已经初步识别了相应的业务流程，跨业务组件交互的业务流程、业务用例等，这些可以作为流程服务识别的基础。流程服务的特点就是跨多个业务组件和模块，实现一个完整的业务流程和价值。

用例建模阶段的用例分析，包括业务操作的分析，可以通过可复用和组件交互的需求，识别出粗粒度的业务服务。业务服务本身就是由一系列的业务操作来实现相应的业务价值。在业务服务识别中一方面是业务操作分析，另一方面是用例中的业务规则分析。对于可以复用的业务规则也需要抽象和识别为业务服务。

对于数据服务的识别，则需要对用例建模阶段涉及的业务实体和详细的数据对象进行分析，通过分析识别需要共享的业务实体和数据，那么这些数据则可以识别为相应的数据服务能力。

在流程服务，业务服务和数据服务识别的基础上，还可以进一步结合业务组件的应用架构设计和界面层展现需求,识别可复用的 UI 组件服务能力。

2. 服务设计

服务设计分两个方面的内容,一个是服务契约和接口设计,如 SOAP Web Service 下的 WSDL 和 XSD 文件的设计。另一个更加重要的是关于服务的性能、安全、事务、同步/异步、大数据量、日志监控及 SLA 等方面的设计。前者是实现基本的服务功能,后者才是一个高可用的服务架构。

尽量多根据业务场景设计适合特定业务场景的粗粒度的业务服务,减少数据服务的使用。数据服务往往暴露大量不应该暴露的数据信息,违反数据的封闭原则。同时数据服务本身传递的数据量很大,对于服务的消费调用以及 ESB 也会造成性能压力。

设计数据服务的时候要注意,尽量暴露的是领域业务对象,而不是实际数据库的数据库表对象。领域对象是业务人员也容易理解的概念,如具体的业务对象和单据等,而业务上并不会关心具体数据库层面的物理逻辑和数据存储。

减少纯粹意义上的通道型服务的设计,这种服务首先没有严格的服务契约定义,同时传递大量和当前业务处理无关的数据信息。虽然通道型的服务可以应对灵活多变的业务场景和业务逻辑,但是本身是以牺牲服务的粗粒度和高内聚特性来达到的。一个业务服务如果不能很好地通过服务接口和契约进行自解释,那么这个服务本身算不上严格意义上的服务。

能够设计为异步服务的地方,尽量采用异步服务的方式进行设计。异步服务虽然增加了服务设计的难度,服务消费和提供的复杂性,但是可以达到两个业务组件间的彻底松耦合。同时在异步服务模式下很容易启用消息中间件的重试机制和发布订阅机制。

在组合服务设计时,虽然可以调用多个原子服务进行组合,但由于原子服务的无状态特性很难控制分布式事务,可以启用 WS-Transaction 标准来控制分布式事务。建议最好采用组合服务直接调用底层的 API 方法,直接启用 Spring 层或数据库的事务机制来控制完整的事务。当然,如果原子服务的提供方来源于不同的物理数据库,则必须处理分布式事务问题。

在企业级 SOA 参考架构的视角下,服务主要解决两个方面的问题:一个是通过服务实现能力的复用和共享,另一个是通过服务实现跨业务系统或业务组件的集成。因此这两个方面要区别对待,并不是所有的服务都一定是高复用的,对于特定组件间交互识别和设计的服务往往并不能复用,却解决了组件间的松耦合问题。

这里需要强调,服务设计中的服务粒度是指服务提供方自身对服务实现细节的暴露程度,服务内部实现细节暴露的越少则服务的粒度越粗,反之服务的粒度越细。从这个意义上来看,粗粒度的服务往往针对特定的业务场景设计,并不一定复用度高,但是很好地满足了实现细节的封闭性原则。而细粒度的服务则是暴露内部细节,虽然可以达到很好的服务复用度,但是不满足组件的高内聚特征,也不利于后续组件内业务规则的管理。

下面基于 SOAP Web Serivce 谈下服务设计的一些重点内容。

1)消息头设计

SOAP 消息头是服务设计的重点内容,对于服务的鉴权信息、路由信息和查询分页等信息都可以考虑在消息头进行统一设计。在这里给出一个简单的消息头设计样例,如表 5.1 所示。

表 5.1　消息头设计样例

字 段 名 称	字 段 描 述	数 据 类 型	备　　注
SOURCESYSTEMID	源业务系统 ID	VARCHAR2	服务提供方
SOURCESYSTEMNAME	源业务系统名称	VARCHAR2	
DESTSYSTEMINFO	目标系统分发信息	VARCHAR2	
USERID	用户 ID	VARCHAR2	
USERNAME	用户名称	VARCHAR2	
SECURITY_INFO	安全加密验证信息	VARCHAR2	安全认证信息
SUBMITDATE	提交时间	DATE	
PAGE_SIZE	分页参数信息	NUMBER	
CURRENT_PAGE	分页参数信息	NUMBER	
TOTAL_RECORD	分页参数信息	NUMBER	
ROUTING_PARAM1	路由预留参数	VARCHAR2	路由配置信息
ROUTING_PARAM1	路由预留参数	VARCHAR2	

在这里可以看到,大批量的数据查询类服务往往需要用到分页参数相关信息;路由服务需要启用路由参数信息;异步分发服务可以启用目标系统分发信息;通用的服务安全验证需要启用服务安全加密验证信息等。

2）输出和异常格式设计

输出和异常格式设计是服务设计的另外一个重要内容,主要是需要考虑一种通用的设计方式,能够满足查询、导入等各种服务的设计要求。所有服务输出字段必须包含 ErrorFlag、ErrorMessage 这两个字段保存服务运行过程中的异常相关信息。ErrorFlag 为服务出错标识,ErrorMessage 为服务异常信息,参考格式如表 5.2 所示。

表 5.2　输出和异常格式设计样例

字 段 名 称	字 段 描 述	数 据 类 型	备　　注
ErrorFlag	服务出错标识	VARCHAR2(30)	标识服务执行结果,TRUE/FALSE
Instance_id	服务实例 ID	NUMBER	
ErrorMessage	服务异常消息	VARCHAR2(2000)	BPEL 流程整体状态描述
ErrorCollection	错误信息实体	数据实体	
ResponseCollection	返回信息实体	数据实体	处理返回的信息

错误信息数据实体为 ErrorCollection,参考格式如表 5.3 所示。

表 5.3　错误信息数据实体样例

字 段 名 称	字 段 描 述	数 据 类 型	备　　注
ENTITY_NAME	出错的实体名	VARCHAR2(100)	记录本次出错的主体名称。ImportAnnounceInfo
PRI_KEY	唯一关键字	VARCHAR2(60)	返回 InputCollection PRI_KEY 值
ERROR_MESSAGE	错误消息	VARCHAR2(2000)	具体记录处理出错的信息,需详细到每一条出错记录

3）WSDL 和 XSD 文件设计

WSDL 和 XSD 是服务设计的重要内容，重点是将服务需求说明书或服务规范的文本内容转换为符合 SOAP WebService 服务设计要求的标准服务契约和接口。

WSDL 文件的设计，重点包括了服务的命名、空间的命名、Message、portType、Binding和 Service 的定义等，具体 WSDL 文件格式参考如下。

```xml
<?xml version = "1.0" encoding = "UTF-8"?>
< definitions
    name = "SB_ServiceName_Srv "
    targetNamespace = "http://soa.company.com/ SB_ServiceName_Srv "
    xmlns = "http://schemas.xmlsoap.org/wsdl/"
    xmlns:tns = "http://soa.company.com/ SB_ServiceName_Srv "
    xmlns:plnk = "http://schemas.xmlsoap.org/ws/2003/05/partner-link/"
    xmlns:soap = "http://schemas.xmlsoap.org/wsdl/soap/"
    xmlns:client = "http://soa.company.com/SB_ServiceName_Srv"
    >
    < types >
        < schema xmlns = "http://www.w3.org/2001/XMLSchema">
            < import namespace = "http://soa.company.com/SB_ServiceName_Srv" schemaLocation = "SB_
ServiceName_Srv.xsd"/>
        </schema >
    </types >
    < message name = "SB_ServiceName_SrvRequestMessage">
        < part name = "payload" element = "tns:SB_ServiceName_SrvRequest"/>
    </message >
    < message name = "SB_ServiceName_SrvResponseMessage">
        < part name = "payload" element = "tns:SB_ServiceName_SrvResponse"/>
    </message >
    < portType name = "SB_ServiceName_Srv">
        < operation name = "process">
            < input message = "tns:SB_ServiceName_SrvRequestMessage"/>
            < output message = "tns:SB_ServiceName_SrvResponseMessage"/>
        </operation >
    </portType >
    < binding name = "SB_ServiceName_SrvBinding" type = "tns:SB_ServiceName_Srv">
< soap:binding style = "document" transport = "http://schemas.xmlsoap.org/soap/http"/>
< operation name = "process">
        < soap:operation style = "document" soapAction = "process"/>
        < input >
            < soap:body use = "literal"/>
        </input >
        < output >
            < soap:body use = "literal"/>
        </output >
    </operation >
    </binding >
```

```xml
        < service name = "SB_ServiceName_Srv">
            < port name = "SB_ServiceName_SrvPort" binding = "tns:SB_ServiceName_SrvBinding">
                < soap:address location = "http://10.0.0.1 /SB_ServiceName_Srv/1.0"/>
            </port >
        </service >
    < plnk:partnerLinkType name = "SB_ServiceName_Srv">
        < plnk:role name = "SB_ServiceName_SrvProvider">
            < plnk:portType name = "tns:SB_ServiceName_Srv"/>
        </plnk:role >
    </plnk:partnerLinkType >
</definitions >
```

XSD 文件格式的定义,重点参考服务规范中的详细输入输出进行,在 XSD 文件格式的定义中务必注意各种 Collection 集合的定义,子对象之间层次关系的定义。在 WSDL 的 Types 定义中会确定关联的具体 XSD 文件。XSD 文件的定义可以参考以下程序。

```xml
< schema attributeFormDefault = "unqualified"
    elementFormDefault = "qualified"
    targetNamespace = "http://soa.company.com/ SB_ServiceName_Srv "
    xmlns = "http://www.w3.org/2001/XMLSchema">
    < element name = "SB_ServiceName_Srv Request">
        < complexType >
            < sequence >
                < element name = "input" type = "string"/>
            </sequence >
        </complexType >
    </element >
    < element name = "SB_ServiceName_Srv Response">
        < complexType >
            < sequence >
                < element name = "result" type = "string"/>
            </sequence >
        </complexType >
    </element >
</schema >
```

3. 服务实现

服务实现主要是指根据服务设计阶段输出的 WSDL 和 XSD 文件进行服务提供和服务消费的编码过程。对于使用 Java 语言开发的外围系统,成熟的技术方案主要包括 Axis、Axis2、XFire、CXF 和 JWS 框架。

Web Service 相关标准规范发展迅速,由于各个框架诞生的时间不一致,所以不同框架对 WebService 相关标准的支持程度以及对规范的解析细节都存在一些差异,部分框架开发的 Webservice 服务端和客户端可能会导致集成兼容性问题,根据 SOA 实施经验,建议使用 CXF 或者 JWS 框架。具体框架技术和版本推荐信息如表 5.4 所示。

表 5.4　框架技术和版本推荐

序号	开 发 框 架	是 否 推 荐	版　　本
1	Axis	否	/
2	Axis2	否	/
3	XFire	否	/
4	CXF	是	V2.1、V2.2、V2.3
5	JWS	是	基于JDK1.6

SOA服务开发建议采用自顶向下(top-down)的开发方式,该方法要求根据服务接口规范,设计服务输出消息XSD文件和服务描述WSDL文件,形成接口契约,再利用Web Service工具由WSDL文件和XSD文件自动生成服务代码框架(如CXF等),并在代码框架中填充业务逻辑完成整个服务开发,最后对服务进行部署、测试。采用自顶向下方法构件SOA,可以形成高质量的服务架构。彻底分析每个服务的参数和设计,保证服务具有最大的可复用性,为企业内服务资源的标准化和兼容性奠定基础。

服务的实现包括了服务提供端和服务消费端的实现。

1) 服务提供端的实现

服务提供端的实现,首先输入的是WSDL和XSD文档,然后采用CXF或JWS服务框架,可以直接生成服务端代码框架,用wsdl2java命令,生成所需的Java文件,当然前提是已经得到了WSDL文件。具体命令如下:

```
wsdl2java - p com. soa. packagename - d ../../src/remedy - all fileName.wsdl
```

用上面的命令就可以根据WSDL文件,生成所需的所有Java文件,参数说明如下:

-p 指定生成Java文件的package name。

-d 生成Java文件的存放路径。

-all 生成客户端和服务端代码,这里还可以用-client生成客户端,用-server生成服务端,不过实际上区别不大,只要用-all即可。

filename.wsdl 生成服务端的目标WSDL文件。

在服务端实现框架生成完成后,接着就是填充业务逻辑,找到生成的服务实现类(类名为"服务名"+Skeleton),找到process方法,在方法中添加业务逻辑代码,最后将服务进行打包部署、测试即可。

2) 服务消费端的实现

服务消费端的实现首先是确定服务调用位置,编写服务位置配置文件。服务位置配置文件的组织形式可以由各个开发商自行决定。

接着是使用CXF命令运行wsdl2java来生成客户端代码框架,生成完成后找到后缀为Port_Client.java的文件,即客户端代码调用的入口。在以上工作都完成后,进行客户端代码的编写工作即可。

3) 超时设置

对于CXF框架的调用客户端,超时设置可以参考如下程序。

```
Client client = ClientProxy.getClient(port);
```

```
HTTPConduit http = (HTTPConduit) client.getConduit();
HTTPClientPolicy httpClientPolicy = new HTTPClientPolicy();
httpClientPolicy.setConnectionTimeout(60000);        //请求时间设置
httpClientPolicy.setAllowChunking(false);
httpClientPolicy.setReceiveTimeout(600000);          //响应时间设置
http.setClient(httpClientPolicy);
```

对于安全验证设置，可以参考如下程序。

```
Client client = ClientProxy.getClient(port);
        Endpoint cxfEndpoint = client.getEndpoint();
        Map outProps = new HashMap();
        outProps.put(WSHandlerConstants.ACTION, WSHandlerConstants.USERNAME_TOKEN);
        outProps.put(WSHandlerConstants.USER, "admin");//设置用户名
        outProps.put(WSHandlerConstants.PASSWORD_TYPE, WSConstants.PW_TEXT);
        //设置密码
         outProps.put(WSHandlerConstants.PW_CALLBACK_CLASS, ClientPasswordHandler.class.
getName());
        WSS4JOutInterceptor wssOut = new WSS4JOutInterceptor(outProps);
        cxfEndpoint.getOutInterceptors().add(wssOut);

新建 ClientPasswordHandler 类实现 CallbackHandler 接口
代码如下：
public void handle(Callback[] callbacks) throws IOException, UnsupportedCallbackException {
        WSPasswordCallback pc = (WSPasswordCallback) callbacks[0];
        //设置密码
        pc.setPassword("oracle1");
        }
```

4. 服务测试

服务测试阶段的主要流程，如图 5.3 所示。

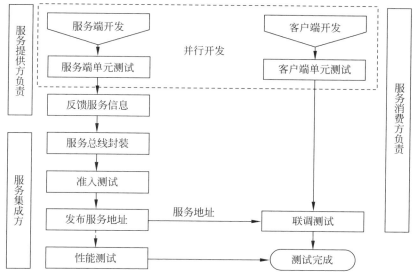

图 5.3　服务测试流程

在服务契约设计完成后,服务集成方可以分发 WSDL 和 XSD 文件给具体的服务消费方和服务提供方,双方可以按照服务契约的规定进行服务提供端和服务消费端的并行开发。在服务提供端开发完成后提供 WSDL 访问地址给服务集成方。服务集成方对服务在服务总线上注册和封装,在封装完成后进行服务准入合规性测试,通过后可以启动和服务消费方之间的服务联调测试。

在服务测试完成后,进行服务的部署和上线。服务部署上线指服务部署到生产环境。服务部署上线涉及服务提供方、使用方和 ESB 项目组,三方均需部署。服务部署上线需要通过流程进行管控,确保服务已经通过测试(流程中提交测试报告)且服务相关的资源已经具备,推进服务部署上线流程,如图 5.4 所示。

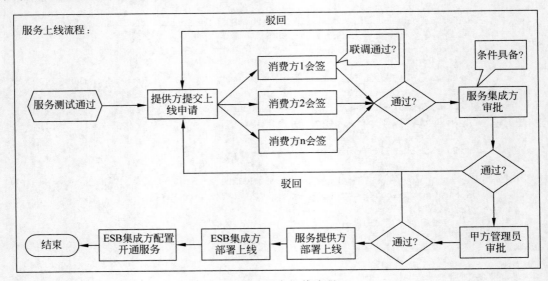

图 5.4 服务上线流程

对于服务测试,建议采用类似 SOAPUI 工具进行。SOAPUI 是一个完整的自动化测试解决方案。在一个测试环境里,它提供业界领先的技术和标准的支持,包括 SOAP 和 REST 的 Web 服务、JMS 企业消息层、数据库和丰富的互联网应用等。对于 SOAPUI 的具体使用可以参考官方的使用手册,要注意的是 SOAPUI 不仅仅是一个基于服务的功能测试工具,也是一个基于服务的性能测试工具。SOAPUI 也是一个专门针对 ws 接口的测试工具,在实现对相同接口测试时,SOAPUI 可表现出更为优越的性能。

第6章

治理和管控

6.1 私有云生态环境

6.1.1 企业私有云生态环境概述

企业私有云的建设由于自身特点,将涉及平台能力提供商、应用开发商、云平台管理者、平台能力运维商及 IaaS 厂商等多角色的配合,如图 6.1 所示。

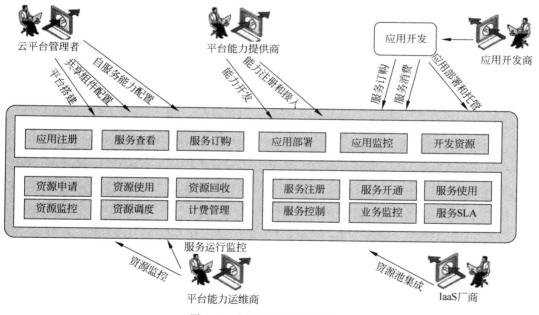

图 6.1　企业私有云生态环境

如何构建一个完整的自服务生态环境,从而实现平台的高度协同是私有云平台建设的另外一个重点。在本节将对私有云生态环境中的自服务过程进行重点描述。

在企业私有云平台环境下进行的应用开发,平台会预先为每一个应用开发商开发的应用分配一个私有云门户账号。应用开发商使用此账号登录私有云门户,进行相关的自服务操作,如资源和服务的申请、资源和服务的监控等。应用开发商即私有云平台的多租户。以下将分别从私有云 IaaS 平台和 PaaS 平台来阐述其自服务过程。

1. 私有云 IaaS 平台自服务过程

总体而言,私有云 IaaS 平台的自服务过程相对比较简单。开发商登录云平台后,进行相关 IaaS 资源的申请。IaaS 资源包括了计算资源和存储资源。其中,申请的计算资源可以是仅带操作系统的裸机,也可以是附带了数据库中间件或应用中间件的中间件服务器,以避免开发商的重复工作。

IaaS 资源申请一般不会像公有云主机模式下有比较细的计费策略和网络带宽申请,其他基本和公有云类似。在申请过程中可以进行批量申请,比如同种或类似的虚拟机可一次申请多台等。

资源申请完成后一般需要由管理员进行审批,审批完成后平台将调用 IaaS 层接口进行虚拟机的批量创建和初始化。最终返回相应的虚拟机访问方式给开发商。

在云平台上,开发商可以看到所有自己申请的资源信息,以及每个资源当前的使用情况并可对资源的 CPU、内存、存储等各种信息进行监控。对于管理者而言,可以看到 IaaS 虚拟化资源池中所有资源当前的分配情况及其资源的分析和监控等内容。

2. 私有云 PaaS 平台自服务过程

严格意义上来讲,在实施了 PaaS 平台后,应将开发商和 IaaS 层资源完全隔离,由原来的申请资源转化为服务申请,通过 PaaS 平台层调用 IaaS 层资源能力。开发商在 PaaS 平台的自服务过程将包括以下的关键内容。

开发商登录云平台后即可下载开发框架和环境,此开发框架已经内置了相关的服务调用 SDK 包,如相关的应用开发技术架构、参考样例和 UI/UE 规范等。即这个框架下载后基本就可以编译通过并运行起来,后续仅仅是向这个框架增加不同的业务模块和功能而已。

1)申请数据库服务

申请数据库服务的操作主要包括:选择需要的数据库和存储容量,提供基本的业务 TPMC 数据以方便平台自动估算所需数据库资源。在服务申请成功后,平台将返回一个数据库的访问地址和访问方法。这个地址是一个 DaaS 层地址,而不是真正的后台物理数据库地址。

在运行态可以对数据库服务的健康状态以及核心指标进行监控。理论上讲,在 PaaS 层面并没有必要再提供 IaaS 层虚拟机资源性能的监控,但也可以提供数据库服务监控数据,即开发商可以看到数据库服务具体对应了哪些逻辑或物理资源,资源当前的性能情况等。

2)申请应用中间件服务

本阶段将申请应用托管和自动部署服务,主要由应用中间件资源池来提供。在 PaaS 平台下,并不需要开发商对应用中间件进行各种管理和参数设置,开发商只需要将编译通过的部署包自动部署即可使用。

应用中间件服务可以是一个服务,也可拆分到多个服务,但最终目的都是提供中间件托管和管理能力,如部署包上传服务、自动部署服务、策略规则设置服务和资源动态调整服务等。中间件服务有两种方式提供能力,一种是预分配相应的中间件资源池资源并固定使用;另一种是完全不进行分配而仅仅在自动部署的时候随机在资源池中进行创建或选择分配。在私有云环境下,第二种模式存在比较大的不确定性和管理难度,因此建议在申请中间件服务后,先预分配固定的中间件服务能力,当初期能力不足的时候可以调度共有中间件资源池中的资源进行满足。

3)申请技术服务

技术服务包括了消息、缓存、文件、日志和 4A 等内容,可以进行服务申请,也可以在应用注册时统一初始化,毕竟这些都是一个应用开发需要用到的各种基础服务能力。在服务申请的时候,可以进一步对每个服务的各项参数进行个性化设置,如存储容量、并发量和用户数等,以方便后续服务的流量控制操作。

服务申请成功后,开发框架环境将有相应的服务调用 SDK API,拿到所返回的相应注册信息或地址信息即可进行服务调用。

4)统一的应用工作台

私有云平台应能提供当前应用所订购的所有资源信息和服务信息,及其相应的性能分析和监控数据,也能提供相关服务所依托的具体逻辑或物理资源。

在统一的应用工作台上,开发商应能完整地看到平台层与当前应用相关的资源或服务,及其状态和相互间的关系,同时能够对已经申请的资源或服务进行管理和监控。这是云平台很重要的一个能力聚合和展现点。

企业私有云平台的后台技术相对比较复杂,以上所述皆为开发商在门户交互上最基本的内容。余下操作均需要私有云管理平台来完成,切勿将后台管理功能和开发商应用功能混淆起来。

6.1.2 基于 PaaS 平台的开发和集成过程

6.1.1 节中已初步描述了私有云环境下的自服务流程。而基于企业私有云平台的应用开发和集成过程可参考图 6.2。

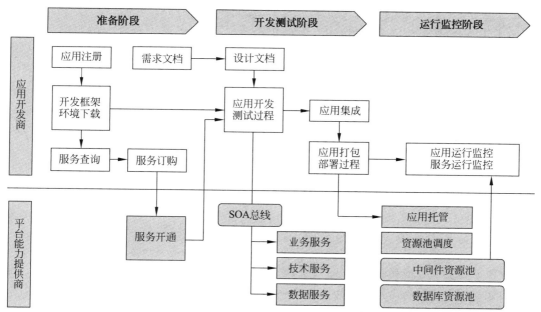

图 6.2 企业私有云应用开发和集成过程

从图 6.2 可以看到,企业私有云应用开发和集成过程分为平台能力提供商和应用开发商两个重要的角色。平台能力提供商的重点是提供 PaaS 平台的技术服务能力,而应用开发商的重点则是根据 PaaS 平台提供的可复用服务能力进行应用的开发、组件的集成、应用托管部署和后续应用服务的监控。

首先,应用开发商阅读 PaaS 平台的接入规范及各个技术服务的详细使用规范,针对 PaaS 平台应用开发的应用总体架构设计文档和开发流程规范。同时下载相应的开发框架和环境,在本地测试环境进行开发环境的搭建,技术框架的引入等内容。

其次,根据业务需求文档进行概要设计。在组件概要设计过程中,需要识别出待开发的业务组件,需要消费的外部技术服务、业务服务和业务组件,需要平台提供和接入的业务服务等。在所需要的服务清单识别完成后,开发商需要在 PaaS 管理平台进行服务订购,只有在 PaaS 管理平台管理员对开发商订购的服务进行授权开通后,开发商才能使用这些服务。

在服务开通后,应用开发商基于离线的开发框架和环境,标准的技术规范和架构体系进行业务组件功能、逻辑和界面的开发。在整个开发过程中需要遵循组件化架构规范的要求,所消费的服务将通过 SOA 总线服务目录进行获取和调用,这个过程中会涉及业务服务、技术服务和数据服务等的服务组装等工作,以实现关键的业务流程和业务。另外,鉴于数据库资源池可能实施了分布式数据库或数据切分,则需要调用 PaaS 平台提供的 DaaS 服务能力,以实现应用对数据库的访问需求。

在业务组件开发完成后,需要进行两个方面的集成工作:一个是业务组件和底层 PaaS 平台技术服务能力的集成,以满足单个业务组件功能运行的正确和完整;另一个是需要根据业务协同的需求,实现和上下游业务组件的横向集成,以完成一个端到端的业务。在集成过程中涉及组件的部署和托管,通过 PaaS 平台层提供的标准应用托管和自动部署能力完成,而该能力则对应 PaaS 平台底层的数据库和中间件资源池的管理和调度。

在应用部署和集成完成后,应用开发商仍需要通过 PaaS 平台商提供的应用和服务运行监控能力对自身的业务应用进行监控和管理。为了达到这个目标,应用开发商往往需要实现与 PaaS 管理平台的统一管控代理和性能分析数据采集等接口。

严格来讲,应用开发在 PaaS 平台的测试环境完成集成和测试通过后,平台应具备自动迁移和部署到正式生产环境的能力,即应充分融合 DevOps(Development&Operations)的自动化部署与运维的能力。

6.2 私有云平台治理架构

6.2.1 治理概述

治理是确定谁负责制定决策,需要制定什么决策,以及使其制定保持一致的决策。治理不同于管理。治理规划需要制定什么决策,而管理是制定和实施决策的过程。治理重在建立决策,而管理重在贯彻执行决策。治理所关注的是建立一套实际工作的指南,该指南是管理的基础。从这个方面来说,治理解决的是策略,而管理解决的是执行。

在本书中所谈的治理,主要是面向 IT 领域的治理。关于 IT 治理,中外学者给出了很多的定义。美国 IT 治理协会给 IT 治理的定义是:"IT 治理是一种引导和控制企业各种关系和流程的结构,这种结构安排,旨在通过平衡信息技术及其流程中的风险和收益,增加价值,以实现企业目标。"

国内有一种观点认为,IT 治理是描述企业或政府是否采用有效的机制,使得 IT 应用能够完成组织赋予它的使命,同时平衡信息化过程中的风险,确保实现组织的战略目标的过程。它的使命是:保持 IT 与业务目标一致,推动业务发展,促使收益最大化,合理利用 IT 资源,适当管理与 IT 相关的风险。

IT 治理规定了整个企业 IT 运作的基本框架,IT 管理则是在这个既定的框架下驾驭企业奔向目标。如果缺乏良好 IT 治理模式的公司,即使有很好的 IT 管理体系(而这实际上是不可能的),企业 IT 也会像一座地基不牢固的大厦。同样,没有公司 IT 管理体系的畅通,单纯的治理模式也只能是一个美好的蓝图,将缺乏实际的内容。就我国当前信息化建设的现状而言,无论是 IT 治理,还是 IT 管理都是迫切需要解决的。目前国际上通行的 IT 治理标准主要有 4 个:ITIL 、COBIT、ISO/IEC17799 和 PRINCE2。

企业私有云环境下的治理从内容上看应包括项目管理、SOA 服务工程框架、ITIL 运维管理和 CMMI 研发过程管理等多个方面。从范围上看则应包括组织人员、业务技术和管理 3 个方面的内容。对于私有云 PaaS 平台而言,其所有的工作都是围绕 SOA 服务化思想下的服务能力的提供和消费而展开,因此 IT 治理从流程上讲是覆盖了服务全生命周期,包括服务识别发现、设计、开发、测试和上线,也包括了服务开通、运维和监控等内容。

6.2.2　治理目标和定位

从前面对 IT 治理的概述可知,企业私有云 PaaS 平台的治理需要和 IT 治理的总目标保持一致。总体来说,企业私有云的治理需要达到的目标,第一是对 IT 规划建设和运维的全流程可管理和可控制,第二是通过治理和管控机制的引入,能够很好地将 IT 建设目标匹配公司的战略和业务目标,使得 IT 建设和投入的效益最大化,促进企业 IT 建设部门朝 IT 服务目标职能的转变,真正实现流程和业务驱动的新 IT 机制。

结合以上总体思路和私有云平台建设的特点,治理目标可以总结为如下几个方面的内容。

1. 建设研发过程和质量管控体系

很多企业认为研发过程管控是开发商内部的事情,并没有意识到作为信息化建设部门,建立对开发商适当的过程质量约束和制定具备绩效评定标准的研发管控体系的重要性。只有深入到开发商研发管理内部的关键环节和控制节点,才能更好地保证软件项目的交付进度和质量。研发过程管控体系的建设可以参考 CMMI 过程成熟度模型和 IPD 集成产品开发的规范流程进行,核心遵循的是对软件开发的过程可视、质量可控、输出可查和标准可依的基本原则。

2. 建设 IT 运维规范标准体系

基于私有云平台建设的应用最终上线后,即进入了运维管理阶段,这个阶段中将涉及大量的问题管理、变更和配置管理、事件管理、版本管理和发布等事项,因此需要建立标准的

IT 运维规范和管理流程。建立过程中可以参考 ITIL 标准规范体系进行,核心是要实现基于 CMDB 配置库的全流程可视化和自动化管理。

3. 建设项目管理规范体系

对于私有云建设项目的治理,不仅仅是要建立单项目的管理标准规范体系,约束开发厂商的项目管理标准和流程,同时还需要考虑信息化建设方自身的项目群和项目管理能力的提升。只有建设方自己的项目管理能力增强了,组织级的项目管理规范和流程落地了,才有可能更加有序、科学的管理大型项目的实施。项目管理规范体系建设一方面可参考 PMBOK 知识体系,另一方面可参考 OPM 组织项目管理成熟度模型,提升组织级项目管理能力。

4. 建设服务全生命周期管理体系

私有云 PaaS 平台最核心的环节是服务提供和服务消费,因此在"平台＋应用"的服务化构建模式下,需要根据 SOA 治理的思想建立服务全生命周期管理体系、规范和流程。真正让应用开发商、平台能力提供商能够围绕 SOA 服务化思想进行服务接入、服务注册、服务申请、服务开通、服务消费、服务运行监控等操作。

6.2.3　治理框架体系

结合私有云 PaaS 平台自身特点,围绕建设过程中的各项工作内容,可以从平台资源层、服务层和应用层来考虑整个私有云 PaaS 平台治理管控体系,如图 6.3 所示。

私有云 PaaS 平台治理管控体系横向上分三层,即平台资源、服务和应用。很多 IaaS 和 PaaS 平台层的内容都将划入统一的平台资源层,应用架构中的业务组件最终是最顶层的逻辑资源。资源可分为逻辑资源和物理资源,逻辑资源又可分解为多个层次。资源存在申请、分配、消耗和运行调度。资源为上层提供服务能力。服务层核心定位是应用和资源层的彻底解耦,一方面是提供集成能力,另一方面是提供服务共享能力。应用层最终表现为在云平台架构下的瘦应用,如果从 SOA 架构思想来说,应用层的实现仅仅是服务的组装、组合和编排,再加上界面展现层的内容。

私有云 PaaS 平台治理管控体系纵向分为规划、架构、实现、运行和运维几个阶段。对于规划与架构阶段可参考 EA 企业架构的内容。应用架构规划包括了应用架构、集成架构和应用本身的技术架构内容。技术架构规划大部分内容将转到资源层云平台能力的技术架构规划中。业务建模可以单独引出,更加强调业务建模阶段的重要性,这一方面是对 ARIS 业务建模内容的引入和细化,另一方面是传统软件需求和系统分析中业务建模和业务用例分析的剥离。实现阶段资源层是提供资源,服务层提供能力,包括技术、业务和资源方面的能力。而应用仅仅是基于能力和服务对业务模块的构建而已。对于后面两个阶段,运行态的核心是托管和调度,运维态的核心是监控和保障,形成一个闭环的整体。

如果从项目管理和研发过程管理角度看,围绕私有云 PaaS 平台建设的全生命周期,私有云 PaaS 平台治理框架体系可以描述为如图 6.4 所示。

PaaS 平台治理框架体系横向上分三层,即支撑域、工程域和管理域。

支撑域的重点是组织过程体系保障内容,包括了组织架构、岗位角色和职责、支持过程体系(变更管理、配置管理、QA 质量保证、问题管理、评审、培训)、沟通和汇报体系等。

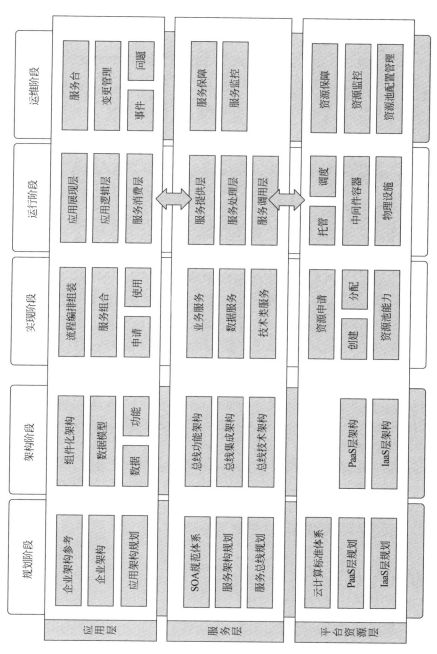

图 6.3 私有云 PaaS 平台治理管控体系

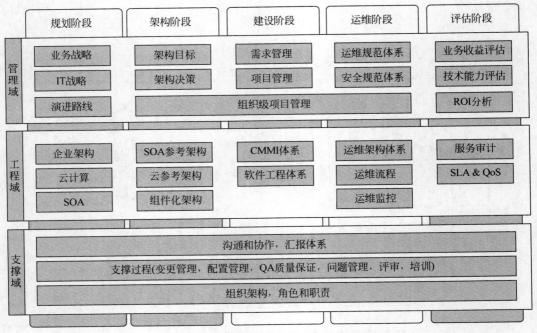

图 6.4　私有云 PaaS 平台治理框架体系

工程域主要是偏技术层面的内容,重点是参考企业架构、云计算和 SOA、组件化开发等思想。在实际建设过程中需要重点引入 CMMI 能力成熟度模型和软件工程域中的工程规范和标准进行管理。而到了运维阶段重点是基于标准的运维管理规范指引下的运维架构、运维流程和运维监控等内容。

管理域首先是要确定业务和 IT 目标,在该目标下确定平台和应用建设的演进路线和实施方法。架构设计阶段重点则是提出架构设计的目标原则和架构决策机制。实际建设阶段重点是组织级的项目群管理方法论,单个项目的项目管理标准体系等。运维阶段可以参考 ITIL 等标准建立运维规范体系。

在 PaaS 平台治理框架体系纵向划分中,基于原有的生命周期模型,增加了评估阶段的重要工作,即对私有云 PaaS 平台后续的考量需要从业务目标达成,技术能力达成,ROI 收益,SLA 服务等级实现等多个方面对项目建设进行初步的量化分析和评估,分析前期建设的经验和不足,为后续阶段的建设提供参考决策依据。

6.3　标准规范设计

6.3.1　标准规范概述

一个完整的私有云 PaaS 平台建设将涉及大量的规范和标准流程引用。当前针对私有云 PaaS 的国际或国家级标准规范较为缺乏,Gartner 等也只是给出了 PaaS 平台的建设参考架构。前文已对私有云 PaaS 和公有云 PaaS 进行了分析比对,其最大的差异是大量可共享和复用的业务能力、平台化能力的下沉,使得私有云 PaaS 平台变化为一个厚平台概念。

对于私有云 PaaS 平台的规范而言,涉及 PaaS 平台总体参考架构规范,包括技术服务和组件平台技术规范、集成规范、管控和治理规范等多个方面的内容。本节仅讨论与 PaaS 平台接入相关的规范标准体系。PaaS 平台接入规范是每一个业务应用或组件进行开发的前提性要求和约束,即如果没有严格按照 PaaS 平台接入规范的要求进行业务组件和应用的开发测试,那么最终的业务组件或应用就可能无法成功接入到 PaaS 平台执行环境。

6.3.2　平台层规范体系

1. 技术服务使用规范体系

PaaS 平台提供的应用中间件、数据库中间件、消息、缓存、文件和日志等各种技术服务能力都需要提供相应的标准规范体系。

标准规范一方面是包含了技术服务实现的标准接口规范,实现的具体技术协议,接口的输入输出定义等。另一方面是对技术服务的使用要求和约束等进行规范定义,同时给出每一个技术服务具体的使用和消费参考流程等。

2. PaaS 管理规范体系

鉴于所有的技术组件和业务组件都需要纳入到 PaaS 平台的管理范畴,因此需要定义相应的 PaaS 平台管理规范要求和标准,它将直接对组件和服务的开发造成约束。

PaaS 管理规范包括了服务的申请和订购、服务的开通、服务的鉴权控制、服务的运行分析、服务监控、服务配额管理等涉及服务全生命周期的管控标准。也涉及植入到技术组件或业务组件中具体的管控代理的开发和集成规范。

PaaS 管控代理包括了心跳检测、服务监控预警和服务配置等基本功能,需要对每项功能所涉及的接口的输入/输出、使用场景、参数配置及技术约束等内容进行规范和标准化定义。

6.3.3　服务层规范体系

1. 服务层实施规范体系

企业已有的传统软件工程方法大多是在 SOA 到来之前建立的,它们未必都能很容易地支持企业向基于 SOA 的软件开发方法转变。因此,传统软件工程方法并不适合指导服务的开发,它与 SOA 项目实施方法之间存在一定的差距。通过企业服务工程实施规范体系的引入,可填补这个差距。需要注意的是,服务是伴随着项目进行交付的,所以在实施业务解决方案和应用的同时,必须对传统项目交付流程加以扩充,这些附加的项目活动包括服务分析和工程交付,如图 6.5 所示。

(1)服务识别的核心是根据端到端业务流程分析、数据分析、业务域业务用例分析,寻找跨业务系统业务流程、跨业务组件的业务流程以及可重用的业务操作等,以抽象和识别数据服务、业务服务、技术服务流程服务、UI 组件服务,形成 SOA 候选服务清单。本阶段涉及的规范为"SOA 服务识别规范"。

(2)服务设计包括服务的定义和服务的设计。服务的定义主要是制定服务规范和服务契约。服务契约包括了详细的 WSDL 文件定义和 XSD 文件定义。服务接口设计则主要对服务接口风格、传输协议、消息协议、事务处理等方面进行设计。服务设计是约束 SOA 集

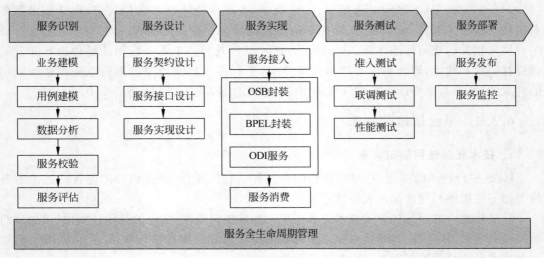

图 6.5　服务层实施规范体系

成平台,服务提供方,服务消费方进行服务实现的基础文档。本阶段涉及的规范为"SOA 服务设计规范"。

（3）任何一个服务,都涉及服务提供方、服务消费方和 SOA 集成平台。在服务的设计经过评审输出后,各方再根据详细的服务设计进行相关的开发和单元测试工作。对于服务提供方需要制定"SOA 服务接入规范",对于服务消费方需要制定"SOA 服务消费规范",对于 SOA 服务总线需要制定"SOA 服务实现规范"。

（4）服务测试。基于 SOA 服务的测试主要分为准入测试和联调测试两个阶段。准入测试重点是对服务提供方提供的服务进行服务合规性测试,联调测试即业务组件和服务的集成测试,以保证通过服务接口的各个业务组件可以正确的完成集成工作。在服务准入测试和联调测试完成后,可以进入 UAT 测试环节,UAT 测试不单独针对服务接口进行测试,而是根据端到端业务流程场景进行测试。性能测试是针对服务的大数据量,大并发量场景进行测试。以确保上线的服务的高可用性和满足服务非功能性需求。本阶段涉及的规范为"SOA 服务测试规范"。

2. 服务层技术规范体系

SOA 架构之服务体系各层以及层与层之间必须遵循相关的技术标准规范,这些标准规范包括:传输、消息、服务描述与发现、服务质量与水平、业务服务、组合服务及流程服务展现服务的技术标准规范,以及贯穿各层之间的安全管理、管控与治理等技术标准规范,如图 6.6 所示。

对图 6.6 中涉及的技术点不一一说明,本节只对一些关键的技术简要说明。

1) XPath 和 XQuery

XPath 是一门在 XML 文档中查找信息的语言。XPath 可用来在 XML 文档中对元素和属性进行遍历。XQuery 用于查询 XML 数据——不仅限于 XML 文件,还包括任何可以 XML 形态呈现的数据,包括数据库。可以注意到在 ESB 服务总线的服务编排中需要经常应用 XPath 来实现相应的规则和路由处理。

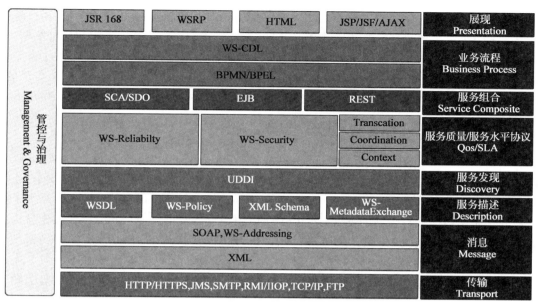

图 6.6 服务层技术规范体系

2）SOAP

SOAP（Simple Object Access Protocol）定义在服务请求者和服务提供者之间，使用 XML 格式的消息进行通信。在面向对象编程流行的环境中，该请求对象可以在提供的对象上执行远程方法调用。SOAP 的优点在于它完全和厂商无关，相对于平台、操作系统、目标模型和编程语言可以独立实现。SOAP 消息可以使用 HTTP/HTTPS 协议进行传输，也可以通过诸如 JMS 这样的异步消息机制进行传输。

3）WSDL 和 XSD

WSDL（Web Service Definition Language）规范定义了 XML 词汇表，依照请求和响应消息在服务请求者和服务提供者之间定义了一种契约。可以将 Web Service 定义为软件，这个软件通过描述 SOAP 消息接口的 WSDL 文档来提供可重用的应用程序功能，并使用标准的传输协议来进行传递。可以把 WSDL 理解为基于 XML 的用于描述 Web Services 以及如何访问 Web Services 的语言。

XSD 是指 XML 结构定义（XML Schemas Definition），XML Schema 是 DTD 的替代品。XML Schema 语言也就是 XSD。描述了 XML 文档的结构。可以用一个指定的 XML Schema 来验证某个 XML 文档，以检查该 XML 文档是否符合其要求。文档设计者可以通过 XML Schema 指定一个 XML 文档所允许的结构和内容，并据此检查一个 XML 文档是否有效。XML Schema 本身是一个 XML 文档，它符合 XML 语法结构。可以用通用的 XML 解析器解析。

4）JMS

JMS（Java Message Service）是 JEE 体系中的重要一环，它提供了企业级消息系统的规范，这种企业级的消息系统通常被称为面向消息的中间件（Message Oriented Middleware，MOM），而 Sun 提出 JMS 规范的目的则在于统一各种基于 Java 的 MOM，目前大多数以 JMS 为消息服务标准的 MOM 产品或项目所采用的是 JMS1.1 规范。

JMS 是一个由一组接口及与其之相关联语义构成的集合,该集合定义了 JMS 客户端如何访问一个企业级消息产品的基础设施。它包含点对点(Point-to-Point,PTP)和发布/订阅(Publish/Subscribe,Pub/Sub)两种消息模型,提供可靠消息传输、事务和消息过滤等机制。更为重要的是,这两种消息模型是以一种松耦合(Loosely Coupled)的方式来实现的,JMS 服务器(如 MQ 服务器)是一个消息代理,而 JMS 客户端作为消息收发的双方并不需要与对方直接通信,这一方式更强调"服务"的概念。

5)SCA 和 SDO

服务组件架构(Service Component Architecture,SCA),提供了一种编程模型,可以支持基于 SOA 的应用程序实现。SCA 是一种模型,可以支持实现服务组件的各种技术,连接服务组件的各种存取方法。SDO(Service Data Object,服务数据对象)的设计初衷是为了统一和简化应用程序处理数据的方式,使用 SDO 应用编程人员可以用相同的方法操作异构数据源,包括关系型数据库、XML 数据源、Web Service 和 EIS(Enterprise Information System,企业信息系统)。

SCA 和 SDO 是实现服务组件架构的基础模型。在基于 SOA 思想的组件化架构和开发中需要借鉴采用。对于当前很多商用的 SOA 套件在进行 BPEL 服务编排和服务组装的时候基本也完全按 SCA/SDO 思想进行。

6)BPEL/BPEL4WS

业务流程执行语言(Web Service Business Process Execution Language,BPEL)是一种可执行语言,能够与各种促使业务流程自动化的软件系统相兼容。Web 服务编制,通过声明性的方式(而不是编程的方式)表达了进行 Web Service 合成的需求。此标准主要用于组织内部的业务流程管理及服务编排,目前越来越多的 BPM 产品基于此规范实现,大有代替传统工作流技术的趋势。

6.3.4 应用层规范体系

由于应用层架构已经转变为多个业务组件的开发和集成,因此需要从组件开发的生命周期角度来考虑应用层所涉及的规范体系,以下重点从组件需求分析、组件概要设计、组件开发和组件单元测试 4 个阶段来说明。

1. 组件需求分析阶段

组件需求分析的输入是用户需求文档,通过需求分析需要形成组件的划分文档、每个组件的软件需求规格说明书文档以及各个业务组件间的交互和集成关系分析文档等。

组件需求分析是基于组件开发思想的组件识别和划分,在组件划分完成后需要参考标准的"组件需求规格说明书"进行单个组件的详细需求定义。为了保证端到端的业务系统交互,组件之间也需要进行交互和集成,因此在组件需求分析阶段还需要对交互的服务进行初步的服务识别和定义。

2. 组件概要设计阶段

组件设计规范主要是对组件的架构设计、概要设计等的活动和关键内容进行约束,确保不同的厂商组件设计方法、工具和流程的一致性。组件设计规范包括了组件设计工具的选用、组件功能设计规范、组件接口设计规范等。

　　组件功能设计规范详细描述组件功能设计要求,包括基于组件需求和架构设计要求而进行的组件功能设计,如技术组件设计、服务组件设计、组件关键类和交互关系设计、关键用例实现设计、组件逻辑部署视图设计等。

　　组件接口设计规范包括组件需要提供的接口和消费的接口。需要详细定义组件消费接口的方法,组件提供接口的方法,也需要基于组件接口的集成规范和要求。

3. 组件详细设计和编码阶段

　　组件开发规范规定了软件组件开发的步骤和主要活动,目的是规范软件组件开发过程,通过过程控制保证产品质量,提高研发效率。

　　组件详细设计规范主要根据组件需求和概要设计文档进行详细的组件实现设计。开发人员在进行详细设计时需要对概要设计中的组件所涉及的各种具体方法、核心方法的实现流程和运行机制进行设计,并输出相应的代码框架。详细设计规范一方面是规定详细设计约束和输出准则,另一方面是提供设计人员可以参考的详细设计模板要求。

　　编码规范同常规软件工程域中的编码规范要求类似,具体包括了数据库编码规范、Java或.Net语言编码规范、UI/UE界面设计规范及注释规范等。

4. 单元测试阶段

　　单元测试规范规定了组件设计和开发人员在组件开发阶段进行单元测试时遵循统一的单元测试风格,保证设计人员所开发的单元测试代码在风格、格式和编码规则上保持一致。单元测试规范的主要内容包括:单元测试代码包结构规范、单元测试命名规范、单元测试工具和执行规范。

　　单元测试代码包结构规范要求建立一个单独的测试项目,它依赖于产品项目或产品项目编译后的结果,单元测试项目的源代码所在目录命名为 TestSource,与产品代码目录并列,子目录结构和产品代码完全一致。

　　单元测试命名规范则详细地规定单元测试项目、单元测试类和单元测试方法的命名规范,原则都是在业务组件本身的类和方法命名上增加类似 test 名称进行扩展。

　　单元测试建议采用类似 JUnit 或 Nunit 等单元测试工具包进行,在工具包基础上派生单元测试类和单元测试方法。单元测试的自动执行采用 Ant 自动构建和执行,对此需要编写对应的 build.xml 文件。

　　基于以上讨论,这里归纳总结出一个完整的组件化开发过程所涉及的开发规范体系,主要内容如表 6.1 所示。

表 6.1　组件开发规范体系表

阶　　段	规　范　名　称	规　范　主　要　内　容
需求阶段	"组件识别和定义规范"	基于高内聚松耦合思想下组件识别方法,组件的划分原则,组件的粒度和内容定义要求和准则,组件和外部组件的协同和交互关系说明等
	"服务识别和定义规范"	服务最基本的特性要求,服务识别的方法和流程,服务定义的规则和内容等
	"组件需求规格说明书规范"	包括功能性需求、接口需求和非功能性需求等。组件的使用业务场景和组件提供的价值等

阶　　段	规 范 名 称	规范主要内容
设计开发阶段	"组件功能概要设计规范"	对组件概要设计过程的设计方法和内容进行规范,包括组件功能设计、接口设计、组件内部运行机制设计、组件部署逻辑设计及组件内部类和方法设计要求等。还包括类似组件 UML 设计建模规范和设计方法工具选择等
	"组件数据库设计规范"	包括数据的逻辑设计和物理设计,包括详细的数据库和数据对象命名规范等
	"组件接口设计规范"	包括接口设计和实现的具体技术标准、接口的提供标准和接口服务的调用标准等
	"组件开发规范"	包括组件的详细设计、具体的编码规范、UI/UE 规范等
	"组件单元测试规范"	包括单元测试代码包结构规范、单元测试命名规范、单元测试工具和执行规范等
组件集成阶段	"组件集成规范"	详细描述组件和上下游组件集成的规范和过程标准
	"应用集成规范"	详细的描述基于端到端业务流程的应用集成和产品集成规范过程标准
	"集成测试规范"	包括集成测试规划、集成测试方案、集成的环境、集成的方法和过程、集成测试的准入和准出等详细内容
组件发布阶段	"组件部署规范"	详细描述组件的部署规范要求
	"组件运维规范"	详细描述组件在发布后的运维管理规范,主要包括变更管理、问题管理以及组件升级等方面内容

参 考 文 献

[1] 史爱武.赢在云时代 企业云计算战略、方法和线路图[M].北京：清华大学出版社，2013.

[2] 美国国家标准与技术研究院（NIST）云参考架构 [EB/OL]. https://www. nist. gov/itl/cloud/.

[3] Open Group SOA Reference Architecture[EB/OL]. https://publications. opengroup. org/c119.

[4] Gartner SOA [EB/OL]. https://www. gartner. com/it-glossary/service-oriented-architecture-soa/.

[5] Gartner PaaS [EB/OL]. https://www. gartner. com/it-glossary/platform-as-a-service-paas/.

[6] Josuttis N M. SOA 实践指南[M].程桦，译.北京：电子工业出版社，2008.

[7] TOGAF 企业架构 [EB/OL]. https://www. opengroup. org/togaf.

[8] Zachman 架构框架 [EB/OL]. https://www. zachman. com/.

[9] 中国电子技术标准化研究院.大数据标准化白皮书（2018）[EB/OL]. http://www. cesi. cn/201803/3709. html

[10] 中国信息通信研究院.大数据白皮书（2018 年）[EB/OL]. http://www. cac. gov. cn/2018-04/25/c_1122741894. htm

[11] 中国信息通信研究院.大数据白皮书（2016 年）[EB/OL]. http://www. cac. gov. cn/2016-12/28/c_1121534609. htm

[12] 刘春，邹海锋，向勇.大数据环境下电信数据服务能力开放研究[J].电信科学，2014，30（3）：156-161.

[13] 数据库容量测算[EB/OL]. https://wenku. baidu. com/view/e85f2e7e5acfa1c7aa00cc16. html.

[14] 林昊，曾宪杰. OSGi 原理与最佳实践[M].北京：电子工业出版社，2009.

[15] SOA Governance and Management Method [OL]. https://developer. ibm. com/technologies/web-development/

[16] 孙志军，薛磊，许阳明，等.深度学习研究综述[J].计算机应用研究，2012，29（8）：2806-2810.

[17] 卢风顺，宋君强等，银福康，等. CPU/GPU 协同并行计算研究概述[J].计算机科学，2011，38（3）：5-9.

[18] 阿里云开源离线同步工具 DataX3.0 介绍[EB/OL]. https://yq. aliyun. com/articles/59373.

[19] 向勇，陈康，朱应坚.基于 SPA 模型的大规模任务调度平台设计与应用[J].电信科学，2013，S1：107-111.

[20] 杨洪余，李成明，王小平，等. CPU/GPU 异构环境下图像协同并行处理模型[J].集成技术，2017，6（5）：10-20.

[21] 信息化规划[OL]. https://baike. baidu. com/item/信息化规划/6036228.

[22] Gartner Reference Architecture for Multi-tenancy [EB/OL]. http://blogs. gartner. com/yefim_natis

[23] 维克托·迈尔-舍恩伯格，肯尼思·库克耶.大数据时代：生活、工作与思维的大变革[M].盛杨燕，周涛，译.杭州：浙江人民出版社，2013.

[24] 李国杰，程学旗.大数据研究：未来科技及经济社会发展的重大战略领域[J].中国科学院院刊，2012,27（6）：647-657.

[25] 赵刚.企业架构（EA）：信息化顶层设计的蓝图[EB/OL]. https://blog. csdn. net/edwardq2266/article/details/2303763.

[26] 杨英明，丁宝宝，邬桐，等.企业架构设计规范研究与实践[J].计算机系统应用，2018,27（10）：99-105.